国家职业技能鉴定专家委员会

计算机专业委员会名单

主 任 委 员： 路甬祥

副主任委员： 张亚男　　周明陶

委　　　　员：（按姓氏笔画排序）

丁建民	王　林	王　鹏	尤晋元	石　峰
冯登国	刘　旸	刘永澎	孙武钢	杨守君
李　华	李一凡	李京申	李建刚	李明树
求伯君	肖　睿	何新华	张训军	陈　钟
陈　禹	陈　敏	陈　蕾	陈孟锋	季　平
金志农	金茂忠	郑人杰	胡昆山	赵宏利
赵曙秋	钟玉琢	姚春生	袁莉娅	顾　明
徐广懋	高　文	高晓红	唐　群	唐韶华
桑桂玉	葛恒双	谢小庆	雷　毅	

秘 书 长： 赵伯雄

副 秘 书 长： 刘永澎　　陈　彤　　何文莉　　陈　敏

全国计算机信息高新技术考试

办公软件应用（Windows 平台）

Office 2007 操作员级考试

命题组成员

（按姓氏笔画排序）

张　瑜　孙　平　孟庆远　柳　超

胡　芳　余妹兰　张训军　徐建华

石文涛　杨　莉　刘　霞

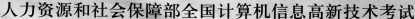

人力资源和社会保障部全国计算机信息高新技术考试

办公软件应用（Windows平台）

Office 2007

应试指南

（操作员级）

国家职业技能鉴定专家委员会
计算机专业委员会　编写

 北京希望电子出版社
Beijing Hope Electronic Press
www.bhp.com.cn

内容简介

由人力资源和社会保障部职业技能鉴定中心在全国统一组织实施的全国计算机信息高新技术考试是面向广大社会劳动者举办的计算机职业技能考试，考试采用国际通行的专项职业技能鉴定方式，测定应试者的计算机应用操作能力，以适应社会发展和科技进步的需要。

本书包含全国计算机信息高新技术考试办公软件应用模块（Windows 平台）Office 2007 操作员级考试的全部试题、试题解答和知识点讲解等内容，试题经国家职业技能鉴定专家委员会计算机专业委员会审定。本书既可供正式考试时使用，也可供考生考前练习之用，是参加办公软件应用（Windows 平台）Office 2007 操作员级考试的考生人手一册的必备技术资料。同时，本书可供高新技术考试的考评员和培训教师在组织培训、操作练习等方面使用，也可作为大中专院校、技校、中高职、职高、高校和社会相关领域培训班进行办公软件应用培训与测评的首选教材。

为方便考生考前练习，全部的题库素材将在随书光盘、高新考试教材服务网（www.citt.org.cn）和北京希望电子出版社网站（www.bhp.com.cn）上提供。

需要本书或技术支持的读者，请与北京市海淀区中关村大街 22 号中科大厦 A 座 10 层（邮编：100190）发行部联系，电话：010-62978181（总机），传真：010-62543892，E-mail：bhpjc@bhp.com.cn。体验高新技术考试教材及其网络服务，请访问 www.bhp.com.cn 或 www.citt.org.cn 网站。

图书在版编目（CIP）数据

办公软件应用（Windows 平台）Office 2007 应试指南：操作员级 / 国家职业技能鉴定专家委员会计算机专业委员会编写. —北京：北京希望电子出版社，2013.3

人力资源和社会保障部全国计算机信息高新技术考试指定教材

ISBN 978-7-83002-043-9

Ⅰ. ①办… Ⅱ. ①国… Ⅲ. ①办公自动化－应用软件－技术培训－教材 Ⅳ. ①TP317.1

中国版本图书馆 CIP 数据核字(2012)第 269004 号

出版：北京希望电子出版社	封面：张　洁
地址：北京市海淀区中关村大街 22 号 中科大厦 A 座 10 层	编辑：石文涛　刘　霞
	校对：方加青
邮编：100190	开本：787mm×1092mm　1/16
网址：www.bhp.com.cn	印张：20.5
电话：010-62978181（总机）转发行部 010-82626237（邮购）	字数：486 千字
传真：010-62543892	印刷：北京昌联印刷有限公司
经销：各地新华书店	版次：2018 年 6 月 1 版 8 次印刷

定价：45.80 元（配 1 张 CD 光盘）

全国计算机信息高新技术考试简介

全国计算机信息高新技术考试是根据原劳动部发[1996]19 号《关于开展计算机信息高新技术培训考核工作的通知》文件，由人力资源和社会保障部职业技能鉴定中心统一组织的计算机及信息技术领域新职业国家考试。

原劳动部劳培司字[1997]63 号文件明确指出，参加培训并考试合格者由原劳动部职业技能鉴定中心统一核发《全国计算机信息高新技术考试合格证书》。"该证书作为反映计算机操作技能水平的基础性职业资格证书，在要求计算机操作能力并实行岗位准入控制的相应职业作为上岗证；在其他就业和职业评聘领域作为计算机相应操作能力的证明。通过计算机信息高新技术考试，获得操作员、高级操作员资格者，分别视同于中华人民共和国中级、高级技术等级，其使用及待遇参照国家相应规定执行；获得操作师、高级操作师资格者，参加技师、高级技师技术职务评聘时分别作为其专业技能的依据"。

劳社鉴发[2004]18 号文中，又进一步明确**"全国计算机信息高新技术考试作为国家职业鉴定工作和职业资格证书制度的有机组成部分"**。

全国计算机信息高新技术考试面向各类院校学生和社会劳动者，重点测评考生掌握计算机各类实际应用技能的水平。其考试内容主要是计算机信息应用技术。考试采用了一种新型的国际通用的专项职业技能鉴定方式。根据计算机信息技术在不同应用领域的特征，划分模块和平台，各模块按不同平台、不同等级分别进行考试。个人可根据实际需要选取考试模块，可根据职业和工作的需要选取若干相应模块进行组合而形成综合能力。目前划分了以下五个级别。

序号	级别	与国家职业资格对应关系
1	高级操作师级	中华人民共和国职业资格证书国家职业资格一级
2	操作师级	中华人民共和国职业资格证书国家职业资格二级
3	高级操作员级	中华人民共和国职业资格证书国家职业资格三级
4	操作员级	中华人民共和国职业资格证书国家职业资格四级
5	初级操作员级	中华人民共和国职业资格证书国家职业资格五级

目前划分了 14 个模块，45 个系列，67 个软件版本。

序号	模块	模 块 名 称	编号	平 台
1	00	初级操作员	001	Windows/Office（初级操作员）
		办公软件应用	002	Windows 平台（MS Office）（中、高级）
			003	Windows 平台（WPS）（中级）
2	01	数据库应用	012	Visual FoxPro 平台（中级）
			013	SQL Server 平台（中级）
			014	Access 平台（中级）
3	02	计算机辅助设计	021	AutoCAD 平台（中、高级）
			022	Protel 平台（中级）
4	03	图形图像处理	032	Photoshop 平台（中、高级）
			034	3D Studio MAX 平台（中、高级）
			035	CorelDRAW 平台（中、高级）
			036	Illustrator 平台（中级）

序号	模块	模块名称	编号	平台
5	04	专业排版	042	PageMaker 平台（中级）
			043	Word 平台（中级）
6	05	因特网应用	052	Internet Explorer 平台（中级）
			053	ASP 平台（高级）
			054	电子政务（中级）
7	06	计算机中文速记	061	双文速记平台（初、中、高级）
8	07	微型计算机安装调试维修	071	IBM-PC 兼容机（中级）
9	08	局域网管理	081	Windows NT/2000 平台（中、高级）
			083	信息安全（中、高级）
10	09	多媒体软件制作	091	Director 平台（中级）
			092	Authorware 平台（中、高级）
11	10	应用程序设计编制	101	Visual Basic 平台（中级）
			102	Visual C++平台（中级）
			103	Delphi 平台（中级）
			104	Visual C#平台（中级）
12	11	会计软件应用	111	用友软件系列（中、高级）
			112	金蝶软件系列（中级）
13	12	网页制作	121	Dreamweaver 平台（中级）
			122	Fireworks 平台（中级）
			123	Flash 平台（中级）
			124	FrontPage 平台（中级）
			125	Macromedia 平台（高级）
14	13	视频编辑	131	Premiere 平台（中级）
			132	After Effects 平台（中级）

全国计算机信息高新技术考试密切结合计算机技术迅速发展的实际情况，根据软硬件发展的特点来设计考试内容和考核标准及方法，尽量采用优秀国产软件，采用标准化考试方法，重在考核计算机软件的操作能力，侧重专门软件的应用，培养具有熟练的计算机相关软件操作能力的劳动者。在考试管理上，采用随培随考的方法，不搞全国统一时间的考试，以适应考生需要。向社会公开考题和答案，不搞猜题战术，以求公平并提高学习效率。

人力资源和社会保障部职业技能鉴定中心根据"统一标准、统一命题、统一考务管理、统一考评员资格、统一培训考核机构条件标准、统一颁发证书"的原则进行质量管理，每一个考核模块都制定了相应的鉴定标准和考试大纲以及专门的培训教材，各地区的培训和考试都执行国家统一的标准和考试大纲，并使用统一教材，以避免"因人而异"的随意性，使证书获得者的水平具有等价性。

全国计算机高新技术考试面对广大计算机技术应用者，致力于计算机应用技术的普及和推广，提高应用人员的操作技术水平和高新技术装备的使用效率。为高新技术应用人员提供一个应用能力与水平的标准证明，以促进就业和人才流动。

详情请访问全国计算机信息高新技术考试教材服务网站（www.citt.org.cn），或是拨打咨询电话（010-82702672、010-82702665、010-62978181）进行咨询。

出 版 说 明

　　全国计算机信息高新技术考试是根据原劳动部发〔1996〕19号《关于开展计算机信息高新技术培训考核工作的通知》文件，由人力资源和社会保障部职业技能鉴定中心统一组织的计算机及信息技术领域新职业国家考试。

　　根据职业技能鉴定要求和劳动力市场化管理需要，职业技能鉴定必须做到操作直观、项目明确、能力确定、水平相当且可操作性强的要求。因此，全国计算机信息高新技术考试采用了一种新型的、国际通用的专项职业技能鉴定方式。根据计算机不同应用领域的特征，划分了模块和平台，各平台按等级分别独立进行考试，应试者可根据自己工作岗位的需要，选择考核模块和参加培训。

　　全国计算机信息高新技术考试特别强调规范性，人力资源和社会保障部职业技能鉴定中心根据"统一命题、统一考务管理、统一考评员资格、统一培训考核机构条件标准、统一颁发证书"的原则进行质量管理。每一个考试模块都制定了相应的鉴定标准和考试大纲，各地区进行培训和考试都执行统一的标准和大纲，并使用统一教材，以避免"因人而异"的随意性，使证书获得者的水平具有等价性。

　　本书包含了全国计算机信息高新技术考试办公软件应用模块（Windows 平台）Office 2007 操作员级考试的全部试题、试题解答和知识点讲解等内容，书中试题根据办公软件应用模块（Windows 平台）培训和考核标准及操作员级考试大纲编写，经国家职业技能鉴定专家委员会计算机专业委员会审定。本书既可供正式考试时使用，也可供考生考前练习之用，是参加办公软件应用（Windows 平台）Office 2007 操作员级考试的考生人手一册的必备技术资料。同时，本书可供高新技术考试的考评员和培训教师在组织培训、操作练习等方面使用。另外，本书还可作为各级各类大中专院校、技校、职高办公软件应用技能培训与测评的参考书。

　　本书执笔人有张瑜、孙平、孙静、王雅男、杨艳春、张立光等。本书的不足之处敬请批评指正。

目 录

第 1 章　操作系统的基本应用

Ⅰ. 知识讲解

知识要点

● Windows 资源管理器
● 操作系统基本设置

评分细则

本章有 6 个评分点，每题 10 分。

评分点	分值	得分条件	判分要求
开机	1	正常打开电源，在 Windows 中进入资源管理器	无操作失误
建立考生文件夹	1	文件夹名称、位置正确	必须在指定的驱动器
复制文件	2	正确复制指定的文件	复制正确即得分
重命名文件	2	正确重命名文件名及扩展名	文件名及扩展名须全部正确
添加字体	2	按要求添加指定字体	何种字库不作要求
添加输入法	2	按要求添加指定输入法	何种版本不作要求

1.1　Windows 资源管理器

1.1.1　资源管理器

　　计算机中的资源是全部管理对象的总称，包括硬件资源和软件资源。"资源管理器"就是全面管理各种资源的 Windows 应用程序。例如：文件、文件夹、桌面、打印机、控制面板、网络、频道等等，都是资源管理器管理的对象。

　　"资源管理器"是一个非常重要的浏览和管理磁盘文件的程序。利用"资源管理器"可以查看本机或其他计算机磁盘（软盘、硬盘、光盘、移动设备等）上的文件，并可对文件进行复制、移动、删除等操作。

　　"我的电脑"和"资源管理器"窗口外观很类似，其最大区别是："我的电脑"的窗口只能显示当前窗口中某个文件夹的内容；而"资源管理器"在左窗格中显示当前文件夹的结构，在右窗格中显示当前文件夹中的所有内容。

　　在"资源管理器"的"文件夹"窗格中，各种资源的图标前面都有一个"+"号或"-"号。显示"+"号的图标，表示该资源中的下一级文件夹还没有显示出来；带有"-"号的图标，表示该资源中的下一级文件夹已经显示出来了。单击图标前的"+"号或"-"号可以在两者之间进行切换，即下一级文件夹从关闭到打开，或从打开到关闭。

启动"资源管理器"的方法：

方法 1：打开"开始"菜单，在"附件"列表中选择"Windows 资源管理器"命令。

方法 2：右击"我的电脑"，在弹出的列表中选择"资源管理器"命令。

通过资源管理器，可以完成如下操作：

● 选择对象（一个或多个）。

● 对所选择的对象进行复制、剪切、粘贴、删除等操作。

● 创建新文件或新文件夹。

● 更改对象名称。

● 查看文件或文件夹属性。

1.1.2 文件（夹）的基本操作

文件是计算机中的一个重要的概念。计算机中的程序，以及在程序中所编辑的文档、表格等都是以文件的形式存放在计算机中。文件名是文件的标识符号，每个文件都有自己的文件名，文件名由"主文件名. 扩展名"组成。

Windows 支持长文件名，文件或文件夹的名字最多可以包含 255 个西文字符或 127个汉字（一个汉字占两个西文字符的位置）。注意：文件名中不能含有"/"、":"、"\"、"*"、"?"、"|"、"〈 〉"等字符。通常用不同的扩展名来区别不同类型的文件，扩展名一般为西文字符。

按照文件类别和内容，分别把它们存放在一起，存放这些同类信息的地方，叫做文件夹。一般情况下可以把目录和文件夹概念等同，但是文件夹并不仅仅代表目录，还可以代表硬件设备，如驱动器、打印机及其网络计算机。文件夹可存放文件及子文件夹，Windows 以文件夹的形式组织和管理文件。

1. 选定文件（夹）

在对文件或文件夹进行操作之前，要先选定对象。首先打开"资源管理器"，在对话框窗口左半部的"文件夹树窗格"中选定指定的文件夹，然后在右半部"内容窗格"中选定所需的文件或文件夹。常见的选定操作如下：

（1）选定单个文件或文件夹：单击对象。

（2）选定一组连续排列的文件或文件夹（2 种方法）：将光标放置空白处，按住鼠标并拖拽，此时会出现一个矩形方块，用此方块包含所选对象后，释放鼠标即可。也可以按住 Shift 键，单击第一个和最后一个选择对象。

（3）选定不相邻的文件或文件夹：按住 Ctrl 键，逐个单击需要选择的文件和文件夹即可。

（4）选定全部文件或文件夹：可用"编辑"菜单中的"全选"命令，也可使用 Ctrl+A组合键。

（5）取消选定的一个文件或文件夹：按住 Ctrl 键，同时单击要取消的项目即可。

（6）取消选定的全部文件或文件夹：在窗口的任意空白处单击即可。

2. 打开文件（夹）

　　如果需要打开文件或者运行程序，一般直接双击文件对应的图标即可。当然，这要求文件已经与对应的应用程序建立了链接。要打开一个文件（夹），双击要打开的文件（夹），即可激活对应的文件夹窗口。另外，还可以先选中要打开的文件（夹），然后使用"文件"菜单中的"打开"命令打开该文件（夹）。

　　可以自定义文件夹窗口中文件或子文件夹图标的查看方式，包括以"缩略图"、"平铺"、"图标"、"列表"还是"详细信息"方式显示。设置时，可以单击工具栏中的"查看"按钮▦ ，在弹出的下拉列表中进行选择，如图 1-1 所示。

● 缩略图：此方式可以将文件夹所包含的图像显示在文件夹图标上，因而可以快速识别该文件夹的内容。默认情况下，Windows 在一个文件夹背景中最多显示 4 张图像。

● 平铺：此方式可以将窗口中各图标以大图标的方式显示。

● 图标：选择此方式，窗口中的各图标将会缩小，这样虽然不如"平铺"方式美观，但是同一个窗口将显示更多的文件和文件夹。

● 列表：选择此方式，可以使窗口中的文件以纵向的列表方式显示。

● 详细信息：选择此方式，可以显示文件和文件夹更为详细的资料。

　　另外，还可以根据文件的"名称"、"大小"、"类型"等信息，对文件进行升序或者降序排列。操作方法是：在文件夹窗口中单击工具栏上的"查看"按钮，在弹出的下拉列表中选择"排列图标"选项，即可选择对文件进行排列的方式，如图 1-2 所示。

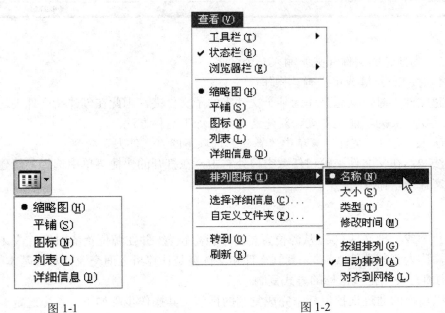

图 1-1　　　　　　　　　　　　　　　　　图 1-2

3. 新建文件（夹）

　　要建立一个新的文件，其操作步骤如下：

（1）选择需要建立新文件的文件夹窗口。

（2）选择"文件"菜单中"新建"选项下对应的文件格式。例如，选择"Microsoft Office Word 文档"命令，则在窗口中将出现一个名为"新建 Microsoft Office Word 文档.docx"的文件，如图 1-3 所示。

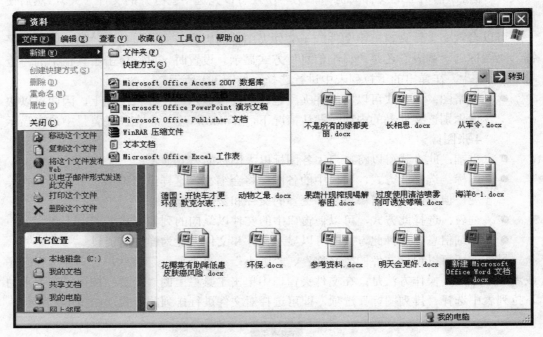

图 1-3

（3）为新建的文件（夹）输入一个名字。

（4）按 Enter 键或单击确认操作。

新建文件夹时，其总是作为某个文件夹的子文件夹，因此在创建新文件夹之前应先选择其父文件夹为当前文件夹。新建文件夹有如下两种方法。

方法 1：使用"文件"菜单中"新建"选项下的"文件夹"命令。

方法 2：在父文件夹窗口任意空白处右击，在打开的快捷菜单中选择"新建"选项下的"文件夹"命令。

4. 复制文件（夹）

将一个或一批文件（夹）从源位置备份至目标位置，并在源位置依旧保留该文件（夹）的操作，称为复制文件（夹）。复制文件和文件夹是计算机之间交流信息最基本的操作。

方法 1：使用拖拽鼠标的方式复制。

可以轻松的通过拖拽鼠标来完成复制的操作。其操作步骤如下：首先选定要复制的文件或文件夹，再打开需要放置的目标驱动器或文件夹窗口。在选定要复制的文件上按下鼠标左键，不要松开，并拖拽鼠标，这时会发现所选文件图标的阴影随着光标移动。将光标拖拽到目标窗口中，松开鼠标左键，即可完成复制操作。

如果是在同一驱动器中，拖拽过程中还应该注意按住 Ctrl 键。这时，会发现图标阴影中多了一个"+"号，表示在进行复制操作。如果在不同驱动器之间复制文件，拖拽时，不必按住 Ctrl 键。

复制文件时，如果目标文件夹中已存在同名的文件，系统将会给出一个"确认文件替换"对话框，要求确认是否进行复制，单击"是"按钮，则复制操作继续执行，新文件将覆盖原文件。

方法 2：使用"复制到文件夹"命令。

还可以使用"编辑"菜单的"复制到文件夹"命令进行复制操作，其操作步骤如下：首先选定要复制的文件或文件夹，单击"编辑"菜单下的"复制到文件夹"命令，屏幕将弹出"复制项目"对话框，如图 1-4 所示。在其中可以选择要复制到的目标文件夹，单击"复制"按钮，即可完成复制操作。

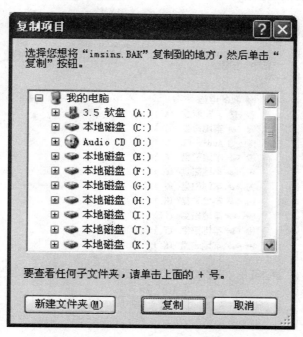

图 1-4

方法 3：使用"复制"和"粘贴"命令。

也可以使用复制和粘贴操作来复制文件或文件夹。其操作步骤如下：首先选定要复制的文件或文件夹，然后单击"编辑"菜单的"复制"命令或者使用 Ctrl+C 组合键。打开要复制到的目标文件夹窗口，单击"编辑"菜单的"粘贴"命令或者使用 Ctrl+V 组合键，即可完成复制操作。

5．移动文件（夹）

将一个或一批文件（夹）从源位置移动至目标位置，同时在源位置不再保留该文件（夹）的操作，称为移动文件（夹）。

方法 1：使用拖拽鼠标的方式移动。

选定要移动的文件或文件夹，打开移动文件要放置的目标文件夹窗口。在选定要移动的文件上按住鼠标左键，并拖拽鼠标，这时会发现几个所选文件图标的阴影随着光标移动。光标拖拽到目标窗口中后，松开鼠标左键，即可完成移动操作。拖拽的过程中，应使阴影目标中的"+"号去掉。如果在不同驱动器之间移动文件，拖拽时要按住 Shift 键。

方法 2：使用"移动到文件夹"命令。

还可以使用"编辑"菜单的"移动到文件夹"命令进行移动操作，其操作步骤如下：首先选定要移动的文件或文件夹，单击"编辑"菜单下的"移动到文件夹"命令，弹出"移动项目"对话框，如图 1-5 所示。在其中可以选择要移动到的目标文件夹，单击"移动"按钮，即可完成移动操作。

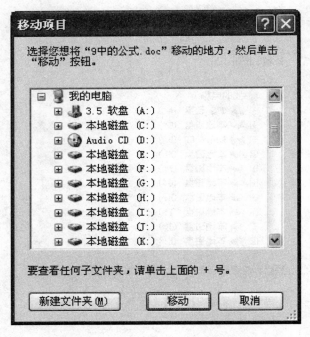

图 1-5

方法 3：使用"剪切"和"粘贴"命令。

也可以使用"剪切"和"粘贴"命令来移动文件或文件夹。其操作步骤如下：首先选定要移动的文件或文件夹，然后单击"编辑"菜单的"剪切"命令，或者使用 Ctrl+X 组合键。打开要移动到的目标文件夹窗口，单击"编辑"菜单下的"粘贴"命令，或者使用 Ctrl+V 组合键，即可完成移动操作。

6. 删除文件（夹）

删除文件（夹）意味着将该文件（夹）的名字撤销，所占用的存储空间释放出来。这样，系统就检索不到该文件（夹）了。将不需要的文件删除掉是使用计算机的过程中不可缺少的文件管理操作。Windows 提供了一个叫做"回收站"的工具，删除文件时，系统总是将被删除的文件放入回收站中。这样，当进行了错误的删除操作时，可以在回收站找到被误删的文件，并恢复。

可以使用"删除"命令进行文件的删除操作，其操作步骤如下：首先选定要删除的文件或文件夹，在"文件"菜单中选择"删除"命令，或者直接按 Delete 键，系统将自动弹出"确认删除多个文件"对话框。这时，选择"是"按钮可以确认将文件放入回收站，或者选择"否"按钮取消删除操作。

提示：也可以通过直接将选中的文件（夹）图标拖拽到回收站的图标上来删除文件或文件夹。

7. 恢复文件（夹）

将已经删除的文件（夹）的名字重新进行登记，将其原来占用的空间重新指派给该文件（夹）使用，称为恢复文件（夹）。恢复文件（夹）的操作不能确保一定成功。Windows 提供了一个恢复被删除文件的工具，即回收站。回收站的工作机制是将被删除的文件放到一个队列中，并把最近删除的文件放到队列的最前面。如果队列满了，则最先删除的文件将被永久删除。只要队列足够大，就有机会把几天甚至几周以前删除的文件恢复。

要恢复已被删除的文件，其操作步骤如下：首先双击桌面上的"回收站"图标，打开"回收站"窗口。窗口中会列出被删除的文件，选中要恢复的文件，然后在"文件"菜单中选择"还原"命令，或者单击窗口左栏的"还原此项目"命令，即可恢复选中的文件或文件夹。

提示：也可以在选中的文件图标上右击，在打开的快捷菜单中选择"还原"命令即可恢复文件，或者直接从回收站拖拽选中的文件到某一驱动器或文件夹窗口中，也可恢复该文件。

8. 重命名文件（夹）

给某个文件（夹）另起一个名字称为文件（夹）重命名。

要给某个文件或者文件夹重新起个名字，可以在选中该文件或者文件夹后，执行下列操作之一：

方法 1：在"文件"菜单中选择"重命名"命令。

方法 2：右击打开快捷菜单，选择"重命名"命令。

方法 3：在选中文件或文件夹的名字上单击（注意是选中的文件名，而不是选中的图标）。这时会发现在文件名周围出现一个方框，并且其中有光标在闪烁，输入要更改的文件名，输入完毕后，可按 Enter 键，或在窗口的任意空白处单击，即可完成重命名的操作。

提示：对文件不正确的重命名可能导致文件打不开，这主要表现在更改了文件的扩展名，而不同的扩展名是与不同的应用程序相关联的。

1.1.3　文件（夹）的属性管理

1.　文件（夹）的属性

文件（夹）一般有 4 种属性：
- 只读：该文件或文件夹只能够读取，不能被修改或删除。
- 隐藏：表示隐藏该文件（夹），即在默认状态下该文件（夹）的图标将不显示，隐藏后虽然该文件或文件夹仍然存在，但常规显示状态下无法查看或使用此文件（夹）。
- 存档：表示文件（夹）被修改或备份过，系统的某些备份程序将根据该属性来确定是否为其建立一个备份。
- 系统：表示该文件是系统文件，具有只读、隐藏属性，不允许用户设置。

2.　查看文件属性

方法 1：选中要查看的文件，执行工具栏中"文件"菜单下的"属性"命令，即可打开该文件的属性设置对话框。

方法 2：选中要查看的文件，右击该文件，然后从快捷菜单中选择"属性"命令，即可打开该文件的属性设置对话框。

在图 1-6 所示的对话框中"常规"选项卡下的第一栏显示出该文件的名称及图标，可以在名称框中改变文件的名称。

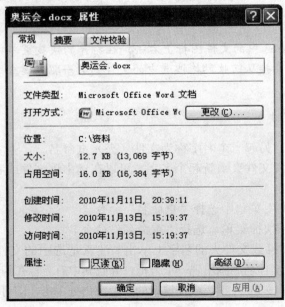

图 1-6

在第二栏显示出文件的类型和打开方式。文件类型一般由文件的扩展名决定，它决定了用户能够对该文件进行何种操作。打开方式则决定了系统将使用哪个应用程序来打开该文件。

在第三栏内显示出文件的位置、大小和占用空间。其中位置是文件在磁盘中所在的文件夹；大小表示文件的实际大小；占用空间表示文件在磁盘中实际占用的物理空间。

第四栏显示的是文件的创建时间、修改时间和访问时间。

第五栏内列出了文件的属性。

3. 查看文件夹属性

查看文件夹属性的方法与查看文件属性的方法基本相同，选中要查看的文件夹，再执行"属性"命令即可。

在"属性"对话框中各栏所显示的内容与文件属性对话框基本相同。另外，可在其中观察到该文件夹中包含几个文件、几个文件夹。

1.2 操作系统基本设置

1.2.1 字体设置

字体又称书体，是指文字的风格式样，体现字符特定的外观特征。Windows XP 中已预装了多种字体，可以根据需要安装或删除。

1. 查看字体

打开"控制面板"，并切换到"经典视图"方式，双击"字体"图标，可以打开"字体"对话框，其中列出了系统已经安装的字体。在该对话框中可以查看、安装和删除字体，如图 1-7 所示。

图 1-7

在"字体"窗口中，双击某一字体的图标，打开该字体样例窗口，可以查看该字体的相关信息及显示效果，如图 1-8 所示（以黑体为例）。

　　单击"完毕"按钮可以关闭此字体样式窗口，单击"打印"按钮则可以使用该字体打印一个范本。

图 1-8

2. 安装字体

要安装新字体，其操作步骤如下：

（1）在"控制面板"中，双击"字体"图标，打开"字体"窗口。

（2）执行"文件"菜单的"安装新字体"命令，弹出"添加字体"对话框。

（3）在"驱动器"列表框中选定存放添加字体的驱动器；在"文件夹"列表框中选定存放添加字体的文件夹；在"字体列表"文本框中选定要安装的字体；选中"将字体复制到 Fonts 文件夹"复选框。设置完毕后，单击"确定"按钮，如图 1-9 所示。

图 1-9

⚠ 注意：也可用 Shift 键、Ctrl 键和鼠标配合，一次选择多种字体进行安装，或者单击"全选"按钮，选定所有列出的字体后安装。如果 Windows 所在硬盘空间不足，可以取消选中"将字体复制到 Fonts 文件夹"复选框，然后选择"确定"按钮。系统将直接从字体所在的目录调用它们，而不用将字体文件复制到 Windows 目录下。

3. 删除字体

可以将不需要的字体从系统中删除。首先在"字体"窗口中选择准备删除的字体，然后执行"文件"菜单下的"删除"命令，在自动弹出的询问对话框中单击"是"按钮，即可将选择的字体删除。

1.2.2 输入法管理

在安装 Windows XP 操作系统时，已预装了微软拼音输入法、英语输入法、郑码输入法、全拼输入法和智能 ABC 输入法等。也可以自行添加其他输入法，或删除已安装的输入法。

1. 安装和删除输入法

安装和删除输入法的操作步骤如下：

（1）在"控制面板"中双击"区域和语言选项"图标，打开"区域和语言选项"对话框。在该对话框的"语言"选项卡下单击"详细信息"按钮，如图 1-10 所示。

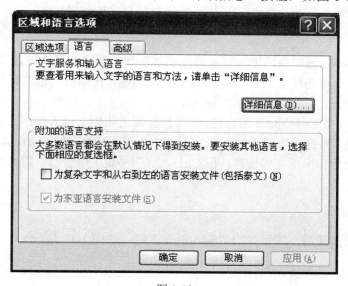

图 1-10

（2）在打开的"文字服务和输入语言"对话框中，单击"添加"按钮，弹出"添加输入语言"对话框，选择要添加的输入语言，在"键盘布局/输入法"下拉列表框中选择输入法名称，如微软拼音输入法 2007。单击"确定"按钮，所安装的中文输入法就出现在"已安装的服务"列表框中，再单击"应用"或"确定"按钮，所选的输入法即被添加成功，如图 1-11 所示。

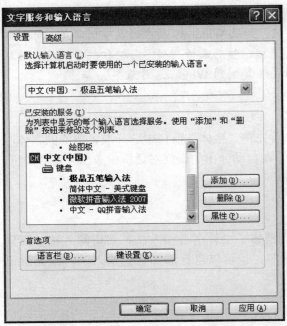

图 1-11

（3）在打开的"文字服务和输入语言"对话框的"已安装的服务"列表框中，选择要删除的输入语言，单击"删除"按钮，即可将该输入法删除。

2. 选择输入语言

在 Windows XP 操作系统中，可以通过菜单法和热键法选择或设置输入法的语言。

● 菜单法：单击任务栏中的语言输入法按钮 ，在弹出的输入法列表中选择一种输入语言，就可以进行文字输入了。

● 热键法：按 Ctrl+Space 组合键，即可打开或关闭中文输入法；每按一次 Ctrl+Shift 组合键，可在已安装的输入法之间按顺序循环切换；按 Shift+Space 组合键，即可在全角和半角之间切换；按 Ctrl+ .（句号键）组合键，即可在中、英文符号之间切换。

3. 输入语言栏

选择一种输入法后，即可弹出"输入语言"栏，如图 1-12 所示。

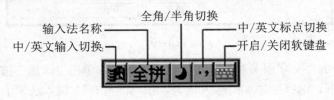

图 1-12

- "中/英文输入切换"按钮：该按钮的图标随着所选择的中文输入法的不同而变化。单击按钮![], 按钮的标签就变为![]（大写字母 A），此时可输入英文字母；再次单击该按钮又返回中文输入状态。与 Ctrl+Space 组合键的功能相同。
- "输入法名称"按钮：此按钮显示当前所选用的中文输入法的名称。
- "全角/半角切换"按钮：单击该按钮（![]或![]），可实现全角/半角之间的切换。与 Shift+Space 组合键的功能相同。
- "中/英文标点切换"按钮：单击该按钮（![]或![]），可实现中/英文标点之间的切换。与 Ctrl+ .（句号键）组合键的功能相同。

Ⅱ.试题汇编

【操作要求】

说明：每位考生所做的第一单元各项操作，除了输入考生文件夹编号和按照"选题单"指定题号复制考试文件两项操作各不相同外，其他操作均相同。

1. **启动"资源管理器"**：开机，进入 Windows XP，启动"资源管理器"。

2. **创建文件夹**：在 C 盘根目录下建立考生文件夹，文件夹名为考生准考证后 7 位。

举例：如果考生的准考证号为 0490010610314000001，则考生文件夹名为 4000001。

3. **复制并重命名文件**：按照选题单指定的题号，将题库中 DATA1 文件夹内相应的文件复制到考生文件夹中，并分别重命名为 A1、A2、A3、A4、A5、A6、A7、A8，扩展名不变。第二单元的题不复制，需要考生在做题时自行新建文件。

说明：C 盘中有考试题库 2007KSW 文件夹，文件夹结构如样图 1-1 所示。

【样图 1-1】

举例：如果考生的选题单为

单元	一	二	三	四	五	六	七	八
题号	12	5	13	14	15	6	18	4

则应将题库中 DATA1 文件夹内的文件 TF1-12.docx、TF3-13.docx、TF4-14.docx、TF5-15.docx、TF6-6.xlsx、TF7-18.xlsx、TF8-4.docx 复制到考生文件夹中，并分别重命名为 A1.docx、A3.docx、A4.docx、A5.docx、A6.xlsx、A7.xlsx、A8.docx。

4. **添加字体**：添加"微软雅黑"字体。

5. **添加输入法**：添加微软拼音输入法 2007。

III. 试题解答

1. 启动"资源管理器"

进入 Windows XP 操作系统后，打开"开始"菜单，执行"所有程序"→"附件"→"Windows 资源管理器"命令。或在"开始"菜单上右击，在弹出的快捷菜单中选择"资源管理器"命令，也可打开"资源管理器"的窗口。

2. 创建文件夹

（1）在打开的"资源管理器"左边的窗格中选择"本地磁盘（C:）"，在右边窗格的空白位置右击，在弹出的快捷菜单中执行"新建"选项下的"文件夹"命令。

（2）在"资源管理器"右边的窗格中出现了一个新建的文件夹，并且该文件夹名处于编辑状态，输入考生准考证后 7 位作为该文件夹名称，如图 1-13 所示。

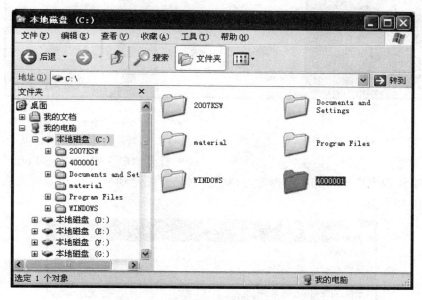

图 1-13

3. 复制并重命名文件

（1）在"资源管理器"左边的窗格中打开"C:\2007KSW\DATA1"文件夹，根据选题单在右边的内容窗格中选择相应的文件。

（2）执行"编辑"菜单下的"复制"命令，在"资源管理器"中打开新建的考生文件夹，再执行"编辑"菜单下的"粘贴"命令，考题文件即被复制到考生文件中了。

（3）依次在每个考题文件上右击，在弹出的快捷菜单中选择"重命名"命令，根据试题要求对每个文件进行重命名，重命名时注意不要改变原考题文件的扩展名。

4. 添加字体

（1）在"开始"菜单中选择"控制面板"命令，在打开的"控制面板"窗口的左窗格中单击"切换到经典视图"，切换到"经典视图"方式，双击"字体"图标，如图 1-14 所示，可以打开"字体"对话框。

图 1-14

（2）在"字体"窗口中执行"文件"菜单下的"安装新字体"命令，即可打开"添加字体"对话框。在该对话框的"文件夹"列表中打开"C:\WINDOWS\Fonts"文件夹，然后在"字体列表"框中选中"微软雅黑"字体，单击"确定"按钮即可完成字体的安装，如图 1-15 所示。

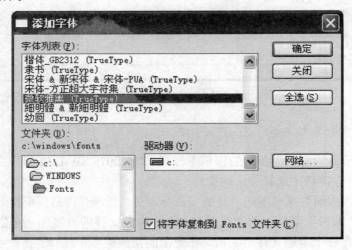

图 1-15

5.　添加输入法

（1）在"开始"菜单中选择"控制面板"命令，打开"控制面板"后，在其左边的窗格中单击"切换到分类视图"，然后在右边的窗格中单击其中的"日期、时间、语言和区域设置"选项，即可打开"日期、时间、语言和区域设置"窗口，如图 1-16 所示。

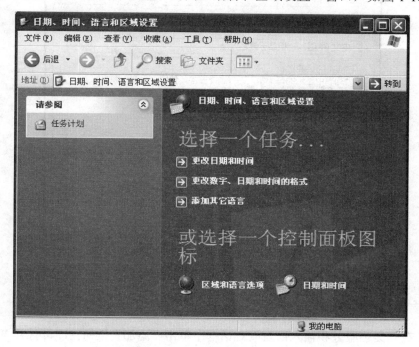

图 1-16

（2）在"日期、时间、语言和区域设置"窗口中选择"区域和语言选项"，即可打开"区域和语言选项"对话框，如图 1-17 所示。

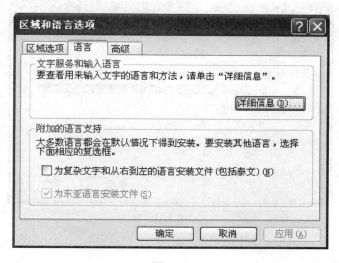

图 1-17

（3）在"区域和语言选项"对话框的"语言"选项卡下，单击"详细信息"按钮，即可打开"文字服务和输入语言"对话框，如图 1-18 所示。

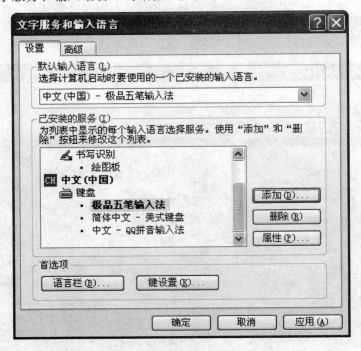

图 1-18

（4）在"文字服务和输入语言"对话框中单击"添加"按钮，即可打开"添加输入语言"对话框，在"输入语言"下拉列表中选择"微软拼音输入法 2007"，如图 1-19 所示。单击"确定"按钮返回至"文字服务和输入语言"对话框，再次单击"确定"按钮即可完成输入法的添加。

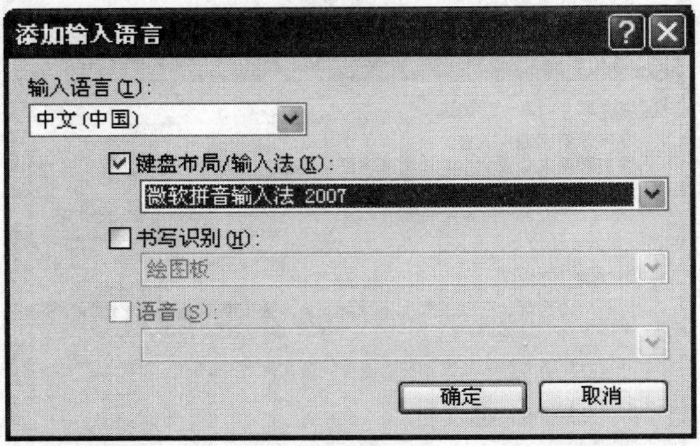

图 1-19

第 2 章　Word 2007 的基本操作

Ⅰ. 知识讲解

知识要点

- Word 文档的基本操作
- 文本的输入与编辑

评分细则

本章有 7 个评分点，每题 12 分。

评分点	分值	得分条件	判分要求
创建新文件	1	在指定文件夹中正确创建 A2.doc	内容不作要求
汉字、字母录入	1	有汉字和字母	正确与否不作要求
标点符号的录入	1	有中文标点符号	正确与否不作要求
特殊符号的录入	1	有特殊符号	须使用插入"符号"技能点
录入准确率	4	准确录入样文内容	录入错（少、多）均扣 1 分，最多扣 4 分
复制粘贴	2	正确复制粘贴指定内容	内容、位置均须正确
查找替换	2	将指定内容全部更改	使用"查找 / 替换"技能点，有一处未改不给分

2.1　Word 文档的基本操作

在编辑文档之前，应该先掌握文档的基本操作，如创建新文档、保存文档、打开文档和关闭文档等。只有了解了这些基本的操作，才能更好地使用 Word 2007。

2.1.1　创建文档

Word 文档是文本等对象的载体，想在文档中进行输入或编辑等操作，首先要创建文档。在 Word 2007 中新建文档有很多种类型，比如新建空白文档、基于模板的文档、博客文章等。

1. 新建空白文档

在启动 Word 2007 应用程序后，系统会自动新建一个名为"文档 1"的空白文档。除此之外，还可以使用以下 3 种方法新建空白文档。

方法 1：单击"快速访问工具栏"中的"新建"按钮 ，即可新建一个空白文档，如图 2-1 所示。

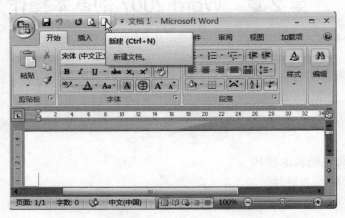

图 2-1

方法 2：单击 Office 按钮 ，在打开的下拉菜单中执行"新建"命令，弹出"新建文档"对话框。在该对话框的"空白文档和最近使用的文档"列表框中选择"空白文档"选项，然后单击"创建"按钮即可，如图 2-2 所示。

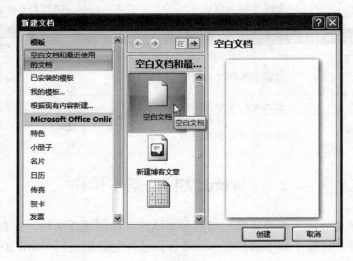

图 2-2

方法 3：按 Ctrl+N 组合键即可快速创建新的空白文档。

2. 根据现有内容新建文档

如果要建立一个新文档，要求其内容、格式要与某个存在的文档完全一样，这时就可以通过在该文档上新建文档的方式来实现。此操作可将选择的文档以副本方式打开并编辑，而不会影响到原有的文档。

方法 1：在文档所在的窗口中，右击该文档的图标，在弹出的快捷菜单中执行"新建"命令即可，如图 2-3 所示。

方法 2：单击 Office 按钮，在打开的下拉菜单中执行"新建"命令，弹出"新建文档"对话框。在该对话框左侧的列表中选择"根据现有内容新建…"选项，如图 2-4 所示。

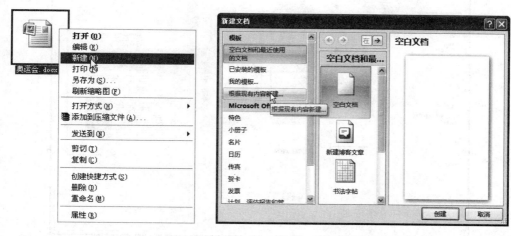

图 2-3　　　　　　　　　　　　　　　　　　图 2-4

打开"根据现有文档新建"对话框，在查找范围中找到源文件，单击"新建"按钮即可完成，如图 2-5 所示。

图 2-5

3. 使用模板新建文档

模板决定了文档的基本结构和文档设置，使用模板可以统一文档的风格，加快工作速度。使用模板新建文档时，文档中就自动带有模板中的所有设置内容和格式了。

操作步骤：单击 Office 按钮，在打开的下拉菜单中执行"新建"命令，弹出"新建文档"对话框。在该对话框左侧的列表中选择"已安装的模板"选项，在右侧窗口中将显示所有已安装的模板。在"已安装模板"窗口选中需要的模板后，再选中右下角"新建"选项区中的"文档"单选按钮，最后单击"创建"按钮，即可打开一个应用了所选模板的新文档，如图 2-6 所示。

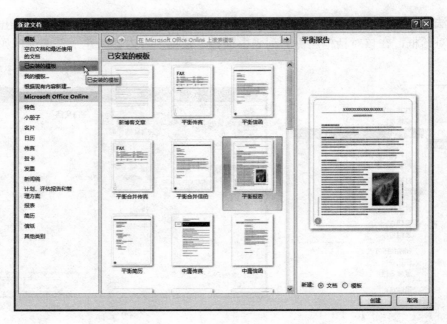

图 2-6

2.1.2 打开文档

打开文档是 Word 的一项最基本的操作，如果要对保存的文档进行编辑，首先需要将其打开。要打开一个 Word 文档，通常是通过双击该文档的方式来打开，还有其他方法可以打开文档，可以按照自己的习惯选择打开方式。

方法 1：打开文档所在的文件夹，双击文档的图标即可将其打开。

方法 2：单击 Office 按钮 ，在打开的下拉菜单中执行"打开"命令，在弹出的"打开"对话框选择目标文件，单击"打开"按钮即可，如图 2-7 所示。

图 2-7

方法 3：单击"快速访问工具栏"中的"打开"按钮 ，如图 2-8 所示。或按 Ctrl+O 组合键都可弹出"打开"对话框，进行目标文件的选择。

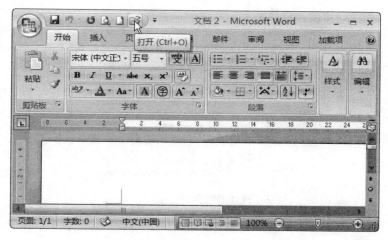

图 2-8

2.1.3　保存文档

在编辑文档的过程中，应及时保存对文档内容所做的更改，以避免遇到断电、死机、系统自动关闭等特殊情况造成的文档内容丢失。保存文档分为保存新建的文档、保存已有的文档、将现有文档另存为其他格式的文档和设置自动保存。

1．保存新建文档

新建和编辑一个文档后，需要执行保存操作，下次才能打开或继续编辑该文档。具体操作方法有：

方法 1：单击快速访问工具栏中的"保存"按钮。

方法 2：按 Ctrl+S 组合键快速保存文档。

方法 3：单击 Office 按钮，在打开的下拉菜单中执行"保存"命令，在打开的"另存为"对话框中输入文件名，并选择保存类型和保存位置，即可保存新建文档。

2．保存已有的文档

对已经保存过的文档进行编辑之后，可以通过以下方法保存：

方法 1：单击快速访问工具栏中的"保存"按钮。

方法 2：按 Ctrl+S 组合键快速保存文档。

方法 3：单击 Office 按钮，在打开的下拉菜单中执行"保存"命令，即可按照原有的路径、名称以及格式进行保存。

3．另存为其他文档

对打开的文档进行编辑后，如果想将文档保存为其他名称或其他类型的文件，可以对文档进行"另存为"操作。单击 Office 按钮，在打开的下拉菜单中选择"另存为"选项，并在打开的下级菜单中选择将该文档保存为以前的 Word 版本、模板和网页等文档格式，如图 2-9 所示。

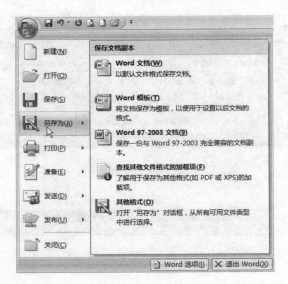

图 2-9

　　执行"另存为"命令，打开"另存为"对话框，在"保存位置"下拉列表中选择文档的保存路径，在"保存类型"下拉列表中选择需要保存的格式，单击"保存"按钮即可以对选择的格式进行保存，如图 2-10 所示。另外，还可以直接按 F12 键，快速打开"另存为"对话框进行设置。

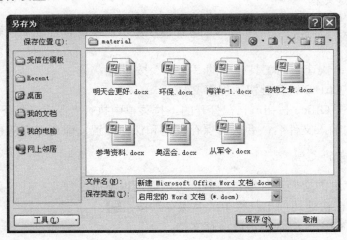

图 2-10

　　注意：如果以相同的格式另存文档，那么需要更改文档保存的位置或名称；如果要与源文件保存在同一个文件夹中就必须重命名该文档。

　　4. 自动保存文档

　　使用 Word 的自动保存功能，可以在断电或死机等突发情况下最大限度地减小损失。要想将正在编辑的文档设置为自动保存，只要单击 Office 按钮 ，在打开的菜单中单击下方的"Word 选项"按钮，打开"Word 选项"对话框。在"保存"选项卡下，可以设置文件保存的格式、每次进行自动保存的时间间隔、自动恢复文件的保存位置及文件保存的默认位置等选项。设置完毕后，单击"确定"按钮即可，如图 2-11 所示。

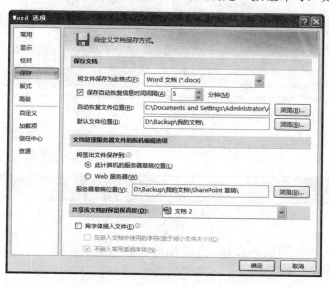

图 2-11

2.1.4 关闭文档

对文档完成所有的编辑操作并保存后，就需要将该文档关闭，以保证文档的安全。下面介绍关闭文档常用的 4 种方法。

方法 1：单击 Office 按钮，在打开的菜单中执行"关闭"命令即可关闭当前文档，如图 2-12 所示。

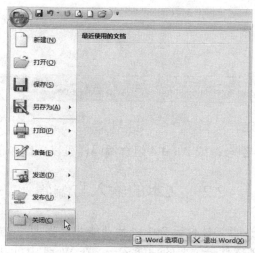

图 2-12

方法 2：单击标题栏右侧的"关闭"按钮 ✕ 即可关闭当前文档，如图 2-13 所示。

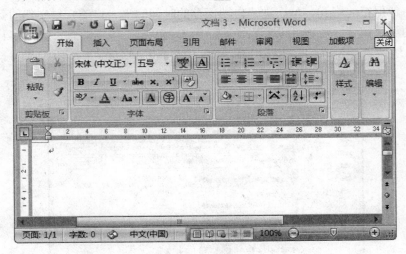

图 2-13

方法 3：在文档标题栏中右击，在弹出的快捷菜单中执行"关闭"命令即可关闭当前文档，如图 2-14 所示。

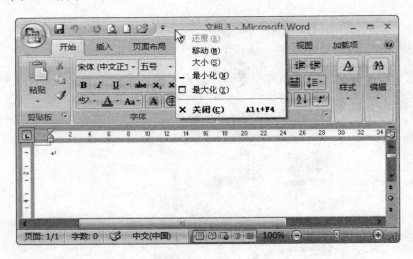

图 2-14

方法 4：按 Ctrl+F4 组合键或 Alt+F4 组合键同样可以关闭当前文档。

2.2　文本的输入与编辑

Word 2007 是 Office 办公软件系列中一款功能非常强大的文字处理软件，输入和编辑文本是 Word 文字处理软件最主要的功能之一。在 Word 中可以进行输入文本、符号、编辑文本等操作，是整个文档编辑过程的基础。

2.2.1　输入文本

输入文本是 Word 2007 的一项基本操作，在文档中可以输入的内容很多，如中文文本、英文文本、数字文本、各种符号等。输入文本的方法很简单，只需将光标定位在要输入文本的位置，然后在光标闪烁处输入需要的内容即可。

1. 输入英文文本

将光标定位至需要输入英文文本的位置，然后将输入法切换到输入状态下，就可以通过键盘直接输入英文、数字及标点符号。输入英文文本时需要注意以下几点：

- 当需要连续输入多个大写英文字母时，按 Caps Lock 键即可切换到大写字母输入状态，再次按该键可切换回小写输入状态。
- 当需要输入单个大写字母时，只需在按住 Shift 键的同时按下对应的字母键即可。
- 当需要输入小写字母时，只需在小写字母输入状态下敲击相应的字母键即可。
- 按 Enter 键，插入点自动切换至下一行的行首。
- 按空格键，在插入点的左侧插入一个空格符号。

2. 输入中文文本

在 Word 2007 中，要输入中文文本，首先要选择汉字的输入法。一般系统会自带一些基本的、比较常用的输入法，如微软拼音、智能 ABC 等。还可以自行安装一些输入法，如王码五笔、极品五笔等。通过按 Ctrl+Shift 组合键切换输入法，选择好一种中文输入法后，就可以在插入点处输入中文文本了。

3. 输入数字文本

数字符号分为西文半角、西文全角、中文小写、中文大写、罗马数字、类似数字符号等几种。通常使用软键盘输入数字符号和类似数字符号，右击输入法提示行中的软键盘按钮■，在弹出的菜单中可以选择需要的键盘类型，不同的选择允许输入不同的符号，如图 2-15 所示。

P C 键盘	标点符号
希腊字母	数字序号
俄文字母	数学符号
注音符号	单位符号
拼　音	制表符
日文平假名	特殊符号
日文片假名	

图 2-15

（1）西文半角与西文全角数字的输入方法。

种类	输入方法	10以内字符									
西文半角	半角状态下使用英文键盘	0	1	2	3	4	5	6	7	8	9
西文全角	全角状态下使用英文键盘	0	1	2	3	4	5	6	7	8	9

（2）中文小写与中文大写数字的输入方法。

种类	输入方法	10以内字符									
中文小写	软键盘下的单位符号	○	一	二	三	四	五	六	七	八	九
中文大写	软键盘下的单位符号	零	壹	贰	叁	肆	五	陆	染	捌	玖

单位符号软键盘

（3）罗马数字的输入方法。

种类	输入方法	10以内字符								
罗马数字	软键盘下的数字序号	I	II	III	IV	V	VI	VII	VIII	IX

（4）类似数字符号主要有西文符号、中文符号两种，其输入方法为：

种类	输入方法	10以内字符										10以上字符
西文符号	软键盘下的数字序号	1.	2.	3.	4.	5.	6.	7.	8.	9.	10.	11. 12. 13. 14. 15. 16. 17. 18. 19. 20.
西文符号		(1)	(2)	(3)	(4)	(5)	(6)	(7)	(8)	(9)	⑽	⑾⑿⒀⒁⒂⒃⒄⒅ ⒆⒇
西文符号		①	②	③	④	⑤	⑥	⑦	⑧	⑨	⑩	
中文符号		(一)	(二)	(三)	(四)	(五)	(六)	(七)	(八)	(九)	(十)	

数字序号软键盘

4. 输入标点符号

标点符号分为英文标点符号和中文标点符号两种。

英文标点符号：了解英文标点符号用法，对于更好地完成英文打字，提高工作效率很有帮助。下面简要介绍英文标点符号的用法。

- 句号（.）：在句末使用，表示一个句子的结束，后面要空两格；在缩写词后表示缩写使用，其后空一格，多个缩写字母连写，句点与字母之间不留空格；做小数点使用，后面不留空格。
- 问号（?）：在句子的结尾使用，表示直接疑问句。
- 叹号（!）：在句子的结尾使用，表示惊讶、兴奋等情绪。
- 逗号（,）：用于表示句子中的停顿，也用于排列 3 个或以上的名词。
- 单引号（'）：可以表示所有格或缩写，也可以表示时间"分"或长度"英尺"。
- 引号（"）：可以表示直接引出某人说的话，也可以表示时间"秒"或长度"英寸"。
- 冒号（:）：用于引出一系列名词或较长的引语。
- 分号（;）：用于将两个相关的句子连接起来，当和逗号一起使用时引出一系列名词。
- 破折号（—）：表示在一个句子前作总结，也可表示某人在说话过程中被打断。
- 连字符（-）：表示连接两个单词、加前缀或在数字中使用。
- 省略号（…）：又称删节号，用来表示引文中的省略部分或语句中未能说完的部分，也可表示语句中的断续、停顿、犹豫。
- 斜线号（/）：用于分隔可替换词、可并列词；表示某些缩略语；用于速度、度量衡等单位和某些单位组合中；用于诗歌分行等。

中文标点符号：分为点号和标号两类。点号的作用是点断，表示语句的停顿或语气。标号的作用主要用于标明语句、词、字、符号等的性质和作用。

（1）点号。

- 句号（。或 .）：用于表示完整句末、舒缓语气祈使句末的停顿。句点"."用在数理科学著作和科技文献中。
- 问号（?）：用于表示疑问句末、反问句末的停顿，也用于作为存疑的标号。
- 叹号（!）：用于表示感叹句末、强烈祈使句和反问句末的停顿。
- 逗号（,）：用于表示主谓语间、动词与宾语间、句首状语后、后置定（状）语前、复句内各分句间的停顿。
- 顿号（、）：用于表示句子内部并列字、词语、术语间的停顿。
- 分号（;）：用于表示复句内并列分句之间的停顿。也表示分行列举的各项之间。
- 冒号（:）：用在称呼语后边，表示提起下文或总结上文。

（2）标号。

- 引号（""、''）：用于标明直接引用的语句、着重论述的对象、特指等。引号内还有引号时，内用单引号。
- 括号（[ ]、{ }、（ ））：用于标明说明性或解释性语句，分层标明时按{、[、（、）、]、}

次序括引。

- 破折号（——）：用于标明说明或解释的语句，表示转折、话题的突然转变、象声词声音的延长等。
- 省略号（……）：用于标明引文、举例的省略、说话的断续等。整段、整行的省略单占一行，可用 12 个点。数学公式、外文中用 3 个点。
- 斜线号（/）：分数中作为分数线，对比关系中表示"比"，数学运算式中表示"除号"，组对关系中表示"和"，有分母的组合单位符号中表示"每"。
- 书名号（《》、<>）：用于书名、刊名、报名、文章名、作品名前后，标明作品、刊物、报纸、剧作等。
- 标注号（*）：用于行文标题中引出注释或说明文字。
- 着重点（.）：用于标明作者特别强调的字、词或语句。

5. 输入特殊符号

对于一般的标点符号，可以直接通过键盘进行输入，但如果要插入一些键盘上没有的符号，就需要通过插入符号功能来完成了。

（1）插入符号：要在文档中插入符号，可先将插入点定位在要插入符号的位置，在"插入"选项卡下的"符号"组中单击"符号"按钮，在弹出的下拉列表中选择相应的符号即可，如图 2-16 所示。如果该列表中没有所需要的符号，可以执行"其他符号"命令，打开"符号"对话框，在"字体"下拉列表中选择不同的字体，符号区域就会发生不同的变化，在其中选择需要插入的符号后，单击"插入"按钮即可，如图 2-17 所示。

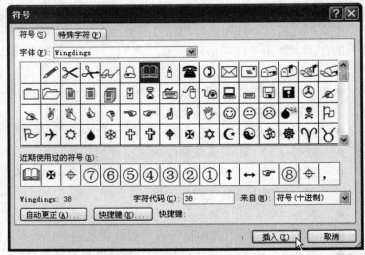

图 2-16   图 2-17

（2）插入特殊符号：如果需要插入一些特殊、比较常用的符号，无需在"符号"对话框中寻找，可以直接使用"插入特殊符号"功能来实现。可先将插入点定位在要插入符号的位置，然后在"插入"选项卡下的"特殊符号"组中单击"符号"下拉按钮，在弹出的下拉列表中选择相应的符号即可。如果该列表中没有所需要的符号，可以执行"更多"命令，打开"插入特殊符号"对话框。在该对话框中选择相应的符号后，单击"确定"按钮即可，如图 2-18 所示。

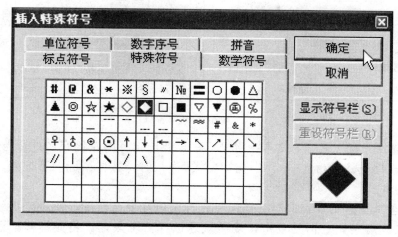

图 2-18

2.2.2　编辑文本

在文档中输入文本内容后，经常会发现有需要修改的地方，此时就可以编辑文本，使文档内容准确无误。编辑文本包括复制、移动、删除所选内容，查找和替换指定内容等。

1. 选取文本

对 Word 文档中的文本进行编辑操作之前需要先选中要编辑的文本。选择文本的方式有很多种，例如，选择一个字/词、连续的多个文本、不连续的多个文本、快速选择一行文本/多行文本、选择一个段落或整篇文档等。

（1）选择单个字/词：将光标移至所要选择的文字处并双击，可以立即选择该单字，如图 2-19 左图所示。在词语位置处双击，可以快速选择该词语，如图 2-19 右图所示。

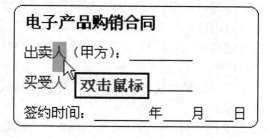
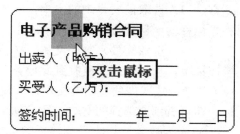

图 2-19

（2）选择连续（不连续）的多个文本：将光标定位在起始位置上，并按住鼠标进行拖拽，拖至目标位置后释放鼠标，即可选择连续的多个文本，如图 2-20 左图所示。此时，若按住 Ctrl 键再选择其他文本，就可同时选择多个不连续的文本，如图 2-20 右图所示。

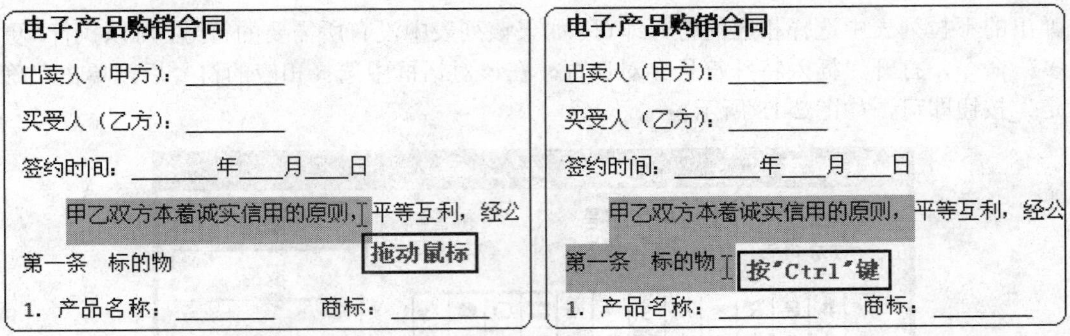

电子产品购销合同	电子产品购销合同
出卖人（甲方）：＿＿＿＿	出卖人（甲方）：＿＿＿＿
买受人（乙方）：＿＿＿＿	买受人（乙方）：＿＿＿＿
签约时间：＿＿＿年＿＿月＿＿日	签约时间：＿＿＿年＿＿月＿＿日
甲乙双方本着诚实信用的原则,平等互利，经公	甲乙双方本着诚实信用的原则，平等互利，经公
第一条 标的物 〔拖动鼠标〕	第一条 标的物 〔按"Ctrl"键〕
1. 产品名称：＿＿＿＿ 商标：＿＿＿	1. 产品名称：＿＿＿＿ 商标：＿＿＿

图 2-20

（3）选择一行（多行）文本：将光标移至要选定行的左侧空白处，当光标变成√形状时单击即可选取该行文本。当光标变成√形状时，按住鼠标向下拖拽，可选择连续的多行文本。

（4）选择段落文本或整篇文档：将光标定位在要选取的段落中，连续三下快速单击，或在段落左侧空白处双击，均可快速选择一个段落。将光标移动至文档左侧空白处，当光标变成√形状时连续三下快速单击，或按 Ctrl+A 组合键均可选中文档中的所有内容。

2. 复制和移动文本

当编辑文档内容时，如果需要在文档中输入内容相同的文本，可以对文本进行复制、粘贴操作。如果要移动文本的位置，则可对文本进行剪切、粘贴操作。

（1）复制文本：指将要复制的文本移动到其他的位置，而原文本仍然保留在原来的位置。复制文本有以下方法：

方法 1：选择需要复制的文本，在"开始"选项卡下的"剪贴板"中，单击"复制"按钮 复制，将光标移动至目标位置处，单击"粘贴"按钮 即可。

方法 2：选取需要复制的文本，按 Ctrl+C 组合键，然后将光标移动至目标位置处，再按 Ctrl+V 组合键即可完成复制操作。

方法 3：选取需要复制的文本，右击，在弹出的快捷菜单中选择"复制"命令，然后将光标移动至目标位置处，再次右击，在弹出的快捷菜单中选择"粘贴"命令即可。

方法 4：选取需要复制的文本，按住鼠标右键拖拽文本至目标位置，释放鼠标会弹出快捷菜单，从中选择"复制到此位置"命令即可。

方法 5：选取需要复制的文本，按住 Ctrl 键的同时拖拽文本，拖至目标位置后释放鼠标，即可看到所选择的文本已经复制到目标位置了。

（2）移动文本：指将当前位置的文本移动到其他位置，在移动文本的同时，会删除原来位置上的原始文本。与复制文本的唯一区别在于，移动文本后，原位置的文本消失，而复制文本后，原位置的文本仍在。移动文本有以下方法：

方法 1：选择需要移动的文本，在"开始"选项卡下的"剪贴板"中，单击"剪切"按钮 剪切，将光标移动至目标位置处，单击"粘贴"按钮 即可。

方法 2：选取需要移动的文本，按 Ctrl+X 组合键，然后将光标移动至目标位置处，再按 Ctrl+V 组合键即可完成移动操作。

方法 3：选取需要移动的文本，右击，在弹出的快捷菜单中选择"剪切"命令，然后将光标移动至目标位置处，再次右击，在弹出的快捷菜单中选择"粘贴"命令即可。

方法 4：选取需要移动的文本，按住鼠标右键拖拽文本至目标位置，释放鼠标会弹出快捷菜单，从中选择"移动到此位置"命令即可。

方法 5：选取需要移动的文本后，按住鼠标左键，当光标变为 形状时拖拽文本至目标位置后，释放鼠标即可将选取的文本移动到目标位置。

3. 删除文本

在编辑文本时，如果发现输入了不需要的内容，那么可以对多余或错误的文本进行删除操作。删除文本的方法主要有两种，一种是逐个删除光标前或者光标后的字符，另一种是快速删除选择的多个文本。

（1）逐个删除字符：将光标定于需要删除字符的位置处，按 Backspace 键，将删除光标左侧的一个字符；如果按 Delete 键，将删除光标右侧的一个字符。

（2）删除选择的多个文本。

方法 1：选择需要删除的所有内容，按 Backspace 键或 Delete 键均可删除所选文本。

方法 2：选择需要删除的文本，在"开始"选项卡下的"剪贴板"中单击"剪切"按钮即可删除所选文本。

方法 3：选择需要删除的文本，按 Ctrl+X 组合键即可删除所选文本。

4. 查找和替换文本

有时需要将较长文档中的某些内容替换为其他的内容，若对其进行逐一的查找和修改，会浪费大量的时间，费时费力而且容易出错。Word 2007 提供的文本查找与替换功能，可以轻松快捷地完成文本的查找与替换操作，大大提高工作效率。

（1）查找文本：将光标定于需要开始查找的位置，在"开始"选项卡的"编辑"组中单击"查找"按钮 查找，弹出"查找和替换"对话框，按 Ctrl+F 组合键同样可以打开该对话框。在"查找"选项卡下的"查找内容"文本框中输入需要查找的内容，单击"查找下一处"按钮，即可将光标定位在文档中第一个查找目标处。单击若干次"查找下一处"按钮，可依次查找出文档中对应的内容，如图 2-21 所示。

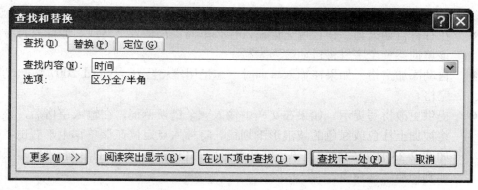

图 2-21

（2）替换文本：替换和查找操作基本类似，不同之处在于，替换不仅要完成查找，而且要用新的文本替换查找出来的原有内容。准确地说，在查找到文档中指定的内容后，才可以对其进行统一替换。在"开始"选项卡的"编辑"组中单击"替换"按钮 ᵃᵦ 替换，弹出"查找和替换"对话框，按 Ctrl+H 组合键同样可以打开该对话框。在"替换"选项卡下的"查找内容"文本框中输入需要查找的内容，在"替换为"文本框中输入需要替换为的内容，单击"替换"按钮，即可对查找到的内容进行替换，并自动选择到下一处查找到的内容，如图 2-22 所示。

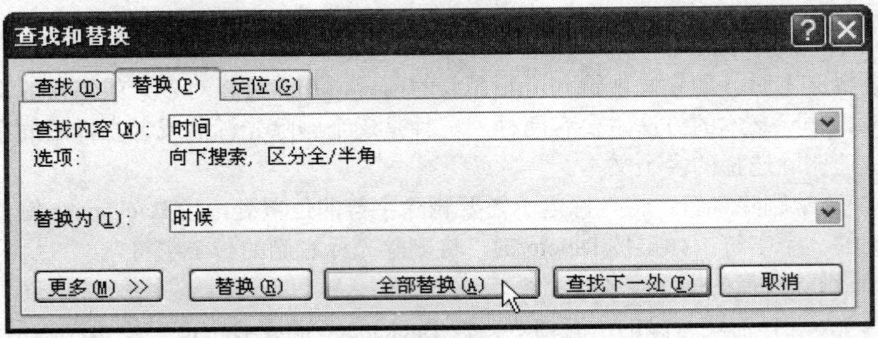

图 2-22

也可以选择文档中需要查找的区域，再单击"全部替换"按钮。此时将弹出 Microsoft Office Word 对话框，显示已经完成的所选内容的搜索以及替换的数目，提示用户是否搜索文档的其余部分。单击"是"按钮会继续对文档其余部分进行查找替换操作；单击"否"按钮，会看到所选择内容中的查找内容已经全部被替换，没选择的部分没有进行替换。

5．自动拼写和语法检查

在输入、编辑文档时，若文档中包含与 Word 2007 自身词典不一致的单词或语句时，会自动在该单词或语句的下方显示一条红色或绿色的波浪线，表示该单词或语句可能存在拼写或语法错误，提示用户注意。此时就可以使用自动拼写和语法检查功能，更快地帮助更正这些错误。

- 自动更改拼写错误。例如，输入 accidant，在输入空格或其他标点符号后，会自动被替换为 accident。
- 在行首自动大写。在行首无论输入什么单词，在输入空格或其他标点符号后，该单词第一个字母将自动改为大写。
- 自动添加空格。如果在输入单词时，忘记用空格隔开，Word 2007 将自动添加空格。
- 提供更改拼写提示。如果在文档中输入一个错误单词，在输入空格后，该单词将被加上红色或绿色的波浪形下划线。将插入点定位在该单词中，右击，弹出如图 2-23 所示的快捷菜单，在该菜单中可以选择更改后的单词、"忽略"、"添加到词典"等命令。

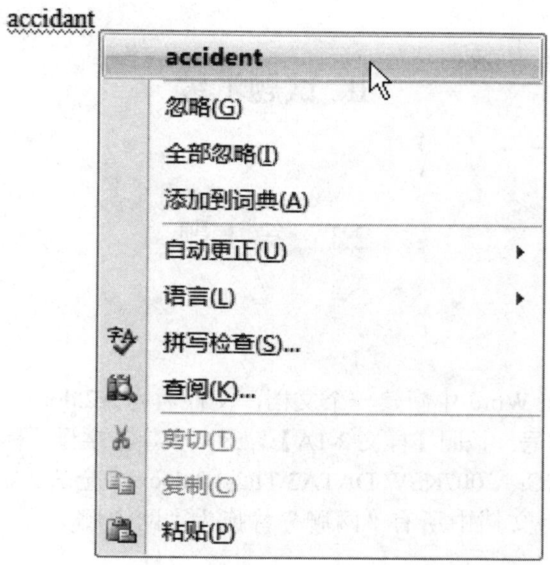

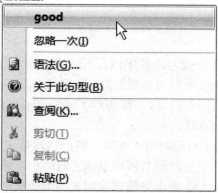

图 2-23

- 提供更改语法提示。如果在文档中使用了错误的语法，将被加上绿色的波浪形下划线。将插入点定位在该单词中，右击，弹出如图 2-24 所示的快捷菜单，在该菜单中将显示语法建议等信息。

图 2-24

Ⅱ. 试题汇编

2.1　第 1 题

【操作要求】

1. **新建文件**：在 Word 中新建一个文档，文件名为 A2.docx，保存至考生文件夹。
2. **录入文本与符号**：按照【样文 2-1A】，录入文字、字母、标点符号、特殊符号等。
3. **复制粘贴**：将 C：\2007KSW\DATA2\TF2-1B.docx 中全部文字复制到考生输入文档。
4. **查找替换**：将文档中所有"网聊"替换为"网上聊天"，结果如【样文 2-1B】所示。

【样文 2-1A】

☎当〖网聊〗成为许多年轻人生活的一部分时，拥有〖ICQ〗不知不觉中就成了时尚的标志。由于受时间与地域的限制，聊天须上网，且不能随时随地神聊，已成为〖网聊〗者们共同的憾事，"移动 QQ"的出现正好弥补了〖网聊〗的缺陷，从而受到年轻手机族的青睐。✠

【样文 2-1B】

☎当〖网上聊天〗成为许多年轻人生活的一部分时，拥有〖ICQ〗不知不觉中就成了时尚的标志。由于受时间与地域的限制，聊天须上网，且不能随时随地神聊，已成为〖网上聊天〗者们共同的憾事，"移动 QQ"的出现正好弥补了〖网上聊天〗的缺陷，从而受到年轻手机族的青睐。✠

"移动 QQ"是手机和网络"联姻"的产物，是使用手机的短消息功能与 ICQ 用户进行通信的业务，它使互联网与移动电话之间的相互通信成为现实，是真正的"移动互联网"服务。用移动 QQ 的服务使您和聊友的沟通从电脑和网络中解放出来，用手机就可以和网上的 QQ 朋友们随意聊天和沟通。

非常男女专门为寻找理想伴侣的青年男女而设计，此业务为男女双方提供了一个互相交流、相互了解的空间。用户通过发送短信息内容 BG 到 11189，登记自己及心目中的他(她)的资料，系统进行男女配对，用户便可享受到陌生的心跳感受。

2.2 第 2 题

【操作要求】

1. **新建文件**：在 Word 中新建一个文档，文件名为 A2.docx，保存至考生文件夹。
2. **录入文本与符号**：按照【样文 2-2A】，录入文字、字母、标点符号、特殊符号等。
3. **复制粘贴**：将 C：\2007KSW\DATA2\TF2-2B.docx 中第一段文字复制到考生输入文档之前，第二段文字复制到考生输入文档之后。
4. **查找替换**：将文档中所有"极昼"替换为"极光"，结果如【样文 2-2B】所示。

【样文 2-2A】

➤极昼有【帷幕状】、【弧状】、【带状】和【射线状】等多种形状。发光均匀的弧状极昼是最稳定的外形，有时能存留几个小时而看不出明显变化。然而，大多数其他形状的极昼通常总是呈现出快速的变化。弧状的和折叠状的极光的下边缘轮廓通常都比上端更明显。◄

【样文 2-2B】

极光产生的原因是来自大气外的高能粒子（电子和质子）撞击高层大气中的原子的作用。这种相互作用常发生在地球磁极周围区域。现在所知，作为太阳风的一部分荷电粒子在到达地球附近时，被地磁场俘获，并使其朝向磁极下落。它们与氧和氮的原子碰撞，击走电子，使之成为激发态的离子，这些离子发射不同波长的辐射，产生出红、绿或蓝等色的极光特征色彩。

➤极光有【帷幕状】、【弧状】、【带状】和【射线状】等多种形状。发光均匀的弧状极光是最稳定的外形，有时能存留几个小时而看不出明显变化。然而，大多数其他形状的极光通常总是呈现出快速的变化。弧状的和折叠状的极光的下边缘轮廓通常都比上端更明显。◄

➤➤极光的出现与〖地磁场〗的变化有关，原来，极光是〖太阳风〗与〖地磁场〗相互作用的结果。〖太阳风〗是太阳喷射出的带电粒子，当它吹到地球上空，会受到〖地磁场〗的作用。〖地磁场〗形如漏斗，尖端对着地球的南北两个磁极，因此太阳发出的带电粒子沿着地磁场这个漏斗沉降，进入地球的两极地区。两极的高层大气，受到〖太阳风〗的轰击后会发出光芒，形成极光。高层大气是由多种气体组成的，不同元素的气体受轰击后所发出的光的前面色不一样。例如氧被激后发出绿光和红光，氮被激后发出紫色的光，氩激后发出蓝色的光，因而极光就显得绚丽多彩，变幻无穷。

2.3　第 3 题

【操作要求】

1. **新建文件**：在 Word 中新建一个文档，文件名为 A2.docx，保存至考生文件夹。
2. **录入文本与符号**：按照【样文 2-3A】，录入文字、字母、标点符号、特殊符号等。
3. **复制粘贴**：将 C：\2007KSW\DATA2\TF2-3B.docx 中红色文字复制到考生输入文档之前，绿色文字复制到考生输入文档之后。
4. **查找替换**：将文档中所有"南极洲"替换为"南极"，结果如【样文 2-3B】所示。

【样文 2-3A】

　　⊞南极洲大陆仅有冬、夏两季之分。每年「4 月～10 月」为冬季，「11 月至次年 3 月」为夏季。南极洲大陆沿海地区夏季月平均气温在 0°左右，内陆地区为「-15°～-35°」；冬季沿海地区月平均气温在「-15°～-30°」，内陆地区为「-40°～-70°」。▦

【样文 2-3B】

　　南极大陆又称第七大陆，是地球上最后一个被发现、唯一没有土著人居住的大陆。南极大陆为通常所说的南大洋（太平洋、印度洋和大西洋的南部水域）所包围，南极大陆的总面积为 1390 万平方公里，相当于中国和印巴次大陆面积的总和，居世界各大陆第五位。

　　南极素有『寒极』之称，南极低温的根本原因在于南极冰盖将 80％的太阳辐射反射掉了，致使南极大陆热量入不敷出，成为永久性冰封雪覆的大陆。

　　⊞南极大陆仅有冬、夏两季之分。每年「4 月～10 月」为冬季，「11 月至次年 3 月」为夏季。南极大陆沿海地区夏季月平均气温在 0°左右，内陆地区为「-15°～-35°」；冬季沿海地区月平均气温在「-15°～-30°」，内陆地区为「-40°～-70°」。▦

　　南极大陆是地球上最遥远最孤独的大陆，它严酷的奇寒和常年不化的冰雪，长期以来拒人类于千里之外。数百年来，为征服南极大陆，揭开它的神秘面纱，数以千计的探险家，前仆后继，奔向南极大陆，表现出不畏艰险和百折不挠的精神，创造了可歌可泣的业绩，为我们今天能够认识神秘的南极做出了巨大的贡献。我们在欣赏南极美丽美观景色的同时，不会忘记对他们表示我们崇高的敬意。

2.4 第 4 题

【操作要求】

1. 新建文件：在 Word 中新建一个文档，文件名为 A2.docx，保存至考生文件夹。
2. 录入文本与符号：按照【样文 2-4A】，录入文字、字母、标点符号、特殊符号等。
3. 复制粘贴：将 C：\2007KSW\DATA2\TF2-4B.docx 中全部文字复制到考生输入文档之后。
4. 查找替换：将文档中所有"航空站"替换为"空间站"，结果如【样文 2-4B】所示。

【样文 2-4A】

➡航空站是人类在太空进行各项科学研究活动的重要场所。1971 年，前苏联发射了第一座航空站〖礼炮一号〗，由【联盟号】飞船负责运送宇航工作人员和物资。1986 年 8 月，最后一座〖礼炮 7 号〗停止载人飞行。1973 年 5 月 14 日，美国发射了航空站〖天空实验室〗，由【阿波罗】号飞船运送宇航工作人员和物资。↙

【样文 2-4B】

➡空间站是人类在太空进行各项科学研究活动的重要场所。1971 年，前苏联发射了第一座空间站〖礼炮一号〗，由【联盟号】飞船负责运送宇航工作人员和物资。1986 年 8 月，最后一座〖礼炮 7 号〗停止载人飞行。1973 年 5 月 14 日，美国发射了空间站〖天空实验室〗，由【阿波罗】号飞船运送宇航工作人员和物资。↙

1974 年〖天空实验室〗封闭停用，并于 1979 年坠毁。

1986 年 2 月 20 日，前苏联发射了"和平号"空间站。它全长超过 13 米，重 21 吨，设计寿命 10 年，由工作舱、过渡舱、非密封舱三个部分组成，有 6 个对接口，可与各类飞船、航天飞机对接，并与之组成一个庞大的轨道联合体。自"和平号"上天以来，宇航工作人员们在它上面进行了大量的科学研究。还创造了太空长时间飞行的新纪录。"和平号"超期服役多年后于 2001 年 3 月 19 日坠入太平洋。1983 年，欧洲空间局发射了"空间实验室"，它是一座随航天飞机一同飞行的空间站。

2.5　第 5 题

【操作要求】

1．**新建文件**：在 Word 中新建一个文档，文件名为 A2.docx，保存至考生文件夹。
2．**录入文本与符号**：按照【样文 2-5A】，录入文字、字母、标点符号、特殊符号等。
3．**复制粘贴**：将 C：\2007KSW\DATA2\TF2-5B.docx 中全部文字复制到考生输入文档之前。
4．**查找替换**：将文档中所有"合成"替换为"复合"，结果如【样文 2-5B】所示。

【样文 2-5A】

➡【合成材料】一词正式使用，是在第二次世界大战后开始的，当时在『比铝轻、比钢强』这一宣传口号下，「玻璃纤维增强材料」被美国空军用于制造飞机的构件，并在 1950—1951 年传入日本，随后便开始了【合成材料】在民用领域的开发和利用。⬅

↧【合成材料】产生单一材料不具备的新功能。如在一些塑料中加入短玻璃纤维及无机填料提高强度、刚性、耐热性，同时又发挥塑料的轻质、易成型等特性。再如，添加碳黑使塑料具有导电性，添加铁氧体粉末使塑料具有磁性等等。↥

【样文 2-5B】

复合材料，是指把两种以上不同的材料，合理地进行复合而制得的一种材料，目的是通过复合来提高单一材料所不能发挥的各种特性。复合材料由基体材料和增强材料两部分组成，如钢筋水泥和玻璃钢便是当前用量最多的两种。

最常见最典型的复合材料是纤维增强复合材料。作为强度材料，最实用的是以热固性树脂为基体的纤维增强塑料（FRP）。作为功能材料而使用热塑性树脂时，称为纤维增强塑性塑料即（FRTP）。以金属为基体的纤维增强金属（FRM），可获得耐高温特性。为补偿水泥的脆性、拉伸强度低等缺点而与短切纤维复合的纤维增强水泥（FRC），正在作为建筑材料使用。纤维增强橡胶（FRR）则主要是大量用于轮胎上。

➡【复合材料】一词正式使用，是在第二次世界大战后开始的，当时在『比铝轻、比钢强』这一宣传口号下，「玻璃纤维增强材料」被美国空军用于制造飞机的构件，并在 1950—1951 年传入日本，随后便开始了【复合材料】在民用领域的开发和利用。⬅

↧【复合材料】产生单一材料不具备的新功能。如在一些塑料中加入短玻璃纤维及无机填料提高强度、刚性、耐热性，同时又发挥塑料的轻质、易成型等特性。再如，添加碳黑使塑料具有导电性，添加铁氧体粉末使塑料具有磁性等等。↥

Ⅲ. 试题解答

2.1 第 1 题

1. 新建文件

（1）单击"开始"按钮，在菜单中执行"所有程序"列表中 Microsoft Office 选项下的 Microsoft Office Word 2007 命令，打开一个空白的 Word 文档。

（2）单击 Office 按钮 ，在打开的下拉菜单中执行"保存"命令，打开"另存为"对话框，在"保存位置"下拉列表中选择考生文件夹所在的位置，在"文件名"文本框中输入"A2"，单击"保存"按钮即可，如图 2-25 所示。

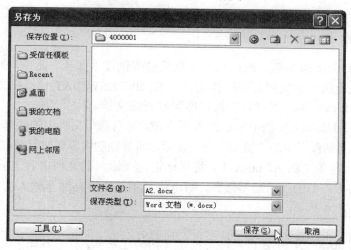

图 2-25

2. 录入文本与符号

（1）选择一种常用的中文输入法，按【样文 2-1A】所示录入文字、字母、标点符号，录入字母时请注意中英文、英文大小写之间的转换。

（2）先将插入点定位在要插入符号的位置，然后在"插入"选项卡下的"符号"组中单击"符号"下拉按钮，在弹出的下拉列表中执行"其他符号"命令，如图 2-26 所示。

（3）打开"符号"对话框后，在"符号"选项卡下的"字体"列表中选择相应的字体，在符号列表框中选

图 2-26

择需要插入的特殊符号后，单击"确定"按钮即可，如图 2-27 所示。

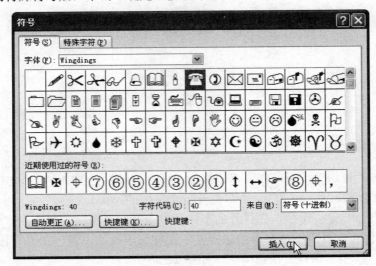

图 2-27

3. 复制粘贴

（1）单击 Office 按钮 ，在打开的下拉菜单中执行"打开"命令，弹出"打开"对话框。在"查找范围"下拉列表中选择文件夹 C:\2007KSW\DATA2，在文件列表框中选择文件 TF2-1B.docx，单击"打开"按钮即可打开该文档。

（2）在 TF2-1B.docx 文档中按 Ctrl+A 组合键，即可选中文档中的所有文字；执行"开始"选项卡下"剪贴板"中的"复制"命令，即可将复制的内容暂时存放在剪贴板中。

（3）切换至考生文档 A2.docx 中，将光标定位在输入的文档内容之后，执行"开始"选项卡下"剪贴板"中的"粘贴"命令，即可将复制的内容粘贴至输入的文档内容之后。

4. 查找替换

（1）在 A2.docx 文档中，将光标定位在文档的起始处，在"开始"选项卡的"编辑"组中单击"替换"按钮，弹出"查找与替换"对话框。

（2）在"替换"选项卡下的"查找内容"文本框中输入"网聊"，在"替换为"文本框中输入"网上聊天"，单击"全部替换"按钮即可，如图 2-28 所示。

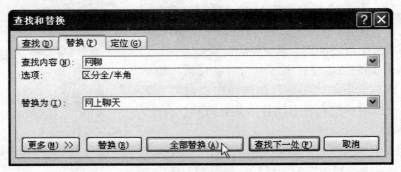

图 2-28

2.2　第 2 题

1. 新建文件

（1）单击"开始"按钮，在菜单中执行"所有程序"列表中 Microsoft Office 选项下的 Microsoft Office Word 2007 命令，打开一个空白的 Word 文档。

（2）单击 Office 按钮，在打开的下拉菜单中执行"保存"命令，打开"另存为"对话框，在"保存位置"下拉列表中选择考生文件夹所在的位置，在"文件名"文本框中输入"A2"，单击"保存"按钮即可。

2. 录入文本与符号

（1）选择一种常用的中文输入法，按【样文 2-2A】所示录入文字、字母、标点符号，输入字母时请注意中英文、英文大小写之间的转换。

（2）先将插入点定位在要插入符号的位置，然后在"插入"选项卡下的"符号"组中单击"符号"下拉按钮，在弹出的下拉列表中执行"其他符号"命令。

（3）打开"符号"对话框后，在"符号"选项卡下的"字体"列表中选择相应的字体，在符号列表框中选择需要插入的特殊符号后，单击"确定"按钮即可。

3. 复制粘贴

（1）单击 Office 按钮，在打开的下拉菜单中执行"打开"命令，弹出"打开"对话框。在"查找范围"下拉列表中选择文件夹 C:\2007KSW\DATA2，在文件列表框中选择文件 TF2-2B.docx，单击"打开"按钮即可打开该文档。

（2）在 TF2-2B.docx 文档中选取第一段文字，执行"开始"选项卡下"剪贴板"中的"复制"命令，切换至考生文档 A2.docx 中，将光标定位在输入的文档内容之前，执行"开始"选项卡下"剪贴板"中的"粘贴"命令，即可将复制的内容粘贴至输入的文档内容之前。

在 TF2-2B.docx 文档中选取第二段文字，执行"开始"选项卡下"剪贴板"中的"复制"命令，切换至考生文档 A2.docx 中，将光标定位在输入的文档内容之后，执行"开始"选项卡下"剪贴板"中的"粘贴"命令，即可将复制的内容粘贴至输入的文档内容之后。

4. 查找替换

（1）在 A2.docx 文档中，将光标定位在文档的起始处，在"开始"选项卡的"编辑"组中单击"替换"按钮，弹出"查找与替换"对话框。

（2）在"替换"选项卡下的"查找内容"文本框中输入"极昼"，在"替换为"文本框中输入"极光"，单击"全部替换"按钮即可。

2.3　第 3 题

1. 新建文件

（1）单击"开始"按钮，在菜单中执行"所有程序"列表中 Microsoft Office 选项下的 Microsoft Office Word 2007 命令，打开一个空白的 Word 文档。

（2）单击 Office 按钮，在打开的下拉菜单中执行"保存"命令，打开"另存为"对话框，在"保存位置"下拉列表中选择考生文件夹所在的位置，在"文件名"文本框中输入"A2"，单击"保存"按钮即可。

2. 录入文本与符号

（1）选择一种常用的中文输入法，按【样文 2-3A】所示录入文字、字母、标点符号，录入字母时请注意中英文、英文大小写之间的转换。

（2）先将插入点定位在要插入符号的位置，然后在"插入"选项卡下的"符号"组中单击"符号"下拉按钮，在弹出的下拉列表中执行"其他符号"命令。

（3）打开"符号"对话框后，在"符号"选项卡下的"字体"列表中选择相应的字体，在符号列表框中选择需要插入的特殊符号后，单击"确定"按钮即可。

3. 复制粘贴

（1）单击 Office 按钮，在打开的下拉菜单中执行"打开"命令，弹出"打开"对话框。在"查找范围"下拉列表中选择文件夹 C:\2007KSW\DATA2，在文件列表框中选择文件 TF2-3B.docx，单击"打开"按钮即可打开该文档。

（2）在 TF2-3B.docx 文档中选取红色的文字，执行"开始"选项卡下"剪贴板"中的"复制"命令，切换至考生文档 A2.docx 中，将光标定位在输入的文档内容之前，执行"开始"选项卡下"剪贴板"中的"粘贴"命令，即可将复制的内容粘贴至输入的文档内容之前。

（3）在 TF2-2B.docx 文档中选取绿色的文字，执行"开始"选项卡下"剪贴板"中的"复制"命令，切换至考生文档 A2.docx 中，将光标定位在输入的文档内容之后，执行"开始"选项卡下"剪贴板"中的"粘贴"命令，即可将复制的内容粘贴至输入的文档内容之后。

4. 查找替换

（1）在 A2.docx 文档中，将光标定位在文档的起始处，在"开始"选项卡的"编辑"组中单击"替换"按钮，弹出"查找与替换"对话框。

（2）在"替换"选项卡下的"查找内容"文本框中输入"南极洲"，在"替换为"文本框中输入"南极"，单击"全部替换"按钮即可。

2.4　第 4 题

1. 新建文件

（1）单击"开始"按钮，在菜单中执行"所有程序"列表中 Microsoft Office 选项下的 Microsoft Office Word 2007 命令，打开一个空白的 Word 文档。

（2）单击 Office 按钮，在打开的下拉菜单中执行"保存"命令，打开"另存为"对话框，在"保存位置"下拉列表中选择考生文件夹所在的位置，在"文件名"文本框中输入"A2"，单击"保存"按钮即可。

2. 录入文本与符号

（1）选择一种常用的中文输入法，按【样文 2-4A】所示录入文字、字母、标点符号，录入字母时请注意中英文、英文大小写之间的转换。

（2）先将插入点定位在要插入符号的位置，然后在"插入"选项卡下的"符号"组中单击"符号"下拉按钮，在弹出的下拉列表中执行"其他符号"命令。

（3）打开"符号"对话框后，在"符号"选项卡下的"字体"列表中选择相应的字体，在符号列表框中选择需要插入的特殊符号后，单击"确定"按钮即可。

3. 复制粘贴

（1）单击 Office 按钮，在打开的下拉菜单中执行"打开"命令，弹出"打开"对话框。在"查找范围"下拉列表中选择文件夹 C:\2007KSW\DATA2，在文件列表框中选择文件 TF2-4B.docx，单击"打开"按钮即可打开该文档。

（2）在 TF2-4B.docx 文档中按 Ctrl+A 组合键，即可选中文档中的所有文字；执行"开始"选项卡下"剪贴板"中的"复制"命令，即可将复制的内容暂时存放在剪贴板中。

（3）切换至考生文档 A2.docx 中，将光标定位在输入的文档内容之后，执行"开始"选项卡下"剪贴板"中的"粘贴"命令，即可将复制的内容粘贴至输入的文档内容之后。

4. 查找替换

（1）在 A2.docx 文档中，将光标定位在文档的起始处，在"开始"选项卡的"编辑"组中单击"替换"按钮，弹出"查找与替换"对话框。

（2）在"替换"选项卡下的"查找内容"文本框中输入"航空站"，在"替换为"文本框中输入"空间站"，单击"全部替换"按钮即可。

2.5　第 5 题

1. 新建文件

（1）单击"开始"按钮，在菜单中执行"所有程序"列表中"Microsoft Office 选项下的 Microsoft Office Word 2007 命令，打开一个空白的 Word 文档。

（2）单击 Office 按钮，在打开的下拉菜单中执行"保存"命令，打开"另存为"对话框，在"保存位置"下拉列表中选择考生文件夹所在的位置，在"文件名"文本框中输入"A2"，单击"保存"按钮即可。

2. 录入文本与符号

（1）选择一种常用的中文输入法，按【样文 2-5A】所示录入文字、字母、标点符号，录入字母时请注意中英文、英文大小写之间的转换。

（2）先将插入点定位在要插入符号的位置，然后在"插入"选项卡下的"符号"组中单击"符号"下拉按钮，在弹出的下拉列表中执行"其他符号"命令。

（3）打开"符号"对话框后，在"符号"选项卡下的"字体"列表中选择相应的字体，在符号列表框中选择需要插入的特殊符号后，单击"确定"按钮即可。

3. 复制粘贴

（1）单击 Office 按钮，在打开的下拉菜单中执行"打开"命令，弹出"打开"对话框。在"查找范围"下拉列表中选择文件夹 C:\2007KSW\DATA2，在文件列表框中选择文件 TF2-5B.docx，单击"打开"按钮即可打开该文档。

（2）在 TF2-5B.docx 文档中按 Ctrl+A 组合键，即可选中文档中的所有文字；执行"开始"选项卡下"剪贴板"中的"复制"命令，即可将复制的内容暂时存放在剪贴板中。

（3）切换至考生文档 A2.docx 中，将光标定位在输入的文档内容之前，执行"开始"选项卡下"剪贴板"中的"粘贴"命令，即可将复制的内容粘贴至输入的文档内容之前。

4. 查找替换

（1）在 A2.docx 文档中，将光标定位在文档的起始处，在"开始"选项卡的"编辑"组中单击"替换"按钮，弹出"查找与替换"对话框。

（2）在"替换"选项卡下的"查找内容"文本框中输入"合成"，在"替换为"文本框中输入"复合"，单击"全部替换"按钮即可。

第 3 章　文档的格式设置与编排

Ⅰ. 知识讲解

知识要点

- 字体格式的设置
- 段落格式的设置
- 项目符号和编号的设置

评分细则

本章有 8 个评分点，每题 13 分。

评分点	分值	得分条件	判分要求
设置字体	2	全部按要求正确设置	错一处则不得分
设置字号	2	全部按要求正确设置	错一处则不得分
设置字形	1	全部按要求正确设置	错一处则不得分
设置对齐方式	2	全部按要求正确设置	必须使用"对齐"技能点，其他方式对齐不得分
设置段落缩进	2	缩进方式和缩进值正确	必须使用"缩进"技能点，其他方式缩进不得分
设置行距／段落间距	1	间距设置方式和间距数值正确	必须使用"行距"或"间距"技能点，其他方式不得分
拼写检查	1	改正文本中全部的错误单词	使用"拼写"技能点，有一处未改则不给分
设置项目符号或编号	2	按样文正确设置项目符号或编号	样式、字体和位置均正确

在文档中，文字是组成段落的最基本内容，而任何一个文档又是由多个段落结构组合而成。为了使文档中的内容更加美观和规范，并提高文档的可阅读性，可以对文档中的文字进行字体格式和段落格式的设置。

3.1　字体格式的设置

设置文本的字体包括设置中文字体、西文字体、字形、字号以及字体颜色等。一般情况下，可以通过"字体"组、"字体"对话框、浮动工具栏等方法设置字体格式。

1. 设置字体

字体是表示文字书写风格的一种简称，Word 2007 提供了多种可用的字体，输入的文本在默认情况下是五号宋体。

方法 1：在 Word 文档中，选中要设置字体格式的文本，然后在"开始"选项卡下"字体"组中的"字体"下拉列表中选择需要设置的字体，如图 3-1 所示。

方法 2：选中要设置字体格式的文本，在"开始"选项卡下"字体"组中单击右下角的对话框启动器按钮▣，即可打开"字体"对话框。或者右击选中的文本，在弹出的快捷菜单中执行"字体"命令，也可以打开该对话框。在"字体"选项卡下的"中文字体"下拉列表中可以选择文档中中文文本的字体格式，在"西文字体"下拉列表中可以选择文档中西文文本的字体格式，如图 3-2 所示。

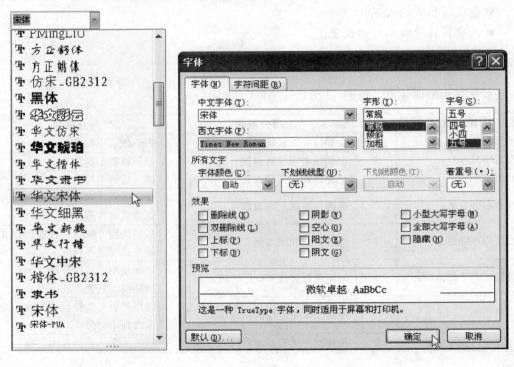

图 3-1   图 3-2

方法 3：选中要设置字体格式的文本后，Word 2007 会自动弹出"格式"浮动工具栏，或者右击选中的文本，也可以打开该工具栏。这个浮动工具栏开始时呈半透明状态，当光标接近时，才会正常显示，否则就会自动隐藏。在该浮动栏中单击"字体"下拉按钮，在弹出的列表框中可以选择需要的字体样式，如图 3-3 所示。

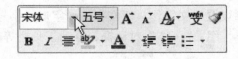

图 3-3

方法 4：按 Ctrl+Shift+P 组合键或 Ctrl+D 组合键，都可以直接打开"字体"对话框。

2．设置字号

字号是指字符的大小。Word 2007 有两种字号表示方法，一种是中文标准，以"号"为单位，如初号、一号、二号等；另一种是西文标准，以"磅"为单位，如 8 磅、9 磅、10 磅等。

方法 1：选中要设置字号的文本，在"开始"选项卡下"字体"组中的"字号"下拉列表中选择需要设置的字号，如图 3-4 所示。

方法 2：选中要设置字号的文本，打开"字体"对话框。在"字体"选项卡下的"字号"列表框中可以选择设置字符的字号。

方法 3：选中要设置字号的文本，打开"格式"浮动工具栏，在该浮动栏中单击"字号"下三角按钮，在弹出的列表框中设置字号，如图 3-5 所示。

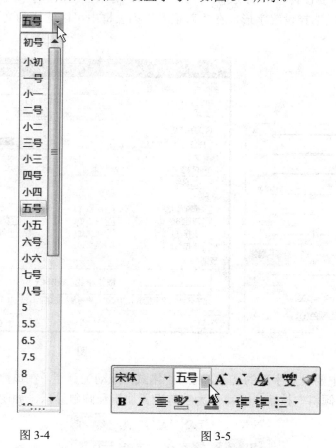

图 3-4　　　　　　　　　　　　　图 3-5

方法 4：按 Ctrl+>组合键可以快速增大字号，按 Ctrl+<组合键可以快速缩小字号。

3．设置字形

字形是字符的显示方式，包括文字的常规显示、倾斜显示、加粗显示及下划线显示等。

方法 1：选取要设置字形的文本，在"开始"选项卡下"字体"组中单击相应的按钮可以设置字符的格式。单击"加粗"按钮 **B**，可以设置字符的加粗格式；单击"倾斜"按钮 *I*，可以设置字符的倾斜格式；单击"下划线"按钮 U，可以为字符添加默认格式的下划线，如图 3-6 所示；单击"下划线"按钮 U 右侧的下三角按钮，可以从下拉列表中选择下划线的线型和颜色，如图 3-7 所示。

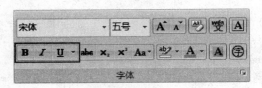

图 3-6

方法 2：选中要设置字形的文本，打开"字体"对话框。在"字体"选项卡下的"字形"列表框中可以选择设置字形，在"着重号"列表框中可以选择为文本添加着重号，如图 3-8 所示。

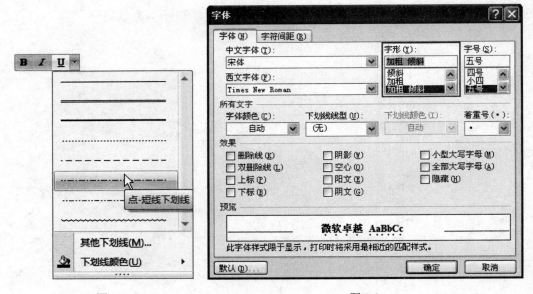

图 3-7   图 3-8

方法 3：选中要设置字形的文本，打开"格式"浮动工具栏，在该浮动栏中单击"加粗"按钮 **B** 和"倾斜"按钮 *I*，可以为字符设置加粗和倾斜显示，如图 3-9 所示。

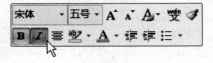

图 3-9

方法 4：按 Ctrl+B 组合键，可以设置加粗显示；按 Ctrl+I 组合键，可以设置倾斜显示；按 Ctrl+U 组合键，可以设置下划线显示。

4. 设置字体颜色

为字符设置字体颜色，可以使文本看起来更醒目、更美观。

方法 1：选取要设置字体颜色的文本，在"开始"选项卡下"字体"组中单击"字体颜色"下三角按钮，在弹出的颜色面板中选择需要的颜色即可，如图 3-10 所示。

方法 2：选中要设置字体颜色的文本，打开"字体"对话框。在"字体"选项卡下的"字体颜色"下拉列表中选择需要的颜色，如图 3-11 所示。

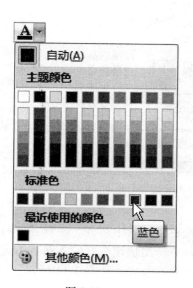

图 3-10

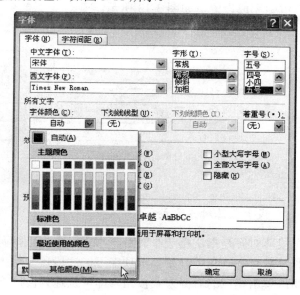

图 3-11

方法 3：选中要设置字体颜色的文本，打开"格式"浮动工具栏，在该浮动栏中单击"字体颜色"下三角按钮，同样可以从弹出的颜色面板中选择需要的颜色，如图 3-12 所示。

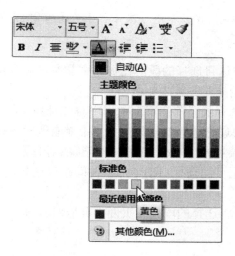

图 3-12

3.2　段落格式的设置

段落是构成整个文档的骨架，在编辑文档的同时还需要合理设置文档段落的格式，才能使文档达到层次分明、段落清晰的效果。段落格式包括段落的对齐方式、缩进方式、段落间距与行距、段落边框与底纹、项目符号与编号等。大多数的段落格式都可以在"段落"组中完成设置，如图 3-13 所示。

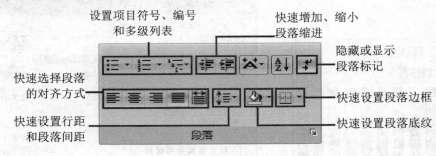

图 3-13

1. 设置段落对齐方式

段落对齐是指文档边缘的对齐方式，主要包括两端对齐、居中对齐、左对齐、右对齐和分散对齐。在"开始"选项卡下的"段落"组中，有一组快速选择段落对齐方式的按钮，单击相应的对齐方式按钮，即可快速为段落选择对齐方式，如图 3-14 所示。

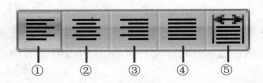

①文本左对齐　②居中　③文本右对齐　④两端对齐　⑤分散对齐

图 3-14

- 文本左对齐：快速将选择的段落在页面中靠左侧对齐排列，其快捷键为 Ctrl+L。文本左对齐与两端对齐效果相似。
- 居中：快速将选择的段落在页面中居中对齐排列，其快捷键为 Ctrl+E。
- 文本右对齐：快速将选择的段落在页面中靠右侧对齐排列，其快捷键为 Ctrl+R。
- 两端对齐：两端对齐是 Word 2007 中默认的对齐方式，可以将文字左右两端同时对齐，并根据页面需要自动增加字符间距以达到左右两端对齐的效果，其快捷键为 Ctrl+J。
- 分散对齐：快速将选择的段落在页面中分散对齐排列，其快捷键为 Ctrl+Shift+J。

2. 设置段落缩进

段落缩进是指段落中的文本与页边距之间的距离，包括左缩进、右缩进、悬挂缩进和首行缩进 4 种方式。

- 左缩进：设置整个段落左边界的缩进位置。
- 右缩进：设置整个段落右边界的缩进位置。
- 悬挂缩进：设置段落中除首行以外的其他行的起始位置。
- 首行缩进：设置段落中首行的起始位置。

方法 1：使用"标尺"设置段落缩进。

在 Word 2007 中，可以通过拖动标尺中的缩进标记来调整段落的缩进，此设置仅对光标所在的段落或所选择的段落发生作用。在"视图"选项卡下的"显示/隐藏"组中，勾选"标尺"复选框，即可在页面中显示标尺，如图 3-15 所示。

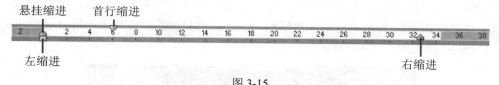

图 3-15

方法 2：使用"段落"对话框设置段落缩进。

使用"段落"对话框可以更准确地设置缩进尺寸。首先选择要进行设置的段落，在"开始"选项卡下单击"段落"组右下方的对话框启动器按钮，弹出"段落"对话框，在"缩进和间距"选项卡中可以进行相关设置，如图 3-16 所示。

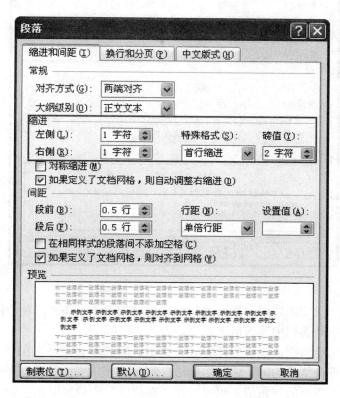

图 3-16

在"缩进"区域的"左侧"文本框中输入左缩进的值，则所有行从左边缩进；在"右侧"文本框中输入右缩进的值，则所有行从右边缩进；在"特殊格式"下拉列表中可以选择段落缩进的方式：首行缩进和悬挂缩进。

方法 3：使用快捷按钮设置段落缩进。

在"开始"选项卡下的"段落"组或"格式"浮动工具栏中，单击"减少缩进量"按钮或"增加缩进量"按钮，可以减少或增加缩进量。

3．设置段间距与行间距

间距主要包括行间距和段间距，所谓行间距是指段落中行与行之间的距离；所谓段间距是指前后相邻的段落之间的距离。在"开始"选项卡下单击"段落"组右下方的对话框启动器按钮，弹出"段落"对话框，在"缩进和间距"选项卡中可以进行相关设置，如图 3-17 所示。

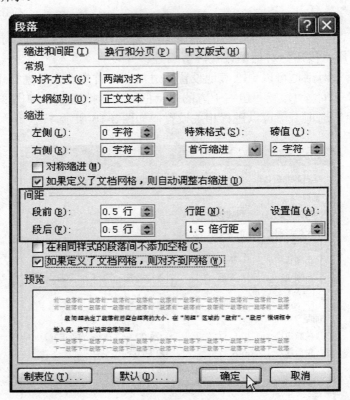

图 3-17

- 段间距：段间距决定了段落前后空白距离的大小。在"间距"区域的"段前"、"段后"微调框中输入值，就可以设置段落间距。
- 行间距：行间距决定了段落中各行文本之间的垂直距离。在"行距"下拉列表中选择符合要求的间距值，如单倍行距、1.5 倍行距、2 倍行距等。如果下拉列表中没有需要的行距值，也可以在"设置值"微调框中直接输入行距值。

3.3　项目符号和编号的设置

使用项目符号和编号，可以对文档中并列的项目进行组织，或者将内容的顺序进行编号，以使这些项目的层次结构更加清晰、有条理。Word 2007 提供了 7 种标准的编号，并且允许自定义项目符号和编号。

1．添加项目符号和编号

为了使段落层次分明，结构更加清晰，可以为段落添加项目符号或编号，所以，项目符号和编号都是以段落为单位的。

选择需要添加项目符号的段落，在"开始"选项卡下的"段落"组中单击"项目符号"按钮右侧的下三角按钮，在弹出库中可以选择所需要的项目符号样式，如图 3-18 左图所示。

选择需要添加编号的段落，在"开始"选项卡下的"段落"组中单击"编号"按钮右侧的下三角按钮，在弹出的编号库中可以选择所需要的编号样式，如图 3-18 右图所示。

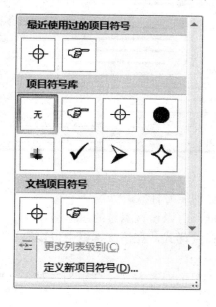 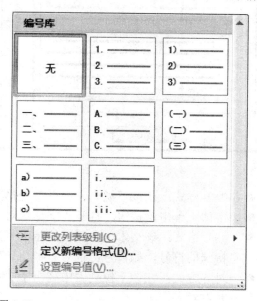

图 3-18

2．自定义项目符号和编号

要自定义项目符号，可在"项目符号"下拉列表中执行"定义新项目符号"命令，打开"定义新项目符号"对话框，如图 3-19 所示。

● 符号：单击该按钮，打开"符号"对话框，可从中选择合适的符号样式作为项目符号。

● 图片：单击该按钮，打开"图片项目符号"对话框，可从中选择合适的图片符号作为项目符号。

- 字体：单击该按钮，打开"字体"对话框，可以设置项目符号的字体格式。
- 对齐方式：在该下拉列表中列出了 3 种项目符号的对齐方式，分别为左对齐、居中和右对齐。

要自定义编号，可在"编号"下拉列表中执行"定义新编号格式"命令，打开"定义新编号格式"对话框，如图 3-20 所示。

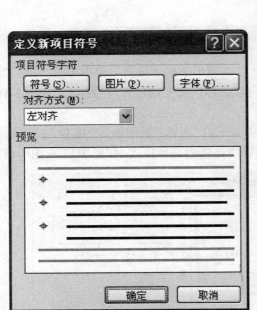

图 3-19

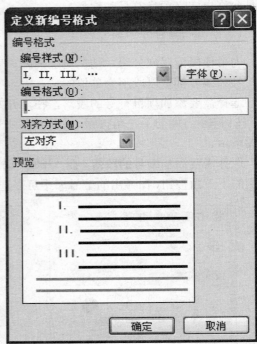

图 3-20

- 编号样式：在该下拉列表中可以选择其他的编号样式。
- 字体：单击该按钮，打开"字体"对话框，可以设置编号的字体格式。
- 编号格式：该文本框中显示的是编号的最终样式，在该文本框中可以添加一些特殊的符号，如冒号、逗号、半角句号等。
- 对齐方式：在该下拉列表中列出了 3 种编号的对齐方式，分别为左对齐、居中和右对齐。

3. 删除项目符号和编号

对于不再需要的项目符号或编号可以随时将其删除，操作方法也很简单。只需选中需要删除项目符号或编号的文本，然后在"段落"组中单击"项目符号"按钮或"编号"按钮即可。如果要删除单个项目符号或编号，可以选中该项目符号或编号，然后直接按 Backspace 键即可。

Ⅱ. 试题汇编

3.1 第1题

【操作要求】

打开文档 A3.docx，按下列要求设置、编排文档格式。

一、设置【文本 3-1A】如【样文 3-1A】所示

1. **设置字体**：第一行标题为华文行楷；第二行副标题为仿宋_GB2312；正文第一段为方正舒体；正文最后一段中"解析"为华文新魏，其余为楷体_GB2312。

2. **设置字号**：第一行标题为二号；第二行副标题为四号；正文第一段为小三号；正文最后一段为小四号。

3. **设置字形**：为正文最后一段中文本"解析"加波浪形下划线。

4. **设置对齐方式**：标题和副标题为居中对齐。

5. **设置段落缩进**：正文第一段左侧缩进 2 字符；最后一段首行缩进 2 字符。

6. **设置行距/段落间距**：第一行标题为段前、段后各 1 行；第二行副标题为段后 0.5 行；正文最后一段为段前 1 行。

二、设置【文本 3-1B】如【样文 3-1B】所示

1. **拼写检查**：改正【文本 3-1B】中的单词拼写错误。

2. **设置项目符号或编号**：按照【样文 3-1B】设置项目符号或编号。

【样文 3-1A】

菩 萨 蛮

李 白

平林漠漠烟如织，寒山一带伤心碧。暝色入高楼，有人楼上愁。

玉阶空伫立，宿鸟归飞急。何处是归程，长亭更短亭。

解析 此诗望远怀人之词，寓情于境界之中。一起写平林寒山境界，苍茫悲壮梁元帝赋云："登楼一望，唯见远树含烟。平原如此，不知道路几千。"

此词境界似之。然其写日暮景色，更觉凄黯。此两句，白内而外。"瞑色"两句，自外而内。烟如织、伤心碧，皆瞑色也。两句折到楼与人，逼出"愁"字，唤醒全篇。所以觉寒山伤心者，以愁之故；所以愁者，则以人不归耳。下片，点明"归"字。"空"字，亦从"愁"字来。乌归飞急，写出空间动态，写出鸟之心情。鸟归人不归，故云此首望远怀人之词，寓情于境界之中。一起写平林寒山境界，苍茫悲壮。梁元帝赋云"空伫立"。"何处"两句，自相呼应，仍以境界结束。但见归程，不见归人，语意含蓄不尽。

【样文 3-1B】

⌘ Our knowledge of the universe is growing all the time. Our knowledge grows and the universe develops. Thanks to space satellites, the world itself is becoming a much smaller place and people from different countries now understand each other better.

⌘ Look at your watch for just one minute. During that time, the population of the world increased by 259. Perhaps you think that isn't much. However, during the next hour, over 15,540 more babies will be born on the earth...

⌘ So it goes .on, hour after hour. In one day, people have to produce food for over 370,000 more mouths. Multiply this by 365. Just think how many more there will be in one year! What will happen in a hundred years?

3.2　第 2 题

【操作要求】

打开文档 A3.docx，按下列要求设置、编排文档格式。

一、设置【文本 3-2A】如【样文 3-2A】所示

1. **设置字体**：第一行标题为华文新魏；正文诗歌部分为华文细黑；最后一段为微软雅黑。

2. **设置字号**：第一行标题为一号；正文诗歌部分为四号。

3. **设置字形**：第一行标题加粗；第二行作者姓名加粗。

4. **设置对齐方式**：第一行标题居中；第二行作者姓名居中。

5. **设置段落缩进**：正文诗歌部分左缩进 10 个字符；最后一段首行缩进 2 个字符。

6. **设置行距/段落间距**：第一行标题的段前、段后间距均为 1 行；第二行作者姓名的段后间距为 0.5 行；正文诗歌部分的行距为固定值 20 磅；最后一段的段落间距为段前 1 行。

二、设置【文本 3-2B】如【样文 3-2B】所示

1. **拼写检查**：改正【文本 3-2B】中的单词拼写错误。

2. **设置项目符号或编号**：按照【样文 3-2B】设置项目符号或编号。

【样文 3-2A】

我爱这土地

艾 青

假如我是一只鸟，
我也应该用嘶哑的喉咙歌唱：
这被暴风雨所打击着的土地，
这永远汹涌着我们的悲愤的河流，
这无止息地吹刮着的激怒的风，
和那来自林间的无比温柔的黎明——然后我死了，
连羽毛也腐烂在土地里面。
为什么我的眼里常含泪水？
因为我对这土地爱得深沉……

艾青（1910～1996）现、当代诗人。原名蒋海澄，笔名莪加、克阿、林壁等。浙江金华人。1928 年入杭州国立西湖艺术学院绘画系。翌年赴法国勤工俭学。1932 年初回国，在上海加入中国左翼美术家联盟，从事革命文艺活动，不久被捕，在狱中写了不少诗，其中的《大堰河——我的保姆》发表后引起轰动，一举成名。1935 年出狱，翌年出版了第一本诗集《大堰河》，表现了诗人热爱祖国的深挚感情，泥土气息浓郁，诗风沉雄，情调忧郁而感伤。

【样文 3-2B】

- ✾ As long as one finds where one stands, one knows how package oneself, just as a commodity establishes its brand by the right packaging.
- ✾ Observe a child; any one will do. You will see that to a day passes in which he does not find something or other to make him happy, though he may be in tears the next moment. Then look at a man; any one of us will do. You will notice that weeks and.
- ✾ Months can pass in which day is greeted with nothing more than resignation1, and endure with every polite indifference. Indeed, most men are as miserable as sinners, though they are too bored to sin-perhaps their sin is their indifference.

3.3　第 3 题

【操作要求】

打开文档 A3.docx，按下列要求设置、编排文档格式。

一、设置【文本 3-3A】如【样文 3-3A】所示

1．**设置字体**：第一行为方正舒体；第二行正文标题为隶书；正文第一段为仿宋_GB2312；最后一行为方正姚体。

2．**设置字号**：第一行为四号；第二行正文标题为二号；正文第一段为小四；最后一行为小四。

3．**设置字形**：正文第二、第三、第四段开头的"严重神经衰弱者"、"癫痫病患者"、"白内障患者"加粗，加着重号。

4．**设置对齐方式**：第一行右对齐；第二行正文标题居中；最后一行右对齐。

5．**设置段落缩进**：全文左、右各缩进 2 个字符；正文首行缩进 2 个字符。

6．**设置行距/段落间距**：第二行标题段前、段后各 1.5 行；正文各段段前、段后各 0.5 行；正文各段固定行距 20 磅。

二、设置【文本 3-3B】如【样文 3-3B】所示

1．**拼写检查**：改正【文本 3-3B】中的单词拼写错误。

2．**设置项目符号或编号**：按照【样文 3-3B】设置项目符号或编号。

【样文 3-3A】

生活科普小知识

三种老人不宜用手机

据杭州日报报道，目前老年人使用手机的情况越来越普遍，但有些老人不宜使用手机。

严重神经衰弱者：经常使用手机可能会引发失眠、健忘、多梦、头晕、头痛、烦躁、易怒等神经衰弱症状。对于那些本来就患有神经衰弱的人来说，再经常使用手机则有可能使上述症状加重。

癫痫病患者：手机使用者大脑周围产生的电磁波是空间电磁波的 4～6 倍，可诱发癫痫发作。

白内障患者：手机发射出的电磁波能使白内障病人眼球晶状体温度上升、水肿，可加重病情。

——摘自《生活时报》

【样文 3-3B】

- One of the unique features of Beijing is its numerous Hutongs which means small lanes. The life of ordinary people in these lanes contributes greatly to the charm of this ancient capital. Beijing's Hutongs are not only an appellation for the lanes but also a kind of architecture.
- It is the living environment of ordinary Beijingers. It reflects the vicissitude of society. Most of the Hutongs look almost the same as gray walls and bricks. Hutongs are a happy kind of place for children. There are often 4 to 10 families with an average of 20 people sharing the rooms of one courtyard complex named Siheyuan.
- So Hutong life is friendly and interpersonal communication. However, as a rule of social development, new things must take the place of the old ones. Hopefully; the original styled Beijing Hutong will remain.

3.4　第 4 题

【操作要求】

打开文档 A3.docx，按下列要求设置、编排文档格式。

一、设置【文本 3-4A】如【样文 3-4A】所示

1. **设置字体**：第一行标题为微软雅黑；第二行为黑体；正文第一段为方正舒体；正文第二段为方正姚体；正文第三段为华文隶书；正文最后一行为华文新魏。
2. **设置字号**：第一行标题为二号；其余部分均为小四。
3. **设置字形**：第一行标题加粗；第二行和最后一行倾斜。
4. **设置对齐方式**：第一行标题居中；第二行居中；最后一行右对齐。
5. **设置段落缩进**：正文首行缩进 2 字符。
6. **设置行距/段落间距**：第二行段前、段后各 1 行；正文固定行距 18 磅。

二、设置【文本 3-4B】如【样文 3-4B】所示

1. **拼写检查**：改正【文本 3-4B】中的单词拼写错误。
2. **设置项目符号或编号**：按照【样文 3-4B】设置项目符号或编号。

【样文 3-4A】

外 国 名 著 介 绍

《一千零一夜》

《一千零一夜》是阿拉伯民间故事集，中国又译《天方夜谭》。《一千零一夜》的名称，出自这部故事集的引子。相传古代印度与中国之间有一萨桑国，国王山鲁亚尔因痛恨王后与人有私，将其杀死，此后每日娶一少女，翌晨即杀掉。宰相的女儿山鲁佐德为拯救无辜的女子，自愿嫁给国王，用每夜讲述故事的办法，引起国王兴趣，免遭杀戮。她的故事一直讲了一千零一夜，终使国王感化。

《一千零一夜》中包括神话传说、寓言童话、婚姻爱情故事、航海冒险故事、宫廷趣闻和名人轶事等等，它的人物有天仙精怪、国王大臣、富商巨贾、庶民百姓、三教九流，应有尽有。这些故事和人物形象相互交织，组成了中世纪阿拉伯帝国社会生活的复杂画面，是研究阿拉伯和东方历史、文化、宗教、语言、艺术、民俗的珍贵资料。

《一千零一夜》的多数故事，健康而有教益。《渔夫和魔鬼》、《阿拉丁和神灯》、《阿里巴巴和四十大盗》、《辛伯达航海旅行记》、《巴索拉银匠哈桑的故事》和《乌木马的故事》等，是其中的名篇。这些故事歌颂人类的智慧和勇气，描写善良人民对恶势力的斗争和不屈不挠的精神，塑造奋发有为、敢于进取的勇士形象，赞扬青年男女对爱情的忠贞。《一千零一夜》有不少故事以辛辣的笔触揭露社会的黑暗腐败，统治者的昏庸无道，反映了人民大众对现实的不满和对美好生活的憧憬，引起了不同时代和不同地区的读者的共鸣。这是这部民间故事集表现出"永恒魅力"的主要原因。

——佚名搜集整理

【样文 3-4B】

✠ When we talk about the universe, we mean the earth, the sun, the moon and the stars, and the space between them. Many of the stars cannot be seen because they are too far away.

✠ The moon travels round the earth. It is our satellite. It is quite near us in space. It is only 380,000 kilometers away, and it has been visited by man already.

✠ So far, no man has travelled farther than the moon, but spaceships without people have reached other parts of the universe.

3.5 第 5 题

【操作要求】

打开文档 A3.docx，按下列要求设置、编排文档格式。

一、设置【文本 3-5A】如【样文 3-5A】所示

1. 设置字体：第一行为方正舒体；第二行标题为华文彩云；正文第一段为华文楷体；第二段为华文仿宋；最后一行为方正姚体。

2. 设置字号：第一行为四号；第二行标题为二号；正文为小四。

3. 设置字形：正文第一段除"选择牙膏要侧重两点，"文本外全部加着重号。

4. 设置对齐方式：第一行右对齐；第二行标题居中；最后一行右对齐。

5. 设置段落缩进：正文各段首行缩进 2 字符。

6. 设置行距/段落间距：第二行标题段前、段后各 1.5 行；正文段前、段后各 0.5 行；正文行距为 1.5 倍行距。

二、设置【文本 3-5B】如【样文 3-5B】所示

1. 拼写检查：改正【文本 3-5B】中的单词拼写错误。

2. 设置项目符号或编号：按照【样文 3-5B】设置项目符号或编号。

【样文 3-5A】

生活科普小知识

选择牙膏注意事项

选择牙膏要侧重两点，一是注意是否含氟，因为长期使用含有氟泰配方的牙膏可以有效防止蛀牙；二是要看牙膏的磨擦剂选用的是什么原材料，因为粗糙的磨擦剂会对牙釉质造成磨损。长期使用粗糙磨擦剂的牙膏刷牙对牙齿不利。

一般来说，牙膏的膏体呈冻状的、质地比较细腻光滑的，通常是用高档硅作磨擦剂，对牙釉质磨损少。也可以将不同牙膏分别在新的 CD 盒上刷 5 至 6 下，看看有否刮痕，没有刮痕的牙膏，其中的磨擦剂较细腻。还可以把牙膏放在口中尝一尝，若感觉粗糙，需要多次漱口才能清除的，大多内含的磨擦剂比较粗糙，建议不用。

——摘自《科普知识》

【样文 3-5B】

- One of the unique features of Beijing is its numerous Hutongs which means small lanes. The life of ordinary people in these lanes contributes greatly to the charm of this ancient capital. Beijing's Hutong are not only an appellation for the lanes but also a kind of architecture.

- It is the living environment of ordinary Beijingers. It reflects the vicissitude of society. Most of the Hutongs look almost the same as gray walls and bricks. Hutongs are a happy kind of place for children. There are often 4 to 10 families with an average of 20 people sharing the rooms of one courtyard complex named Siheyuan.

- So Hutong life is friendly and interpersonal communication. However, as a rule of social development, new things must take the place of the old ones. Hopefully; the original styled Beijing Hutong will remain.

Ⅲ. 试题解答

3.1　第 1 题

1. 设置字体

选中文章的标题行"菩萨蛮"，在"开始"选项卡下"字体"组中的"字体"下拉列表中选择"华文行楷"选项，如图 3-21 所示。

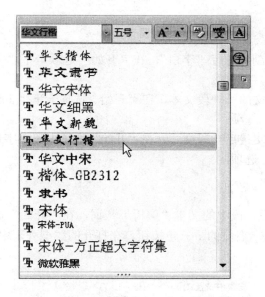

图 3-21

（1）选中文章的副标题行"李白"，在"开始"选项卡下"字体"组中的"字体"下拉列表中选择"仿宋_GB2312"选项。

（2）选中文章正文的第一段文本，在"开始"选项卡下"字体"组中的"字体"下拉列表中选择"方正舒体"选项。

（3）选中文章正文最后一段中的文本"解析"一词，在"开始"选项卡下"字体"组中的"字体"下拉列表中选择"华文新魏"选项。选中最后一段的剩余部分文本，在"开始"选项卡下"字体"组中的"字体"下拉列表中选择"楷体_GB2312"选项。

2. 设置字号

（1）选中文章的标题行"菩萨蛮"，在"开始"选项卡下"字体"组中的"字号"下拉列表中选择"二号"选项，如图 3-22 所示。

图 3-22

（2）选中文章的副标题行"李白"，在"开始"选项卡下"字体"组中的"字号"下拉列表中选择"四号"选项。

（3）选中文章正文的第一段文本，在"开始"选项卡下"字体"组中的"字号"下拉列表中选择"小三"选项。

（4）选中文章正文最后一段文本，在"开始"选项卡下"字体"组中的"字号"下拉列表中选择"小四"选项。

3. 设置字形

选中文章正文最后一段中的文本"解析"一词，在"开始"选项卡下"字体"组中单击"下划线"按钮 U ▾ 右侧的下三角按钮，在打开的线型列表中选择"波浪线"选项，如图 3-23 所示。

图 3-23

4. 设置对齐方式

同时选中文档的标题和副标题行，在"开始"选项卡下的"段落"组中单击"居中"按钮，如图 3-24 所示。

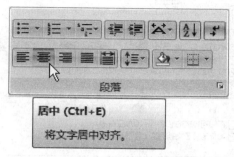

图 3-24

5. 设置段落缩进

（1）选中文章正文的第一段文本，在"开始"选项卡下单击"段落"组右下方的对话框启动器按钮，弹出"段落"对话框。在"缩进和间距"选项卡下的"缩进"区域"左侧"列表框中选择或输入"2 字符"，单击"确定"按钮即可，如图 3-25 所示。

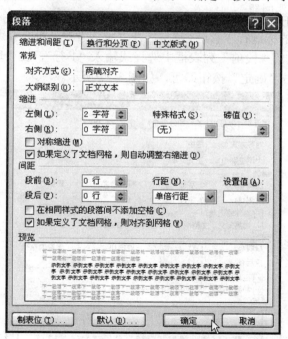

图 3-25

（2）选中文章正文最后一段文本，打开"段落"对话框。在"缩进和间距"选项卡下的"特殊格式"下拉列表中选择"首行缩进"选项，在"磅值"列表框中选择或输入"2 字符"，单击"确定"按钮即可，如图 3-26 所示。

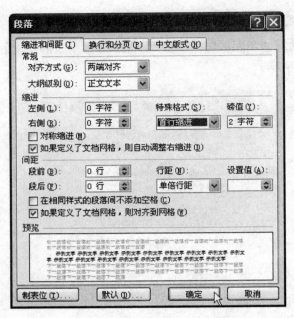

图 3-26

6. 设置行距/段落间距

（1）选中文章的标题行"菩萨蛮"，打开"段落"对话框。在"缩进和间距"选项卡下的"间距"区域的"段前"列表框中选择或输入"1 行"，在"段后"列表框中选择或输入"1 行"，单击"确定"按钮即可，如图 3-27 所示。

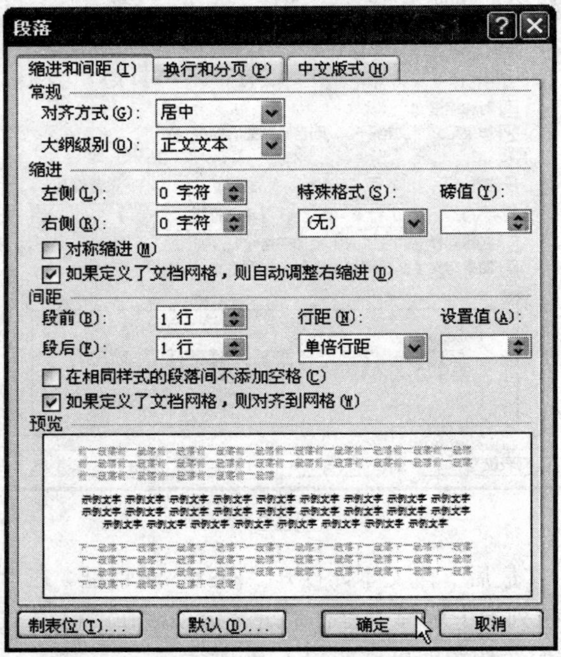

图 3-27

（2）选中文章的副标题行"李白"，打开"段落"对话框。在"缩进和间距"选项卡下的"间距"区域的"段后"列表框中选择或输入"0.5 行"，单击"确定"按钮即可。

（3）选中文章正文最后一段文本，打开"段落"对话框。在"缩进和间距"选项卡下的"间距"区域的"段前"列表框中选择或输入"1 行"，单击"确定"按钮即可。

7. 拼写检查

（1）将光标定位在【文本 3-1B】的起始处，在"审阅"选项卡下的"校对"组中单击"拼写和语法"按钮，如图 3-28 所示，弹出"拼写和语法"对话框。

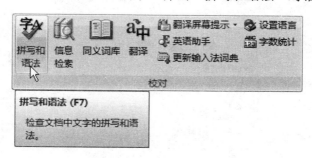

图 3-28

（2）在"拼写和语法"对话框中的"不在词典中"区域，以红色显示的单词为错误的单词，在"建议"区域选择正确的单词，单击"更改"按钮。系统会自动在文档中查找下一个拼写错误的单词，并以红色显示在"不在词典中"列表框中，在"建议"列表框中选择正确的单词，直至文本中所有错误的单词更改完毕，最后单击"取消"按钮，如图 3-29 所示。

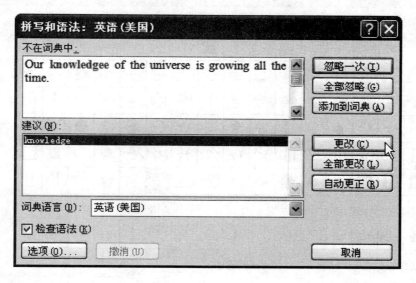

图 3-29

8. 设置项目符号或编号

（1）选中【文本 3-1B】下的所有英文文本，在"开始"选项卡下的"段落"组中单击"项目符号"按钮右侧的下三角按钮，在打开的下拉列表中执行"定义新项目符号"命令，如图 3-30 所示，弹出"定义新项目符号"对话框。

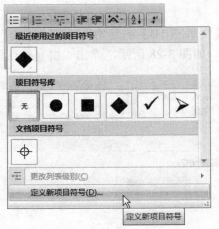

图 3-30

（2）在"定义新项目符号"对话框中单击"符号"按钮，打开"符号"对话框，从中选择【样文 3-1B】所示的符号样式作为项目符号，单击"确定"按钮，如图 3-31 所示。

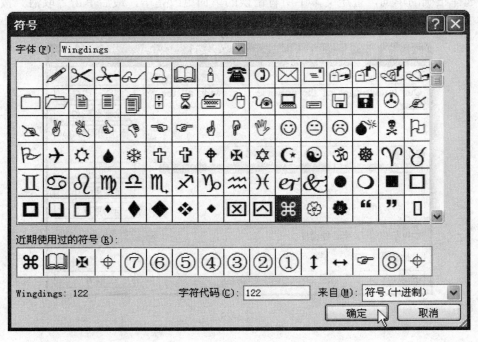

图 3-31

（3）返回到"定义新项目符号"对话框，可以从"预览"列表框中查看设置后的样式，最后单击"确定"按钮即可，如图 3-32 所示。

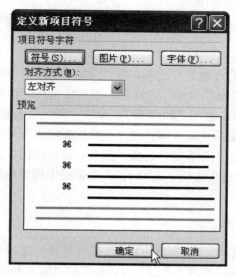

图 3-32

3.2　第 2 题

1. 设置字体

（1）选中文章的标题行"我爱这土地"，在"开始"选项卡下"字体"组中的"字体"下拉列表中选择"华文新魏"选项。

（2）选中文章正文的诗歌部分文本，在"开始"选项卡下"字体"组中的"字体"下拉列表中选择"华文细黑"选项。

（3）选中文章正文最后一段文本，在"开始"选项卡下"字体"组中的"字体"下拉列表中选择"微软雅黑"选项。

2. 设置字号

（1）选中文章的标题行"我爱这土地"，在"开始"选项卡下"字体"组中的"字号"下拉列表中选择"一号"选项。

（2）选中文章正文的诗歌部分文本，在"开始"选项卡下"字体"组中的"字号"下拉列表中选择"四号"选项。

3. 设置字形

同时选中文章的标题和副标题行，在"开始"选项卡下"字体"组中单击"加粗"按钮 B 即可。

4. 设置对齐方式

同时选中文档的标题和副标题行，在"开始"选项卡下的"段落"组中单击"居中"按钮 ≡。

5. 设置段落缩进

（1）选中文章正文的诗歌部分文本，在"开始"选项卡下单击"段落"组右下方的对话框启动器按钮 ⓘ，弹出"段落"对话框。在"缩进和间距"选项卡下的"缩进"区域"左侧"列表框中选择或输入"10 字符"，单击"确定"按钮即可。

（2）选中文章正文最后一段文本，在"开始"选项卡下单击"段落"组右下方的对话框启动器按钮 ⓘ，弹出"段落"对话框。在"缩进和间距"选项卡下的"特殊格式"下拉列表中选择"首行缩进"选项，在"磅值"列表框中选择或输入"2 字符"，单击"确定"按钮即可。

6. 设置行距/段落间距

（1）选中文章的标题行"我爱这土地"，在"开始"选项卡下单击"段落"组右下方的对话框启动器按钮 ⓘ，弹出"段落"对话框。在"缩进和间距"选项卡下的"间距"区域的"段前"列表框中选择或输入"1 行"，在"段后"列表框中选择或输入"1 行"，单击"确定"按钮即可。

（2）选中文章的副标题行"艾青"，在"开始"选项卡下单击"段落"组右下方的对话框启动器按钮 ⓘ，弹出"段落"对话框。在"缩进和间距"选项卡下的"间距"区域的"段后"列表框中选择或输入"0.5 行"，单击"确定"按钮即可。

（3）选中文章正文诗歌部分文本，在"开始"选项卡下单击"段落"组右下方的对话框启动器按钮 ⓘ，弹出"段落"对话框。在"缩进和间距"选项卡下的"行距"下拉列表中选择"固定值"选项，在"设置值"列表框中选择或输入"20 磅"，单击"确定"按钮即可。

（4）选中文章正文最后一段文本，在"开始"选项卡下单击"段落"组右下方的对话框启动器按钮 ⓘ，弹出"段落"对话框。在"缩进和间距"选项卡下的"间距"区域的"段前"列表框中选择或输入"1 行"，单击"确定"按钮即可。

7. 拼写检查

（1）将光标定位在【文本 3-2B】的起始处，在"审阅"选项卡下的"校对"组中单击"拼写和语法"按钮，弹出"拼写和语法"对话框。

（2）在"拼写和语法"对话框中的"不在词典中"区域，显示为红色的单词为错误的单词，在"建议"区域选择正确的单词，单击"更改"按钮。系统会自动在文档中查找下一个拼写错误的单词，并以红色显示在"不在词典中"列表框中，在"建议"列表框中选择正确的单词，直至文本中所有错误的单词更改完毕，最后单击"取消"按钮。

8. 设置项目符号或编号

（1）选中【文本 3-2B】下的所有英文文本，在"开始"选项卡下的"段落"组中单击"项目符号"按钮![](右侧的下三角按钮，在打开的下拉列表中执行"定义新项目符号"命令，弹出"定义新项目符号"对话框。

（2）在"定义新项目符号"对话框中单击"符号"按钮 符号(S)... ，打开"符号"对话框，从中选择【样文 3-2B】所示的符号样式作为项目符号，单击"确定"按钮。

（3）返回到"定义新项目符号"对话框，可以从"预览"列表框中查看设置后的样式，最后单击"确定"按钮即可。

3.3　第 3 题

1. 设置字体

（1）选中文章的第一行文本"生活科普小知识"，在"开始"选项卡下"字体"组中的"字体"下拉列表中选择"方正舒体"选项。

（2）选中文章的标题行"三种老人不宜用手机"，在"开始"选项卡下"字体"组中的"字体"下拉列表中选择"隶书"选项。

（3）选中文章正文的第一段文本，在"开始"选项卡下"字体"组中的"字体"下拉列表中选择"仿宋_GB2312"选项。

（4）选中文章的最后一行文本"——摘自《生活时报》"，在"开始"选项卡下"字体"组中的"字体"下拉列表中选择"方正姚体"选项。

2. 设置字号

（1）选中文章的第一行文本"生活科普小知识"，在"开始"选项卡下"字体"组中的"字号"下拉列表中选择"四号"选项。

（2）选中文章的标题行"三种老人不宜用手机"，在"开始"选项卡下"字体"组中的"字号"下拉列表中选择"二号"选项。

（3）选中文章正文的第一段文本，在"开始"选项卡下"字体"组中的"字号"下拉列表中选择"小四"选项。

（4）选中文章的最后一行文本"——摘自《生活时报》"，在"开始"选项卡下"字体"组中的"字号"下拉列表中选择"小四"选项。

3. 设置字形

同时选中文章正文的第二、第三、第四段开头的"严重神经衰弱者"、"癫痫病患者"、"白内障患者"文本，在"开始"选项卡下单击"字体"组右下方的对话框启动器按钮![]，弹出"字体"对话框。在"字体"选项卡下的"字形"列表框中选择"加粗"选项，"着重号"下拉列表中选择"•"选项，单击"确定"按钮即可。

4. 设置对齐方式

（1）选中文章的第一行文本"生活科普小知识"，在"开始"选项卡下的"段落"组中单击"文本右对齐"按钮![]。

（2）选中文章的标题行"三种老人不宜用手机"，在"开始"选项卡下的"段落"

组中单击"居中"按钮 ≡ 。

（3）选中文章的最后一行文本"——摘自《生活时报》"，在"开始"选项卡下的"段落"组中单击"文本右对齐"按钮 ≡ 。

5. 设置段落缩进

（1）选中文章中所有文本，在"开始"选项卡下单击"段落"组右下方的对话框启动器按钮 ，弹出"段落"对话框。在"缩进和间距"选项卡下的"缩进"区域"左侧"列表框中选择或输入"2 字符"，"右侧"列表框中选择或输入"2 字符"，单击"确定"按钮即可。

（2）选中文章正文部分文本，在"开始"选项卡下单击"段落"组右下方的对话框启动器按钮 ，弹出"段落"对话框。在"缩进和间距"选项卡下的"特殊格式"下拉列表中选择"首行缩进"选项，在"磅值"列表框中选择或输入"2 字符"，单击"确定"按钮即可。

6. 设置行距/段落间距

（1）选中文章的标题行"三种老人不宜用手机"，在"开始"选项卡下单击"段落"组右下方的对话框启动器按钮 ，弹出"段落"对话框。在"缩进和间距"选项卡下的"间距"区域的"段前"列表框中选择或输入"1.5 行"，在"段后"列表框中选择或输入"1.5 行"，单击"确定"按钮即可。

（2）选中文章正文部分文本，在"开始"选项卡下单击"段落"组右下方的对话框启动器按钮 ，弹出"段落"对话框。在"缩进和间距"选项卡下的"间距"区域的"段前"列表框中选择或输入"0.5 行"，在"段后"列表框中选择或输入"0.5 行"，在"行距"下拉列表中选择"固定值"选项，在"设置值"列表框中选择或输入"20 磅"，单击"确定"按钮即可。

7. 拼写检查

（1）将光标定位在【文本 3-3B】的起始处，在"审阅"选项卡下的"校对"组中单击"拼写和语法"按钮，弹出"拼写和语法"对话框。

（2）在"拼写和语法"对话框中的"不在词典中"区域，以红色显示的单词为错误的单词，在"建议"区域选择正确的单词，单击"更改"按钮。系统会自动在文档中查找下一个拼写错误的单词，并以红色显示在"不在词典中"列表框中，在"建议"列表框中选择正确的单词，直至文本中所有错误的单词更改完毕，最后单击"取消"按钮。

8. 设置项目符号或编号

（1）选中【文本 3-3B】下的所有英文文本，在"开始"选项卡下的"段落"组中单击"项目符号"按钮 ≡ · 右侧的下三角按钮，在打开的下拉列表中执行"定义新项目符号"命令，弹出"定义新项目符号"对话框。

（2）在"定义新项目符号"对话框中单击"符号"按钮 符号(S)… ，打开"符号"对话框，从中选择【样文 3-3B】所示的符号样式作为项目符号，单击"确定"按钮。

（3）返回到"定义新项目符号"对话框，可以从"预览"列表框中查看设置后的样式，最后单击"确定"按钮即可。

3.4　第 4 题

1. 设置字体

（1）选中文章的标题行"外国名著介绍"，在"开始"选项卡下"字体"组中的"字体"下拉列表中选择"微软雅黑"选项。

（2）选中文章的第二行文本"《一千零一夜》"，在"开始"选项卡下"字体"组中的"字体"下拉列表中选择"黑体"选项。

（3）选中文章正文的第一段文本，在"开始"选项卡下"字体"组中的"字体"下拉列表中选择"方正舒体"选项。

（4）选中文章正文的第二段文本，在"开始"选项卡下"字体"组中的"字体"下拉列表中选择"方正姚体"选项。

（5）选中文章正文的第三段文本，在"开始"选项卡下"字体"组中的"字体"下拉列表中选择"华文隶书"选项。

（6）选中文章的最后一行文本"——佚名搜集整理"，在"开始"选项卡下"字体"组中的"字体"下拉列表中选择"华文新魏"选项。

2. 设置字号

（1）选中文章的标题行"外国名著介绍"，在"开始"选项卡下"字体"组中的"字号"下拉列表中选择"二号"选项。

（2）选中文章中除标题行以外的所有文本，在"开始"选项卡下"字体"组中的"字号"下拉列表中选择"小四"选项。

3. 设置字形

（1）选中文章的标题行"外国名著介绍"，在"开始"选项卡下"字体"组中单击"加粗"按钮 **B** 即可。

（2）选中文章的第二行文本"《一千零一夜》"，在"开始"选项卡下"字体"组中单击"倾斜"按钮 *I* 即可。

（3）选中文章的最后一行文本"——佚名搜集整理"，在"开始"选项卡下"字体"组中单击"倾斜"按钮 *I* 即可。

4. 设置对齐方式

（1）同时选中文档的标题行和第二行文本，在"开始"选项卡下的"段落"组中单击"居中"按钮。

（2）选中文章的最后一行文本"——佚名搜集整理"，在"开始"选项卡下的"段落"组中单击"文本右对齐"按钮。

5．设置段落缩进

选中文章正文部分文本，在"开始"选项卡下单击"段落"组右下方的对话框启动器按钮 ⌐，弹出"段落"对话框。在"缩进和间距"选项卡下的"特殊格式"下拉列表中选择"首行缩进"选项，在"磅值"列表框中选择或输入"2 字符"，单击"确定"按钮即可。

6．设置行距/段落间距

（1）选中文章的第二行文本"《一千零一夜》"，在"开始"选项卡下单击"段落"组右下方的对话框启动器按钮 ⌐，弹出"段落"对话框。在"缩进和间距"选项卡下的"间距"区域的"段前"列表框中选择或输入"1 行"，在"段后"列表框中选择或输入"1 行"，单击"确定"按钮即可。

（2）选中文章正文部分文本，在"开始"选项卡下单击"段落"组右下方的对话框启动器按钮 ⌐，弹出"段落"对话框。在"缩进和间距"选项卡下的"间距"区域的"行距"下拉列表中选择"固定值"选项，在"设置值"列表框中选择或输入"18 磅"，单击"确定"按钮即可。

7．拼写检查

（1）将光标定位在【文本 3-4B】的起始处，在"审阅"选项卡下的"校对"组中单击"拼写和语法"按钮，弹出"拼写和语法"对话框。

（2）在"拼写和语法"对话框中的"不在词典中"区域，以红色显示的单词为错误的单词，在"建议"区域选择正确的单词，单击"更改"按钮。系统会自动在文档中查找下一个拼写错误的单词，并以红色显示在"不在词典中"列表框中，在"建议"列表框中选择正确的单词，直至文本中所有错误的单词更改完毕，最后单击"取消"按钮。

8．设置项目符号或编号

（1）选中【文本 3-4B】下的所有英文文本，在"开始"选项卡下的"段落"组中单击"项目符号"按钮 ☰ 右侧的下三角按钮，在打开的下拉列表中执行"定义新项目符号"命令，弹出"定义新项目符号"对话框。

（2）在"定义新项目符号"对话框中单击"符号"按钮 符号(S)...，打开"符号"对话框，从中选择【样文 3-4B】所示的符号样式作为项目符号，单击"确定"按钮。

（3）返回到"定义新项目符号"对话框，可以从"预览"列表框中查看设置后的样式，最后单击"确定"按钮即可。

3.5 第 5 题

1．设置字体

（1）选中文章的第一行文本"生活科普小知识"，在"开始"选项卡下"字体"组中的"字体"下拉列表中选择"方正舒体"选项。

（2）选中文章的标题行"选择牙膏注意事项"，在"开始"选项卡下"字体"组中的"字体"下拉列表中选择"华文彩云"选项。

（3）选中文章正文的第一段文本，在"开始"选项卡下"字体"组中的"字体"下拉列表中选择"华文楷体"选项。

（4）选中文章正文的第二段文本，在"开始"选项卡下"字体"组中的"字体"下拉列表中选择"华文仿宋"选项。

（5）选中文章的最后一行文本"——摘自《科普知识》"，在"开始"选项卡下"字体"组中的"字体"下拉列表中选择"方正姚体"选项。

2.　设置字号

（1）选中文章的第一行文本"生活科普小知识"，在"开始"选项卡下"字体"组中的"字号"下拉列表中选择"四号"选项。

（2）选中文章的标题行"选择牙膏注意事项"，在"开始"选项卡下"字体"组中的"字号"下拉列表中选择"二号"选项。

（3）选中文章中正文部分文本，在"开始"选项卡下"字体"组中的"字号"下拉列表中选择"小四"选项。

3.　设置字形

选中文章中正文第一段除"选择牙膏要侧重两点"以外的全部文本，在"开始"选项卡下单击"字体"组右下方的对话框启动器按钮，弹出"字体"对话框。在"字体"选项卡下的"着重号"下拉列表中选择"•"选项，单击"确定"按钮即可。

4.　设置对齐方式

（1）选中文章的第一行文本"生活科普小知识"，在"开始"选项卡下的"段落"组中单击"文本右对齐"按钮。

（2）选中文章的标题行"选择牙膏注意事项"，在"开始"选项卡下的"段落"组中单击"居中"按钮。

（3）选中文章的最后一行文本"——摘自《科普知识》"，在"开始"选项卡下的"段落"组中单击"文本右对齐"按钮。

5.　设置段落缩进

选中文章正文部分文本，在"开始"选项卡下单击"段落"组右下方的对话框启动器按钮，弹出"段落"对话框。在"缩进和间距"选项卡下的"特殊格式"下拉列表中选择"首行缩进"选项，在"磅值"列表框中选择或输入"2 字符"，单击"确定"按钮即可。

6.　设置行距/段落间距

（1）选中文章的标题行"选择牙膏注意事项"，在"开始"选项卡下单击"段落"组右下方的对话框启动器按钮，弹出"段落"对话框。在"缩进和间距"选项卡下的"间距"区域的"段前"列表框中选择或输入"1.5 行"，在"段后"列表框中选择或输入"1.5 行"，单击"确定"按钮即可。

（2）选中文章正文部分文本，在"开始"选项卡下单击"段落"组右下方的对话框启动器按钮 ，弹出"段落"对话框。在"缩进和间距"选项卡下的"间距"区域的"段前"列表框中选择或输入"0.5 行"，在"段后"列表框中选择或输入"0.5 行"，在"行距"下拉列表中选择"1.5 倍行距"选项，单击"确定"按钮即可。

7. 拼写检查

（1）将光标定位在【文本 3-5B】的起始处，在"审阅"选项卡下的"校对"组中单击"拼写和语法"按钮，弹出"拼写和语法"对话框。

（2）在"拼写和语法"对话框中的"不在词典中"区域，以红色显示的单词为错误的单词，在"建议"区域选择正确的单词，单击"更改"按钮。系统会自动在文档中查找下一个拼写错误的单词，并以红色显示在"不在词典中"列表框中，在"建议"列表框中选择正确的单词，直至文本中所有错误的单词更改完毕，最后单击"取消"按钮。

8. 设置项目符号或编号

（1）选中【文本 3-5B】下的所有英文文本，在"开始"选项卡下的"段落"组中单击"项目符号"按钮 三· 右侧的下三角按钮，在打开的下拉列表中执行"定义新项目符号"命令，弹出"定义新项目符号"对话框。

（2）在"定义新项目符号"对话框中单击"符号"按钮 符号(S)... ，打开"符号"对话框，从中选择【样文 3-5B】所示的符号样式作为项目符号，单击"确定"按钮。

（3）返回到"定义新项目符号"对话框，可以从"预览"列表框中查看设置后的样式，最后单击"确定"按钮即可。

第 4 章　文档表格的创建与设置

Ⅰ.知识讲解

知识要点

● 创建表格
● 表格的基本操作
● 表格格式的设置

评分细则

本章有 5 个评分点，每题 10 分。

评分点	分值	得分条件	判分要求
创建表格并自动套用格式	2	行列数符合要求、并正确套用表格格式	行高、列宽不作要求，自动套用类型无误
表格的行、列修改	2	正确的插入（删除）行（列）、正确的移动行（列）的位置、设置的行高和列宽值正确	位置和数目均须正确
合并或拆分单元格	2	正确合并或拆分单元格	位置和数目均须正确
表格格式	2	正确设置单元格的对齐方式、正确设置单元格中的字体格式、正确设置单元格底纹	精确程度不作严格要求
设置边框	2	边框线的线型、线条粗细、线条颜色与样文相符	所选边框样式正确

　　虽然 Excel 是专业的表格、图表制作软件，但对于简单的表格制作，使用 Word 软件同样可以完成。Word 2007 提供了强大、便捷的表格制作、编辑功能，不仅可以快速创建各种各样的表格，还可以方便地修改表格、移动表格位置、调整表格大小或修饰表格样式等。

4.1　创建表格

　　表格中的每一个格称为单元格，由许多行和列的单元格组成一个表格综合体。创建表格的方法有很多种，可以通过快速模板插入尺寸较小的表格、通过"插入表格"对话框快速插入表格、手动自定义绘制表格、将输入的文本转换成表格等，如图 4-1 所示。

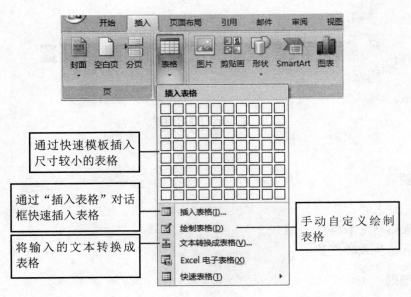

图 4-1

1. 通过快速模板插入尺寸较小的表格

利用快速模板区域的网格框可以直接在文档中插入表格，但最多只能插入 8 行 10 列的表格。将光标定位在需要插入表格的位置，在"插入"选项卡的"表格"组中单击"表格"按钮。在弹出的下拉列表区域，拖拽鼠标确定要创建表格的行数和列数，然后单击就可以完成一个规则表格的创建，如图 4-2 所示（以 7 列 4 行的表格为例）。

图 4-2

2. 通过"插入表格"对话框快速插入表格

使用"插入表格"对话框创建表格时，可以在建立表格的同时精确设置表格的大小。在"插入"选项卡的"表格"组中单击"表格"按钮，在弹出的下拉列表中执行"插入表格"命令，即可打开"插入表格"对话框。在"表格尺寸"区域可以指定表格的行数和列数，在"自动调整"操作区域，可以选择表格自动调整的方式。点选"固定列宽"

单选按钮，在输入内容时，表格的列宽将固定不变；点选"根据内容调整表格"单选按钮，在输入内容时，将根据输入内容的多少自动调整表格的大小；点选"根据窗口调整表格"单选按钮，将根据窗口的大小自动调整表格的大小，如图 4-3 所示（以 6 列 12 行、固定列宽 1.8 厘米的表格为例）。

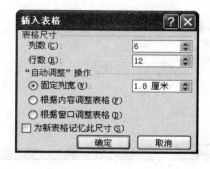

图 4-3

3. 手动绘制表格

当需要创建各种栏宽、行高不等的不规则表格时，可以通过 Word 2007 的绘制表格功能来完成。在"插入"选项卡的"表格"组中单击"表格"按钮，在弹出下拉列表中执行"绘制表格"命令。这时鼠标指针变为笔的形状 ℓ，在文档中按住鼠标左键进行拖拽，当达到合适大小时，释放鼠标即可生成表格的外部边框。继续在设置边框内部单击并进行拖拽，可绘制水平和垂直的内部边框。

4. 将输入的文本转换成表格

如果输入的文本都使用 Tab 键作为分隔符号，并进行了整齐的排列，那么就可以将文本转换为表格形式了。选中需要转换为表格的、已经排列整齐的文本内容，在"插入"选项卡的"表格"组中单击"表格"按钮，在弹出下拉列表中执行"文本转换成表格"命令。弹出"将文字转换成表格"对话框，在此可以设置表格的尺寸，与"插入表格"对话框的设置方法是相同的。Word 会默认将一行中分隔的文本数目作为列数，如图 4-4 所示。

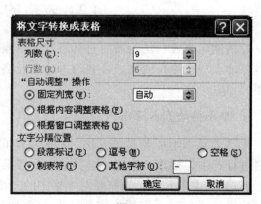

图 4-4

5. 快速插入表格

Word 2007 提供了许多内置表格，可以快速地插入指定样式的表格，并输入数据。在"插入"选项卡下"表格"组中单击"表格"按钮，在弹出的下拉列表中执行"快速表格"命令，即可在打开的列表中选择需要的内置表格样式，如图 4-5 所示。

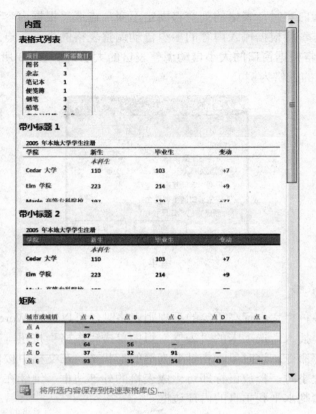

图 4-5

4.2 表格的基本操作

表格创建完成后，还需要对其进行编辑操作，如在表格中添加文本、插入与删除单元格、插入与删除行或列、合并与拆分单元格、调整行高与列宽等，以满足不同用户的需要。

1. 单元格的基本操作

表格的基本组成就是单元格，在表格中可以很方便地对单元格进行选中、插入、删除、合并或拆分等操作。

（1）选中单元格。当需要对表格中的一个单元格或者多个单元格进行操作时，需要先将其选中。选中单元格的方法可分为 3 种：选中一个单元格、选中多个连续的单元格和选中多个不连续的单元格。

● 选中一个单元格：在表格中，移动光标到所要选中单元格左边的选择区域，当光标变为 ↗ 形状时，单击即可选中该单元格，如图 4-6 所示。

● 选中多个连续的单元格：在需要选中的第一个单元格

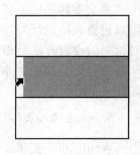

图 4-6

内按住鼠标左键不放，拖拽至最后一个单元格处，如图 4-7 所示。

学号	姓名	性别	古代文学	当代文学	西方文学
2008001	王辉	男	90	87	85
2008002	宋玉	女	77	89	83
2008003	李建国	男	70	80	71
2008004	张桓	男	79	83	80
2008005	袁莉莉	女	77	80	78
2008006	刘敏	女	80	82	77

图 4-7

● 选中多个不连续的单元格：选中第一个单元格后，按住 Ctrl 键不放，再继续选中其他单元格，如图 4-8 所示。

学号	姓名	性别	古代文学	当代文学	西方文学
2008001	王辉	男	90	80	85
2008002	宋玉	女	77	89	83
2008003	李建国	男	70	80	71
2008004	张桓	男	79	83	80
2008005	袁莉莉	女	85	80	88

图 4-8

（2）在单元格中输入文本。在表格的各单元格中可以输入文本，也可以对各单元格的内容进行剪切和粘贴等操作，这和正文文本中所做的操作基本相同。只单击需要输入文本的单元格，此时光标在该单元格中闪烁，输入所需要的内容即可。在文本的输入过程中，Word 2007 会根据文本内容的多少自动调整单元格的大小。

按 Tab 键，光标可跳至所在单元格右侧的单元格中，按上、下、左、右方向键，可以在各单元格中进行切换。

（3）插入与删除单元格。在编辑表格的过程中，如果需要在表格中插入一项数据，那么就需要插入单元格。当然，也可以将不需要的单元格进行删除。

● 插入单元格：选择需要插入单元格位置处的单元格并右击，在弹出的下拉列表中选择"插入"→"插入单元格"命令，弹出"插入单元格"对话框，直接在其中选择活动单元格的布局，单击"确定"按钮即可，如图 4-9 所示。

● 删除单元格：选择需要删除的单元格并右击，在弹出的下拉列表中选择"删除单元格"命令，弹出"删除单元格"对话框，直接在其中选择删除单元格后活动单元格的布局，单击"确定"按钮即可，如图 4-10 所示。

选中需要删除的单元格，或将光标放置在该单元格中，打开"表格工具"的"布局"选项卡，在"行和列"组中单击"删除"按钮，在打开的列表中选择"删除单元格"命令（如图 4-11 所示），也可打开"删除单元格"对话框，进行删除单元格操作。

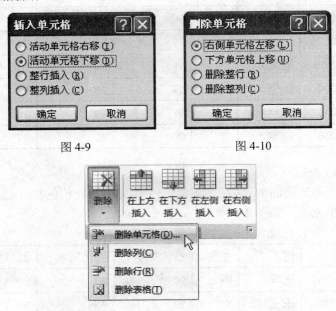

图 4-9   图 4-10

图 4-11

（4）合并与拆分单元格。合并单元格是指将两个或者两个以上的单元格合并成为一个单元格，拆分单元格是指将一个或多个相邻的单元格，重新拆分为指定的列数。

- 合并单元格：选择需要合并的单元格，打开"表格工具"的"布局"选项卡，在"合并"组中单击"合并单元格"按钮，如图 4-12 所示。或单击选中的单元格，在弹出的快捷菜单中执行"合并单元格"命令。此时所选择的多个单元格区域即可合并为一个单元格。
- 拆分单元格：选择需要拆分的单元格，打开"表格工具"的"布局"选项卡，在"合并"组中单击"拆分单元格"按钮，或单击选中的单元格，在弹出的快捷菜单中执行"拆分单元格"命令。此时弹出"拆分单元格"对话框，在"列数"和"行数"框中分别输入要拆分成的行数和列数即可。如图 4-13 所示（以拆分为 5 行 2 列的表格为例）。

图 4-12

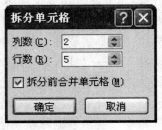

图 4-13

2.   行与列的基本操作

（1）选中表格的行或列。对表格进行格式化之前，首先要选中表格编辑对象，然后才能对表格进行操作。除了选择单元格，还可以选中一行或多行、一列或多列、整个表格等。

● 选中整行：将光标移动至需要选择的行的左侧边框线附近，当指针变为↗形状时，单击即可选中该行，如图 4-14 所示。

学号	姓名	性别	古代文学	当代文学	西方文学
2008001	王辉	男	90	80	85
2008002	宋玉	女	77	89	83
2008003	李建国	男	70	80	71
2008004	张桓	男	79	83	80
2008005	袁莉莉	女	85	80	88

图 4-14

● 选中整列：将光标移动至需要选择的列的上侧边框线附近，当指针变为↓形状时，单击即可选中该列，如图 4-15 所示。

学号	姓名	性别	古代文学	当代文学	西方文学
2008001	王辉	男	90	80	85
2008002	宋玉	女	77	89	83
2008003	李建国	男	70	80	71
2008004	张桓	男	79	83	80
2008005	袁莉莉	女	85	80	88

图 4-15

注意：选择一行或者一列单元格后，按住 Ctrl 键继续进行选择操作，可以同时选择不连续的多行或多列单元格。

● 选中整个表格：移动光标至表格内的任意位置，表格的左上角会出现表格控制点⊞，当光标指向该控制点时，指针会变成十字箭头形状。此时单击，即可快速选中整个表格，如图 4-16 所示。

学号	姓名	性别	古代文学	当代文学	西方文学
2008001	王辉	男	90	80	85
2008002	宋玉	女	77	89	83
2008003	李建国	男	70	80	71
2008004	张桓	男	79	83	80
2008005	袁莉莉	女	85	80	88

图 4-16

（2）插入与删除行或列。如果需要在表格中插入一行或一列数据，那么要先在表格中插入一空白行或空白列。当然，也可以将不需要的行或列进行删除。

- 插入行或列：在表格中选中与需要插入行的位置相邻的行，选中的行数与要插入的行数相同。打开"表格工具"的"布局"选项卡，在"行和列"组中单击"在上方插入"或"在下方插入"按钮即可。当插入列时，单击"在左侧插入"或"在右侧插入"按钮即可，如图 4-17 所示。

  插入行或列还有另一个较快捷的方法，选择需要插入位置的行或列后右击，在弹出的快捷菜单中选择"插入"选项。当插入行时，在打开的下拉列表中选择"在上方插入行"或"在下方插入行"命令即可。当插入列时，在打开的下拉列表中选择"在左侧插入列"或"在右侧插入列"命令即可，如图 4-18 所示。

图 4-17

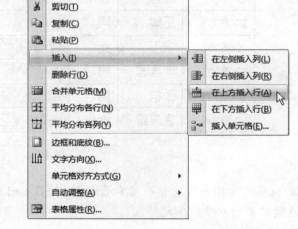

图 4-18

- 复制行或列：选中需要复制的行或列，在"开始"选项卡下的"剪贴板"组中，单击"复制"按钮或使用 Ctrl+C 组合键，将光标移动至目标位置行或列的第一个单元格处，单击"粘贴"按钮或使用 Ctrl+V 组合键，即可将所选行复制为目标行的上一行，或将所选列复制为目标列的前一列。

  另外，还可以选中需要复制的行或列，右击，在弹出的快捷菜单中选择"复制"命令，然后将光标移动至目标行或列的每一个单元格中，再次右击，在弹出的

快捷菜单中选择"粘贴行"或"粘贴列"命令，即可将所选行复制为目标行的
上一行，或将所选列复制为目标列的前一列。当选中需要复制的行或列时，按
住 Ctrl 键的同时拖拽所选内容，拖至目标位置后释放鼠标，即可完成复制行或
列的操作。

● 移动行或列：移动行或列是指将选中的行或列移动到其他位置，在移动文本的
同时，会删除原来位置上的原始行或列。选中需要移动的行或列，在"开始"
选项卡下的"剪贴板"组中，单击"剪切"按钮，或使用 Ctrl+X 组合键，将光
标移动至目标位置行或列的第一个单元格处，单击"粘贴"按钮或使用 Ctrl+V
组合键，即可将所选中的行或列移动到目标位置处。

另外，还可以选中需要复制的行或列，右击，在弹出的快捷菜单中选择"剪切"
命令，然后将光标移动至目标行或列的每一个单元格中，再次右击，在弹出的
快捷菜单中选择"粘贴行"或"粘贴列"命令，即可将所选行移动至目标行的
上一行，或将所选列移动至目标列的前一列。当选中需要移动的行或列时，按
住鼠标不放，当光标变为 形状时拖拽所选内容至目标位置后，释放鼠标即可
完成移动行或列的操作。

● 删除行或列：选中需要删除的行或列，或将光标放置在该行或列的任意单元格
中，打开"表格工具"的"布局"选项卡，在"行和列"组中单击"删除"按
钮，在弹出的菜单中执行"删除行"或"删除列"命令即可，如图 4-19 所示。

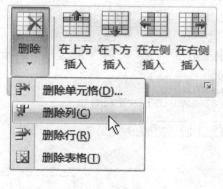

图 4-19

选择需要删除的行或列后，也可以右击，在弹出的快捷菜单中选择"删除行"
或"删除列"命令，即可完成删除行或列的操作，也可按 Ctrl+X 组合键完成删
除操作。

（3）调整行高与列宽。根据表格内容的不同，表格的尺寸和外观要求也有所不同，
可以根据表格的内容来调整表格的行高和列宽。

● 自动调整：选中需要调整的单元格，打开"表格工具"的"布局"选项卡，在
"单元格大小"组中单击"自动调整"按钮，就可以在弹出的下拉列表中选择
是根据内容或根据窗口自动调整表格，也可直接指定固定的列宽，如图 4-20 所
示。右击，在弹出的快捷菜单中选择"自动调整"命令，也可以打开"自动调

整"下拉列表。

● 精确调整：可以在"表格属性"对话框中通过输入数值的方式精确调整行高与
列宽。将光标定位在需要设置的行中，打开"表格工具"的"布局"选项卡，
在"单元格大小"组中单击右下角的对话框启动器按钮 ，弹出"表格属性"
对话框，在"行"选项卡下"指定高度"后的微调框中输入精确的数值。单击
"上一行"或"下一行"按钮，即可将光标定位在"上一行"或"下一行"处，
进行相同的设置即可。在选中部分单元格或整个表格时，右击，在弹出的快捷
菜单中选择"表格属性"命令，也可打开"表格属性"对话框，如图 4-21 所示。

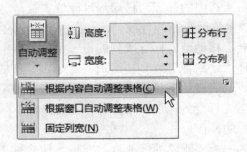

图 4-20

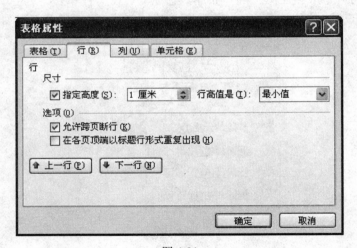

图 4-21

在弹出的"表格属性"对话框的"列"选项卡下，可以在"指定宽度"后的微
调框中输入精确的数值。单击"前一列"或"后一列"按钮，即可将光标定位
在"前一列"或"后一列"处，进行相同的设置即可，如图 4-22 所示。

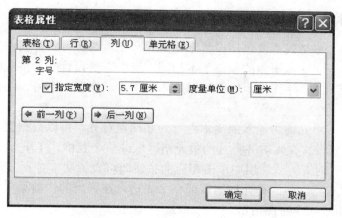

图 4-22

　　打开"表格工具"的"布局"选项卡，在"单元格大小"组中"高度"和"宽度"后的微调框中输入或微调至精确的数值，也可对所选单元格区域或整个表格的行高与列宽进行精确设置，如图 4-23 所示。

● 拖拽鼠标进行调整：调整行高时，先将光标指向需要调整的行的下边框，当光标指针变为 ⇕ 形状时拖拽鼠标至所需位置即可；调整列宽时，先将光标指向表格中所要调整列的竖边框，当光标指针变为 ◀▮▶ 形状时拖拽边框至所需要的位置，只是此方法会影响整个表格的大小。在拖拽鼠标时，如果同时按住 Shift 键，则边框左边一列的宽度发生变化，整个表格的总体宽度也随之改变；若同时按住 Ctrl 键，则边框左边一列的宽度发生变化，右边各列也发生均匀的变化，而整个表格的总体宽度不变。

● 快速平均分布：选择多行或多列单元格，在"表格工具"中"布局"选项卡下的"单元格大小"组中，单击"分布行"按钮 ▤ 分布行 或者"分布列"按钮 ▥ 分布列，可以快速将所选择的多行或者多列进行平均分布，如图 4-24 所示。

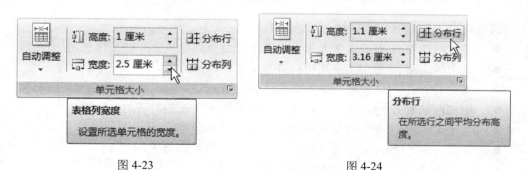

图 4-23　　　　　　　　　　　　　　　　　图 4-24

4.3　表格格式的设置

　　设置表格格式也叫格式化表格。表格的基本操作完成后，可以对表格的文本格式、边框和底纹、表格样式等属性进行设置。

1. 设置文本格式

设置表格中文本格式主要包括设置字体格式和文本对齐方式。其中文本字体格式的设置方法与设置正文文本所做的操作基本相同，选中需要设置文本格式的单元格后，在"开始"选项卡下的"字体"组中即可对文本的字体、字形、字号、字体颜色等选项进行设置。

默认情况下，单元格中输入的文本内容为底端左对齐，可以根据需要调整文本的对齐方式。选择需要设置文本对齐方式的单元格区域或整个表格，打开"表格工具"的"布局"选项卡，在"对齐方式"组中单击相应的按钮即可设置文本对齐方式，如图 4-25 左图所示。还可以右击选中的单元格区域或整个表格，在弹出的快捷菜单中选择需要的文本对齐方式，如图 4-25 右图所示。

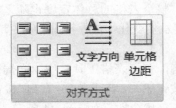
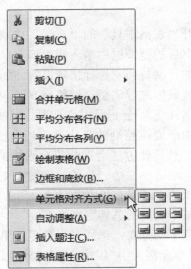

图 4-25

表格中文本的对齐方式包括：
- 靠上两端对齐▤：文字靠单元格左上角对齐。
- 靠上居中对齐▤：文字居中，并靠单元格顶部对齐。
- 靠上右对齐▤：文字靠单元格右上角对齐。
- 中部两端对齐▤：文字垂直居中，并靠单元格左侧对齐。
- 水平居中▤：文字在单元格内水平和垂直都居中。
- 中部右对齐▤：文字垂直居中，并靠单元格右侧对齐。
- 靠下两端对齐▤：文字靠单元格左下角对齐。
- 靠下居中对齐▤：文字居中，并靠单元格底部对齐。
- 靠下右对齐▤：文字靠单元格右下角对齐。

2. 设置表格的对齐方式及文字环绕方式

在"表格属性"对话框中可以设置表格的对齐方式、文字环绕方式。具体操作方法是：选择要进行设置的表格，在"表格工具"的"布局"选项卡下的"表"组中单击"属性"按钮，即可打开"表格属性"对话框。在"表格"选项卡的"对齐方式"区域可以设置表格在文档中的对齐方式，主要有左对齐、居中和右对齐；在"文字环绕"区域中选择"环绕"选项，则可以设置文字环绕表格，如图4-26所示。

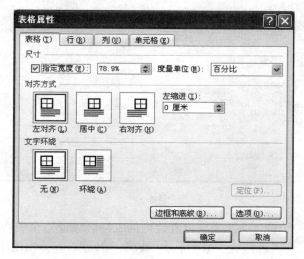

图 4-26

3. 设置设置边框和底纹

默认情况下，Word 2007自动将表格的边框线设置为0.5磅的单实线，为了使表格更加美观，可以为表格设置边框和底纹的样式。

（1）添加或删除边框。

选择需要添加边框的单元格，打开"表格工具"的"设计"选项卡，在"表样式"组中单击"边框"下拉按钮 边框，在弹出的下拉列表中可以选择为表格设置边框，如图4-27所示。

还可以通过对话框设置表格的边框，选择需要设置边框的单元格，右击后在弹出的快捷菜单中执行"边框和底纹"命令，打开"边框和底纹"对话框，在"边框"选项卡下可以设置边框线条的颜色、样式、粗细等，如图4-28所示。

在"边框"选项卡下左侧的"设置"区域内可以选择边框的效果，如方框、全部、网格等；在"样式"区域可以选择边框的线型，如直线、虚线、波浪线、双实线等；在"颜色"区域可以设置边框的颜色；在"宽度"区域可以设置边框线的粗细，如0.5磅、1磅等；在"预览"区域通过使用相应的按钮，可具体对指定位置的边框应用样式并预览其效果，主要设置项目包括上、下、左、右边框，内部横网格线、竖网格线、斜线边框等；在"应用于"区

图 4-27

域可以选择边框应用的范围，如表格、单元格等。

图 4-28

若要删除表格的边框，选择需要设置边框的表格区域或整个表格，打开"表格工具"的"设计"选项卡，在"表样式"组中单击"边框"按钮，在弹出的下拉列表中执行"无边框"命令 无框线(N) 即可。

（2）添加或删除底纹。

选择需要添加底纹的单元格，打开"表格工具"的"设计"选项卡，在"表样式"组中单击"底纹"按钮 底纹，在弹出的下拉列表中可以选择一种底纹颜色，如图 4-29所示。

还可以通过对话框设置表格的底纹，选择需要添加底纹的单元格，右击后在弹出的快捷菜单中执行"边框和底纹"命令，弹出"边框和底纹"对话框，在"底纹"选项卡下可以设置填充底纹的颜色、填充图案的样式及颜色、应用范围等，如图 4-30 所示。

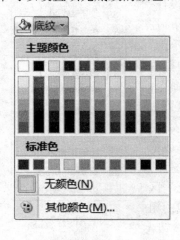

图 4-29

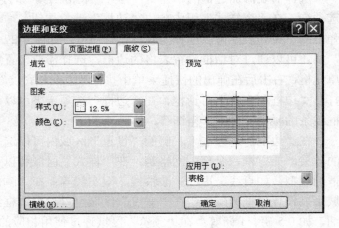

图 4-30

若要删除表格的底纹，只需要选择已设置底纹的表格区域或整个表格，打开"表格工具"的"设计"选项卡，在"表样式"组中单击"底纹"按钮 底纹 ▾，在弹出的下拉列表中可以选择"无颜色"即可。

4. 套用表格样式

Word 2007 自带了 98 种内置的表格样式，可以根据自己的实际需要自动套用表格样式。创建表格后，可以使用"表格样式"来设置整个表格的格式。将指针停留在每个预先设置好格式的表格样式上，可以预览表格的外观。

首先要选中整个表格，打开"表格工具"的"设计"选项卡，在"表样式"组中单击"其他"按钮 ▾，在弹出的库中单击所需要的表格样式，即可为表格应用该样式，如图 4-31 所示。

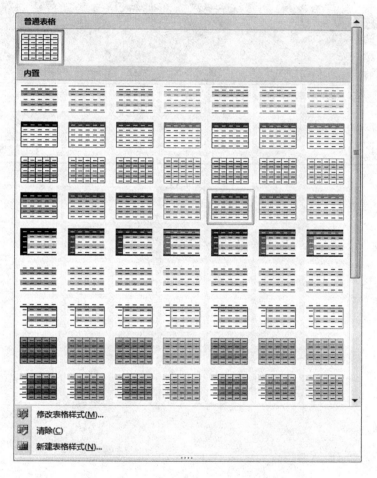

图 4-31

如果在下拉菜单中选择"新建表格样式"命令，即可打开"根据格式设置创建新样式"对话框，如图 4-32 所示。在该对话框中可以自定义表格的样式，例如在"属性"选项区域可以设置样式的名称、类型和样式基准，在"格式"选项区域可以设置表格文本的字体、字号、颜色等格式。

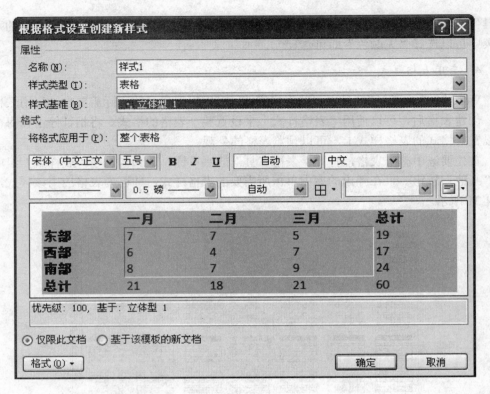

图 4-32

Ⅱ. 试题汇编

4.1 第 1 题

【操作要求】

打开文档 A4.docx，按下列要求创建、设置表格如【样文 4-1】所示。

1. **创建表格并自动套用格式**：在文档的开头创建一个 3 行 5 列的表格；以"古典型 2"为样式基准，为新创建的表格自动套用"浅色网格-强调文字颜色 1"的表格样式。

2. **表格的行、列修改**：将"电压"下面的空行删除；将"电流"一行移至"电阻"一行的上方；调整"备注"所在列的宽度为 4.2 厘米。

3. **合并或拆分单元格**：将"备注"及其下方的一个单元格进行合并。

4. **表格格式**：将表格中各单元格的对齐方式设置为水平居中；将表格中单元格的字体设置为小四、加粗。

5. **设置边框**：将表格的外边框线设置为 3 磅标准色中深蓝色的粗实线；将表格的网格线设置为 0.75 磅的双实线。

【样文 4-1】

物理量及单位

物理量		单位		备注
名称	符号	名称	符号	
电流	I	安（培）	A	I=U/R 1A=1V/Ω
电阻	R	欧（姆）	Ω	1Ω=1V/A
电压	U	伏（特）	V	1V=1W/A
电功	W	焦耳（千瓦时）	J kw·h	W=UIT

4.2　第2题

【操作要求】

打开文档 A4.docx，按下列要求创建、设置表格如【样文 4-2】所示。

1. **创建表格并自动套用格式**：在文档的开头创建一个 3 行 8 列的表格；以"古典型 3"为样式基准，为新创建的表格自动套用"彩色网格-强调文字颜色 2"的表格样式。

2. **表格的行、列修改**：将"意大利"一行与"比利时"一行位置互换；删除"德国"行下方的一行（空行）；将表格中各行的高度调整为 1 厘米。

3. **合并或拆分单元格**：将表格中最左上角的三个单元格合并为一个单元格。

4. **表格格式**：将表格中各单元格的对齐方式设置为水平居中；将表格中第 1 列的底纹设置为标准色中的橙色，第 2 列的底纹设置为浅绿色（RGB：153，255，204），第 3 列的底纹设置为浅黄色（RGB：255，255，153），第 4 列的底纹设置为标准色中的黄色。

5. **设置边框**：将表格的外边框线和网格线设置为 0.75 磅的双波浪线。

【样文 4-2】

列强在非洲占有的土地、人口

国家	土地面积（平方千米）	占非洲土地的百分比	人口
法国	1090 多万	3000 多万	6.8%
英国	880 多万	4000-5000 多万	7.4%
德国	250 多万	1000 多万	7.5%
比利时	230 多万	1500 多万	8.2%
意大利	225 万	100 多万	29%
葡萄牙	208 万	500 万	35.9%

4.3　第 3 题

【操作要求】

打开文档 A4.docx，按下列要求创建、设置表格如【样文 4-3】所示。

1．**创建表格并自动套用格式**：在文档的开头创建一个 7 行 4 列的表格；以"彩色型 2"为样式基准，为新创建的表格自动套用"中等深浅网格 1-强调文字颜色 6"的表格样式。

2．**表格的行、列修改**：在表格的最下方插入一空行；将"设备编号"一列与"盘单点号码"一列位置互换；调整"取得日期"一列的宽度为 1.95 厘米，调整"备注"一列的宽度为 2.32 厘米。

3．**合并或拆分单元格**：将"设备名称"所在的单元格及其后方的一个单元格合并为一个单元格。

4．**表格格式**：将表格中所有文本的字体设置为宋体、五号、加粗；将表格中单元格的对齐方式设置为水平居中；将第一行的底纹设置为标准色中的浅绿色。

5．**设置边框**：将表格的外边框线设置为 1.5 磅的粗实线；将第一行的下边线设置为粉红色（RGB：255，51，204）的双实线。

【样文 4-3】

固定资产盘点统计表

盘点单号码	设备编号	设备名称	单位	取得日期	取得成本	备　注

主管：　　　　　复核：　　　　　制表：　　　日期：　年　月　日

4.4 第 4 题

【操作要求】

打开文档 A4.docx，按下列要求创建、设置表格如【样文 4-4】所示。

1．创建表格并自动套用格式：在文档的开头创建一个 4 行 5 列的表格；以"精巧型 2"为样式基准，为新创建的表格自动套用"浅色列表-强调文字颜色 1"的格式。

2．表格的行、列修改：删除表格中"利润"行下方的一行（空行）；将"可比产品成本降低率"一行与"利润"一行位置互换；将除第一行之外的所有行平均分布高度。

3．合并或拆分单元格：将"定额资产"所在的单元格及其前方的一个单元格合并为一个单元格。

4．表格格式：将表格中除第一单元格之外的各单元格对齐方式设置为水平居中；将所有带有文本的单元格的底纹设置为金色（RGB：255，215，0）。

5．设置边框：将表格的边框线设置为如【样文 4-4】所示的线型。

【样文 4-4】

<table>
<tr><td></td><td></td></tr>
<tr><td></td><td></td></tr>
<tr><td></td><td></td></tr>
<tr><td></td><td></td></tr>
</table>

2006 年至 2007 年财务情况分析报告

<table>
<tr><td rowspan="2">项目　　金额</td><td colspan="3">计划与实际</td><td colspan="3">本期与上年同期</td></tr>
<tr><td>计划</td><td>实际</td><td>增减</td><td>本期</td><td>上年同期</td><td>增减</td></tr>
<tr><td colspan="2">利润</td><td></td><td></td><td></td><td></td><td></td><td></td></tr>
<tr><td colspan="2">可比产品成本降低率</td><td></td><td></td><td></td><td></td><td></td><td></td></tr>
<tr><td rowspan="3">定额资产</td><td>平均余额</td><td></td><td></td><td></td><td></td><td></td><td></td></tr>
<tr><td>资金率</td><td></td><td></td><td></td><td></td><td></td><td></td></tr>
<tr><td>周转天数</td><td></td><td></td><td></td><td></td><td></td><td></td></tr>
</table>

4.5　第 5 题

【操作要求】

打开文档 A4.docx，按下列要求创建、设置表格如【样文 4-5】所示。

1．**创建表格并自动套用格式**：在文档的开头创建一个 5 行 5 列的表格；以"古典型 1"为样式基准，为新创建的表格自动套用"彩色网格"的表格样式。

2．**表格的行、列修改**：删除文本"出差开支预算"所在单元格前的一列（空列）；调整第一列的宽度为 2.78 厘米，调整第二列的宽度为 2.54 厘米，将其余各列平均分布。

3．**合并或拆分单元格**：将文本"飞机票价"所在单元格与下方的两个单元格合并为一个单元格，将文本"酒店"所在单元格与下方的空单元格合并为一个单元格，将文本"￥5,770.00"所在单元格与前方的四个单元格合并为一个单元格，将文本"￥130.00"所在单元格与前方的四个单元格合并为一个单元格。

4．**表格格式**：将表格中文本"￥5,770.00"和"￥130.00"所在的两个单元格的对齐方式设置为中部右对齐；其余单元格的对齐方式设置为水平居中；将单元格中所有文本的字体颜色设置为标准色中的深蓝色；将文本"￥5,900.00"、"￥5,770.00"、"￥130.00"所在的三个单元格的字体设置为 Times New Roman、小四、加粗。

5．**设置边框**：将表格的边框线和网格线设置为 1.5 磅、标准色中蓝色的粗实线。

【样文 4-5】

出差开支预算

出差开支预算	**￥5,900.00**				总计
飞机票价	机票单价（往）	￥1,200.00	1	张	￥1,200.00
	机票单价（返）	￥875.00	1	张	￥875.00
	其他	￥0.00	0		￥0.00
酒店	每晚费用	￥275.00	3	晚	￥825.00
	其他	￥0.00	0	晚	￥0.00
餐饮	每天费用	￥148.00	6	天	￥888.00
交通费用	每天费用	￥152.00	6	天	￥912.00
休闲娱乐	总计	￥730.00			￥730.00
礼品	总计	￥185.00			￥185.00
其他费用	总计	￥155.00			￥155.00
出差开支总费用					**￥5,770.00**
低于预算					**￥130.00**

Ⅲ. 试题解答

4.1　第 1 题

单击 Office 按钮，执行"打开"命令，在"查找范围"文本框中找到指定路径，选择 A4.docx 文件，单击"打开"按钮。

1. 创建表格并自动套用格式

（1）将光标定位在文档开头处，在"插入"选项卡下的"表格"组中单击"表格"按钮，在打开的下拉列表中执行"插入表格"命令，如图 4-33 所示。

（2）在弹出的"插入表格"对话框中，在"列数"文本框中输入"5"，在"行数"文本框中输入"3"，单击"确定"按钮，如图 4-34 所示。

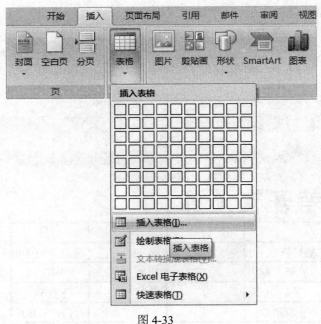

图 4-33

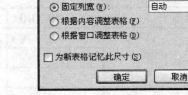

图 4-34

（3）选中整个表格，打开"表格工具"的"设计"选项卡，在"表样式"组中单击"表样式"右侧的"其他"按钮 ，在打开的列表框中"内置"区域选择"浅色网格-强调文字颜色 1"的表格样式，如图 4-35 所示。

（4）打开"表格工具"的"设计"选项卡，在"表样式"组中单击"表样式"右侧的"其他"按钮 ，在打开的列表框中执行"修改表格样式"命令，弹出"修改样式"对话框。在"样式基准"下拉列表中选择"古典型 2"，单击"确定"按钮，如图 4-36 所示。

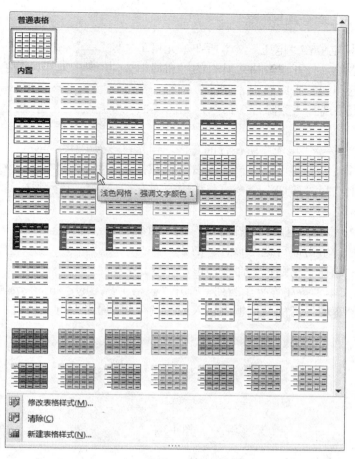

图 4-35

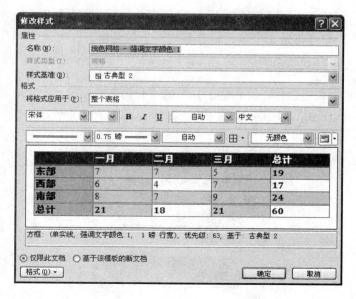

图 4-36

2. 表格的行、列修改

（1）将光标定位在"电压"文本所在单元格下方的空白单元格中，打开"表格工具"的"布局"选项卡，在"行和列"组中单击"删除"按钮，在打开的下拉列表中选择"删除行"命令，如图 4-37 所示。

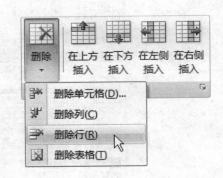

图 4-37

（2）将光标移至"电流"所在行的左侧，当光标变成形状⁄时，单击即可选中该行。右击，在打开的快捷菜单中选择"剪切"命令，将内容暂时存放在剪贴板上。

（3）将光标移至"电阻"所在行的左侧，当光标变成形状⁄时，单击即可选中该行。右击，在打开的快捷菜单中选择"粘贴行"命令即可。

（4）选中文本"备注"所在的列，打开"表格工具"的"布局"选项卡，在"单元格大小"组中"宽度"后的微调框中输入或微调至 4.2 厘米即可，如图 4-38 所示。

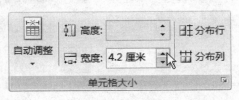

图 4-38

3. 合并或拆分单元格

选中"备注"单元格及其下方的一个单元格，右击，在弹出的快捷菜单中选择"合并单元格"命令，即可将这二个单元格合并为一个单元格。

4. 表格格式

（1）选中整个表格，打开"表格工具"的"布局"选项卡，在"对齐方式"组中单击"水平居中"按钮▤，如图 4-39 所示。

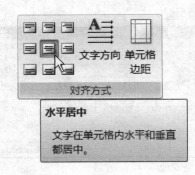

图 4-39

（2）选中整个表格，在"开始"选项卡下的"字体"组中单击字体对话框启动器按钮，弹出"字体"对话框。在"字形"下拉列表中选择"加粗"选项，在"字号"下拉列表中选择"小四"选项，单击"确定"按钮，如图4-40所示。

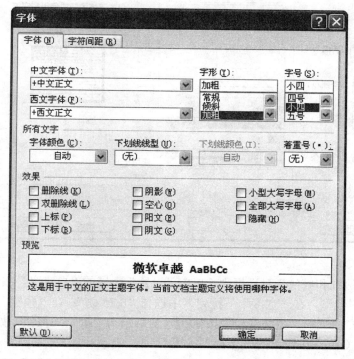

图 4-40

5. 设置边框

（1）选中整个表格，打开"表格工具"的"设计"选项卡，在"绘图边框"组中单击右下角的绘图边框对话框启动器按钮，如图4-41所示。

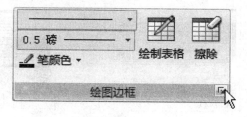

图 4-41

（2）在弹出的"边框和底纹"对话框中，单击"设置"区域的"方框"按钮，在"样式"下拉列表中选择实线选项，在"颜色"下拉列表中选择标准色中的深蓝色；在"宽度"下拉列表中选择"3磅"，如图4-42所示。

图 4-42

（3）在"边框和底纹"对话框中，单击"设置"区域的"自定义"按钮，在"样式"区域选择双实线线型，在"宽度"下拉列表中选择"0.75 磅"；在"预览"区域分别选择"横网格线"按钮田和"竖网格线"按钮，最后单击"确定"按钮，如图 4-43 所示。

（4）单击 Office 按钮下的"保存"按钮。

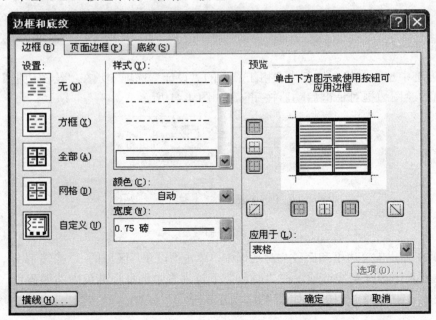

图 4-43

4.2　第 2 题

单击 Office 按钮，执行"打开"命令，在"查找范围"文本框中找到指定路径，选择 A4.docx 文件，单击"打开"按钮。

1.　创建表格并自动套用格式

（1）将光标定位在文档开头处，在"插入"选项卡下的"表格"组中单击"表格"按钮，在打开的下拉列表中执行"插入表格"命令。

（2）在弹出的"插入表格"对话框中，在"列数"文本框中输入"8"，在"行数"文本框中输入"3"，单击"确定"按钮。

（3）选中整个表格，打开"表格工具"的"设计"选项卡，在"表样式"组中单击"表样式"右侧的"其他"按钮，在打开的列表框中"内置"区域选择"彩色网格-强调文字颜色 2"的表格样式。

（4）打开"表格工具"的"设计"选项卡，在"表样式"组中单击"表样式"右侧的"其他"按钮，在打开的列表框中执行"修改表格样式"命令，弹出"修改样式"对话框。在"样式基准"下拉列表中选择"古典型 3"，单击"确定"按钮。

2.　表格的行、列修改

（1）将光标移至"比利时"所在行的左侧，当光标变成形状时，单击即可选中该行。右击，在打开的快捷菜单中选择"剪切"命令，将内容暂时存放在剪贴板上。

（2）将光标移至"意大利"所在行的左侧，当光标变成形状时，单击即可选中该行。右击，在打开的快捷菜单中选择"粘贴行"命令即可。

（3）将光标定位在"德国"文本所在单元格下方的空白单元格中，打开"表格工具"的"布局"选项卡，在"行和列"组中单击"删除"按钮，在打开的下拉列表中选择"删除行"命令。

（4）选中整个表格，打开"表格工具"的"布局"选项卡，在"单元格大小"组中"高度"后的微调框中输入或微调至 1 厘米即可。

3.　合并或拆分单元格

选中"国家"单元格及其右侧的两个单元格，右击，在弹出的快捷菜单中选择"合并单元格"命令，即可将这三个单元格合并为一个单元格。

4.　表格格式

（1）选中整个表格，打开"表格工具"的"布局"选项卡，在"对齐方式"组中单击"水平居中"按钮。

（2）选中表格的第 1 列（"国家"一列），打开"表格工具"的"设计"选项卡，在"表样式"组中单击"底纹"按钮，在打开的下拉列表中选择"标准色"中的"橙色"。

（3）选中表格的第 2 列（"土地面积"一列），打开"表格工具"的"设计"选项卡，在"表样式"组中单击"底纹"按钮 🔲 底纹 ▾，在打开的下拉列表中选择"其他颜色"按钮，在弹出的"颜色"对话框的"自定义"选项卡下，在"颜色模式"后的下拉列表中选择"RGB"，在"红色"后的微调框中输入"153"，"绿色"后的微调框中输入"255"，"蓝色"后的微调框中输入"204"，单击"确定"按钮。

（4）选中表格的第 3 列（"占非洲土地的百分比"一列），打开"表格工具"的"设计"选项卡，在"表样式"组中单击"底纹"按钮 🔲 底纹 ▾，在打开的下拉列表中选择"其他颜色"按钮，在弹出的"颜色"对话框的"自定义"选项卡下，在"颜色模式"后的下拉列表中选择"RGB"，在"红色"后的微调框中输入"255"，"绿色"后的微调框中输入"255"，"蓝色"后的微调框中输入"153"，单击"确定"按钮。

（5）选中表格的第 4 列（"人口"一列），打开"表格工具"的"设计"选项卡，在"表样式"组中单击"底纹"按钮 🔲 底纹 ▾，在打开的下拉列表中选择标准色中的黄色。

5. 设置边框

（1）选中整个表格，打开"表格工具"的"设计"选项卡，在"绘图边框"组中单击右下角的绘图边框对话框启动器按钮 🔲。在弹出的"边框和底纹"对话框中，单击"设置"区域的"全部"按钮，在"样式"下拉列表中选择双波浪线，在"宽度"下拉列表中选择"0.75 磅"，单击"确定"按钮。

（2）单击 Office 按钮下的"保存"按钮。

4.3　第 3 题

单击 Office 按钮，执行"打开"命令，在"查找范围"文本框中找到指定路径，选择 A4.docx 文件，单击"打开"按钮。

1. 创建表格并自动套用格式

（1）将光标定位在文档开头处，在"插入"选项卡下的"表格"组中单击"表格"按钮，在打开的下拉列表中执行"插入表格"命令。

（2）在弹出的"插入表格"对话框中，在"列数"文本框中输入"4"，在"行数"文本框中输入"7"，单击"确定"按钮。

（3）选中整个表格，打开"表格工具"的"设计"选项卡，在"表样式"组中单击"表样式"右侧的"其他"按钮 🔲，在打开的列表框中"内置"区域选择"中等深浅网格 1-强调文字颜色 6"的表格样式。

（4）打开"表格工具"的"设计"选项卡，在"表样式"组中单击"表样式"右侧的"其他"按钮 🔲，在打开的列表框中执行"修改表格样式"命令，弹出"修改样式"对话框。在"样式基准"下拉列表中选择"彩色型 2"，单击"确定"按钮。

2. 表格的行、列修改

（1）将光标定位在最下方的单元格中，打开"表格工具"的"布局"选项卡，在"行和列"组中单击"在下方插入行"按钮。

（2）将光标移至"盘单点号码"所在列的上方，当光标变成形状↓时，单击即可选中该列。右击，在打开的快捷菜单中选择"剪切"命令，将内容暂时存放在剪贴板上。

（3）将光标移至"设备编号"所在列的上方，当光标变成形状↓时，单击即可选中该列。右击，在打开的快捷菜单中选择"粘贴列"命令即可。

（4）选中文本"取得日期"所在的列，打开"表格工具"的"布局"选项卡，在"单元格大小"组中"宽度"后的微调框中输入或微调至 1.95 厘米。

（5）选中文本"备注"所在的列，打开"表格工具"的"布局"选项卡，在"单元格大小"组中"宽度"后的微调框中输入或微调至 2.32 厘米即可。

3．合并或拆分单元格

选中"设备名称"单元格及其右侧的一个单元格，右击，在弹出的快捷菜单中选择"合并单元格"命令，即可将这两个单元格合并为一个单元格。

4．表格格式

（1）选中整个表格，在"开始"选项卡下的"字体"组中单击字体对话框启动器按钮，弹出"字体"对话框。在"中文字体"下拉列表中选择"宋体"，在"字形"下拉列表中选择"加粗"，在"字号"下拉列表中选择"五号"，单击"确定"按钮。

（2）选中整个表格，打开"表格工具"的"布局"选项卡，在"对齐方式"组中单击"水平居中"按钮。

（3）选中表格的第一行，打开"表格工具"的"设计"选项卡，在"表样式"组中单击"底纹"按钮，在打开的下拉列表中选择标准色中的浅绿色即可。

5．设置边框

（1）选中整个表格，打开"表格工具"的"设计"选项卡，在"绘图边框"组中单击右下角的绘图边框对话框启动器按钮。在弹出的"边框和底纹"对话框中，单击"设置"区域的"方框"按钮，在"样式"下拉列表中选择粗实线，在"宽度"下拉列表中选择"1.5 磅"，单击"确定"按钮。

（2）选中表格的第一行，打开"表格工具"的"设计"选项卡，在"绘图边框"组中单击右下角的绘图边框对话框启动器按钮。在弹出的"边框和底纹"对话框中，单击"设置"区域的"自定义"按钮，在"样式"下拉列表中选择双实线，在"颜色"下拉列表中选择"其他颜色"按钮，在弹出的"颜色"对话框的"自定义"选项卡下，在"颜色模式"后的下拉列表中选择"RGB"，在"红色"后的微调框中输入"255"，"绿色"后的微调框中输入"51"，"蓝色"后的微调框中输入"204"，单击"确定"按钮，回到"边框和底纹"对话框，在"预览"区域选择靠下"横网格线"按钮，最后单击"确定"按钮即可。

（3）单击 Office 按钮下的"保存"按钮。

4.4 第 4 题

单击 Office 按钮，执行"打开"命令，在"查找范围"文本框中找到指定路径，选择 A4.docx 文件，单击"打开"按钮。

1. 创建表格并自动套用格式

（1）将光标定位在文档开头处，在"插入"选项卡下的"表格"组中单击"表格"按钮，在打开的下拉列表中执行"插入表格"命令。

（2）在弹出的"插入表格"对话框中，在"列数"文本框中输入"5"，在"行数"文本框中输入"4"，单击"确定"按钮。

（3）选中整个表格，打开"表格工具"的"设计"选项卡，在"表样式"组中单击"表样式"右侧的"其他"按钮 ，在打开的列表框中"内置"区域选择"浅色列表-强调文字颜色 1"的表格样式。

（4）打开"表格工具"的"设计"选项卡，在"表样式"组中单击"表样式"右侧的"其他"按钮 ，在打开的列表框中执行"修改表格样式"命令，弹出"修改样式"对话框。在"样式基准"下拉列表中选择"精巧型 2"，单击"确定"按钮。

2. 表格的行、列修改

（1）将光标定位在"利润"文本所在单元格下方的空白单元格中，打开"表格工具"的"布局"选项卡，在"行和列"组中单击"删除"按钮，在打开的下拉列表中选择"删除行"命令。

（2）将光标移至"利润"所在行的左侧，当光标变成形状 时，单击即可选中该行。右击，在打开快捷菜单中选择"剪切"命令，将内容暂时存放在剪贴板上。

（3）将光标移至"可比产品成本降低率"所在行的左侧，当光标变成形状 时，单击即可选中该行。右击，在打开快捷菜单中选择"粘贴行"命令即可。

（4）选中"利润"所在行及其下方的所有行，打开"表格工具"的"布局"选项卡，在"单元格大小"组中单击"分布行"按钮 分布行即可。

3. 合并或拆分单元格

选中"定额资产"单元格及其左侧的一个单元格，右击，在弹出的快捷菜单中选择"合并单元格"命令，即可将这两个单元格合并为一个单元格。

4. 表格格式

（1）选中除第一个单元格以外的所有单元格，打开"表格工具"的"布局"选项卡，在"对齐方式"组中单击"水平居中"按钮 。

（2）选中所有带文本的单元格，打开"表格工具"的"设计"选项卡，在"表样式"组中单击"底纹"按钮 底纹，在打开的下拉列表中选择"其他颜色"按钮，在弹出的"颜色"对话框的"自定义"选项卡下，在"颜色模式"后的下拉列表中选择"RGB"，在"红色"后的微调框中输入"255"，"绿色"后的微调框中输入"215"，"蓝色"后的微调框中输入"0"，单击"确定"按钮。

5. 设置边框

（1）选中整个表格，打开"表格工具"的"设计"选项卡，在"绘图边框"组中单击右下角的绘图边框对话框启动器按钮。在弹出的"边框和底纹"对话框中，单击"设置"区域的"全部"按钮，在"样式"下拉列表中选择"▬▬▬▬▬▬▬▬"，单击"确定"按钮。

（2）单击 Office 按钮下的"保存"按钮。

4.5　第 5 题

单击 Office 按钮，执行"打开"命令，在"查找范围"文本框中找到指定路径，选择 A4.docx 文件，单击"打开"按钮。

1. 创建表格并自动套用格式

（1）将光标定位在文档开头处，在"插入"选项卡下的"表格"组中单击"表格"按钮，在打开的下拉列表中执行"插入表格"命令。

（2）在弹出的"插入表格"对话框中，在"列数"文本框中输入"5"，在"行数"文本框中输入"5"，单击"确定"按钮。

（3）选中整个表格，打开"表格工具"的"设计"选项卡，在"表样式"组中单击"表样式"右侧的"其他"按钮，在打开的列表框中"内置"区域选择"彩色网格"的表格样式。

（4）打开"表格工具"的"设计"选项卡，在"表样式"组中单击"表样式"右侧的"其他"按钮，在打开的列表框中执行"修改表格样式"命令，弹出"修改样式"对话框。在"样式基准"下拉列表中选择"古典型 1"，单击"确定"按钮。

2. 表格的行、列修改

（1）将光标定位在"出差开支预算"文本所在单元格左侧的空白单元格中，打开"表格工具"的"布局"选项卡，在"行和列"组中单击"删除"按钮，在打开的下拉列表中选择"删除列"命令。

（2）选中表格的第一列（"出差开支预算"一列），打开"表格工具"的"布局"选项卡，在"单元格大小"组中"宽度"后的微调框中输入或微调至 2.78 厘米。

（3）选中表格的第二列（"￥5,900.00"一列），打开"表格工具"的"布局"选项卡，在"单元格大小"组中"宽度"后的微调框中输入或微调至 2.54 厘米。

（4）选中表格的后四列，打开"表格工具"的"布局"选项卡，在"单元格大小"组中单击"分布列"按钮分布列即可。

3. 合并或拆分单元格

（1）选中"飞机票价"单元格及其下方的两个单元格，右击，在弹出的快捷菜单中选择"合并单元格"命令，即可将这三个单元格合并为一个单元格。

（2）选中"酒店"单元格及其下方的一个单元格，右击，在弹出的快捷菜单中选择"合并单元格"命令，即可将这两个单元格合并为一个单元格。

（3）选中"￥5,770.00"单元格及其左侧的四个单元格，右击，在弹出的快捷菜单中选择"合并单元格"命令，即可将这五个单元格合并为一个单元格。

（4）选中"￥130.00"单元格及其左侧的四个单元格，右击，在弹出的快捷菜单中选择"合并单元格"命令，即可将这五个单元格合并为一个单元格。

4. 表格格式

（1）同时选中文本"￥5,770.00"和"￥130.00"所在的两个单元格，打开"表格工具"的"布局"选项卡，在"对齐方式"组中单击"中部右对齐"按钮▤。

（2）选中除文本"￥5,770.00"和"￥130.00"所在的两个单元格以外的所有单元格，打开"表格工具"的"布局"选项卡，在"对齐方式"组中单击"水平居中"按钮▤。

（3）选中整个表格，在"开始"选项卡下的"字体"组中单击"字体颜色"下拉按钮▲▾，在弹出的"颜色"下拉列表中选择标准色中的深蓝色，单击"确定"按钮。

（4）选中文本"￥5,900.00"、"￥5,770.00"、"￥130.00"所在的三个单元格，在"开始"选项卡下的"字体"组中单击字体对话框启动器按钮▣，弹出"字体"对话框。在"西文字体"下拉列表中选择 Times New Roman，在"字形"下拉列表中选择"加粗"，在"字号"下拉列表中选择"小四"，单击"确定"按钮。

5. 设置边框

（1）选中整个表格，打开"表格工具"的"设计"选项卡，在"绘图边框"组中单击右下角的绘图边框对话框启动器按钮▣。在弹出的"边框和底纹"对话框中，单击"设置"区域的"全部"按钮，在"样式"下拉列表中选择粗实线，在"颜色"下拉列表中选择标准色中的蓝色；在"宽度"下拉列表中选择"1.5 磅"，单击"确定"按钮即可。

（2）单击 Office 按钮下的"保存"按钮。

第 5 章　文档的版面设置与编排

Ⅰ. 知识讲解

知识要点

- 页面格式的设置
- 文档格式的编排
- 文档内容的图文混排

评分细则

本章有 8 个评分点，每题 12 分。

评分点	分值	得分条件	判分要求
设置页面	1	正确设置纸张大小，页面边距数值准确	一处未按要求设置则不给分
设置艺术字	2	按要求正确设置艺术字	艺术字大小和位置与样文相符，精确程度不作严格要求
设置栏格式	1	栏数和分栏效果正确	有数值要求的须严格掌握
设置边框/底纹	2	位置、范围、数值正确	有颜色要求的须严格掌握
插入图片	2	图片大小、位置及环绕方式正确	精确程度不作严格要求
插入脚注（尾注）	2	设置正确，内容完整	录入内容可有个别错漏
设置页眉/页码	2	设置正确，内容完整	页码必须使用"页码域"技能点，其他方式设置不得分

5.1　页面格式的设置

虽然现在提倡无纸化办公，但在日常工作中还是经常会使用到书面的文档，这就需要将文档打印出来。将文档编辑完毕后，首先需要设置文档的页面，使其达到所需要的文档要求。对于内容较多的文档，通常还需要为其设置页眉和页脚，以便于进行管理。本节将介绍文档版面的一些主要属性并详细介绍版面设置与编排的一般方法和步骤，让用户能够对文档进行设置页面，主要包括设置文档页面、设置页眉和页脚、设置文档分栏等。

5.1.1 设置页面

文档最终是以页打印输出的。因此，页面的美观显得尤为重要，输出文档之前首先要进行页面的设置，比如页边距、纸张的大小等，然后才能把文档中的正文和图形打印到纸的正确位置。

1. 设置页边距

所谓页边距指的是页面上打印区域之外的空白区域，可以根据自己的需要进行相应的设置。在页边距的可打印区域中，可以插入文字和图形，也可以将某些项放在页边距中，如页眉、页脚和页码。设置页边距有两种方法，可以在功能区中选择内置的页边距，也可以在对话框中自定义设置。

方法 1：单击"页面布局"选项卡，在"设置页面"区域中单击"页边距"按钮，在弹出的下拉列表中选择所需要的内置页边距，如图 5-1 所示。

方法 2：单击"页面布局"选项卡，在"设置页面"区域中单击"页边距"按钮，在弹出的下拉列表中执行"自定义边距"命令，打开"设置页面"对话框。在"页边距"选项卡下，可以自定义设置上、下、左、右的页边距，如图 5-2 所示。

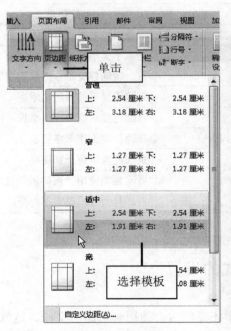

图 5-1

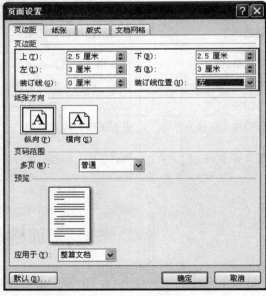

图 5-2

2. 设置纸张方向和大小

为了适应不同的打印纸张，可以通过以下操作改变页面方向和大小。

（1）设置纸张方向。在默认情况下，Word 编辑区域纸张的方向总是纵向排列的，如果想编辑横幅面的内容，可以在"页面布局"选项卡下的"设置页面"区域中，单击

"纸张方向"按钮，在弹出的下拉列表中执行"横向"命令，如图 5-3 所示。

图 5-3

（2）选择纸张大小。在"页面布局"选项卡下的"设置页面"区域中，单击"纸张大小"按钮，在弹出的下拉列表中可以选择适合的纸张大小，如 A4、B4 等，如图 5-4 所示。

（3）自定义纸张大小。如果使用的打印纸张较为特殊，可以通过以下方法自定义纸张的大小：在"页面布局"选项卡下的"设置页面"区域中，单击"纸张大小"按钮，在弹出的下拉列表中执行"其他页面大小"命令。在弹出的"设置页面"对话框中选择"纸张"选项卡，在"纸张大小"区域可直接输入所需要的宽度值和高度值，最后单击"确定"按钮完成此次设置，如图 5-5 所示。

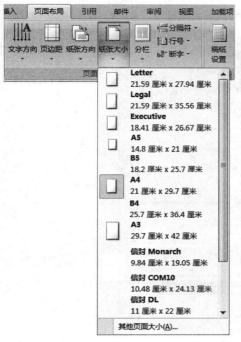

图 5-4

图 5-5

5.1.2 设置页眉、页脚与页码

页眉和页脚都是文档的重要组成部分，是文档中每个页面的顶部、底部和两侧页边距中的区域。可以在页眉和页脚中插入或更改文本和图形，也可以添加页码、时间和日期、公司徽标、文档标题、文件名或作者姓名等。这样就可以在阅读时从页眉页脚中知道相应的信息，如当前页数、当前阅读的小节、文档名字、编写的信息等。

1. 插入页眉和页脚

在"插入"选项卡下的"页眉和页脚"组中，可以执行插入页眉、页脚和页码的操作，如图 5-6 所示。

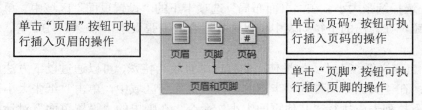

图 5-6

插入页眉的具体操作步骤如下。

（1）在"插入"选项卡上的"页眉和页脚"组中，单击"页眉"按钮。

（2）在弹出的下拉列表中选择所需要的页眉样式，如图 5-7 所示。页眉即被插入到文档的每一页中。

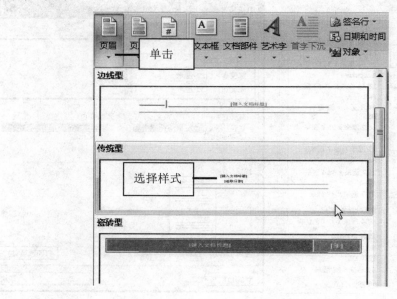

图 5-7

（3）此时光标在文档顶端的页眉区域闪烁，直接输入所需要的页眉内容即可，如图 5-8 所示。

（4）插入页脚的方法与插入页眉是相同的。

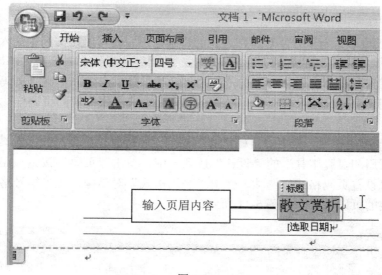

图 5-8

2. 设置页眉和页脚格式

在插入页眉和页脚后，为了使其达到更加美观的效果，还可以为其设置格式。设置页眉和页脚格式的方法与设置文档中的普通文本相同。具体操作步骤为：选择页眉或页脚中的文本内容，切换至"开始"选项卡，为其设置所需要的字体格式，如图 5-9 所示。

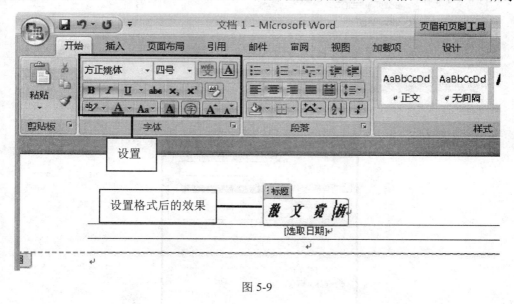

图 5-9

3. 删除页眉、页脚

在"插入"选项卡上的"页眉和页脚"组中，单击"页眉"或"页脚"按钮，在下拉列表中选择"删除页眉"或"删除页脚"命令，页眉或页脚即被从整个文档中删除。

4. 页码

（1）插入页码：为了方便对文档进行阅读和管理，还可以在文档中插入页码。一般情况下，页码显示在文档的底端，可以根据自己的需要选择样式来确定页码显示的位置。具体操作步骤为：在"页眉和页脚工具"的"设计"选项卡中，单击"页码"按钮，在弹出的下拉列表中选择插入位置，再在弹出的列表中选择所需要的页码样式即可，如图5-10所示。

（2）设置页码格式：如果对页码格式不满意，还可以设置页码的格式。具体操作步骤为：在"页眉和页脚工具"的"设计"选项卡中，单击"页码"按钮，在弹出的下拉列表中选择"设置页码格式"选项，弹出"页码格式"对话框，在"编号格式"列表框中选择所需要的页码格式，如图5-11所示。

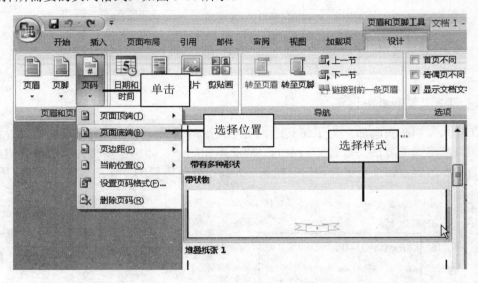

图 5-10

图 5-11

5.1.3　特殊版面设置

为了满足编辑各种特殊版式文档的需要，Word 2007 提供了各种特殊的排版方式，可以利用首字下沉、分栏排版等技术来美化文档页面，使整个文档版面看起来更加美观大方。

1. 设置首字下沉

所谓首字下沉就是文档中段首的一个字或前几个字被放大，放大的程度可以自行设定，并呈下沉或悬挂的方式显示，其他字符围绕在它的右下方。这种排版方式经常用在一些报刊杂志上。在 Word 2007 中，首字下沉共有两种不同的方式，一种是普通下沉，另一种是悬挂下沉。两种方式的区别在于："下沉"方式设置的下沉字符紧靠其他的文字，而"悬挂"方式设置的字符可以随意地移动其位置。

为文档设置首字下沉的具体步骤为：将光标定位在要设置的段落，在"插入"选项卡下的"文本"组中单击"首字下沉"按钮，在弹出的下拉列表中单击"下沉"或"悬挂"按钮，如图 5-12 所示。

如果要对"下沉"方式进行详细设置，可单击"首字下沉选项"按钮，在打开的"首字下沉"对话框的"位置"选项区域中，可以选择首字的方式，在"选项"区域可以设置下沉字符的字体、下沉时所占用的行数以及与正文之间的距离，如图 5-13 所示。

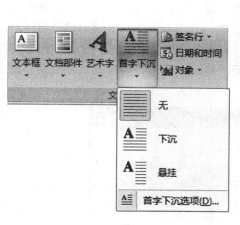

图 5-12

图 5-13

2. 设置分栏版面

分栏是文字排版的重要内容之一，所谓分栏排版就是指按实际排版需求，将文本分成并排的若干个条块，从而使文档美观整齐，易于阅读。Word 2007 具有分栏排版功能，可以把每一栏都作为一个节对待，这样就可以对每一栏单独进行格式化和版面设计。

- 快速分栏：在"页面布局"选项卡下的"设置页面"组中单击"分栏"按钮，在弹出的下拉列表中选择所需要的栏数。

● 偏左、偏右分栏：一般情况下各分栏都是相同的宽度，根据排版的需要可以设置让分栏偏左或偏右。在"页面布局"选项卡下的"设置页面"组中单击"分栏"按钮，在弹出的下拉列表中选择"偏左"或"偏右"命令，如图 5-14 所示。

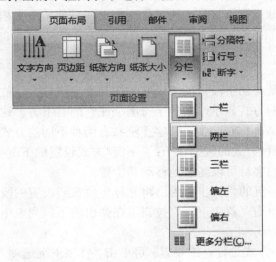

图 5-14

● 手动分栏：如果想要根据自己的需要设置不同的栏数、栏宽等，可以在"页面布局"选项卡下的"设置页面"组中单击"分栏"按钮，在弹出的下拉列表中执行"更多分栏"命令，弹出"分栏"对话框，可以在"列数"文本框中自定义分栏的栏数，最多可以设置 12 栏，在"宽度和间距"区域可以设置分栏的栏宽、间距，勾选"分隔线"复选框可以在各个栏之间添加分隔线，最后可以在"应用于"列表下选择将设置应用于"整篇文档"、"所选文字"或是"插入点之后"，如图 5-15 所示。

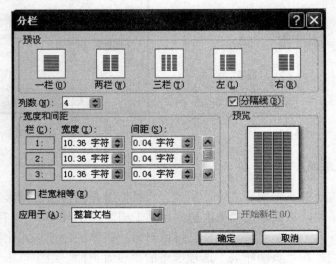

图 5-15

5.2　文档格式的编排

在文档中，文字是组成段落的最基本内容，任何一个文档都是从段落文本开始进行编辑的，当输入完所需的文本内容后就可以对相应的文本、段落进行格式化操作，从而使文档层次分明，便于阅读。

5.2.1　设置文本格式

编辑文档的第一步就是编辑文字。在 Word 2007 文档中，输入的文本默认为五号字体。为了美化文档，提高文档的可阅读性，可以对文档中的文字进行字体格式设置，比如设置文本字体、字号、字形等基本格式，以及字符边框、底纹、突出显示等文字效果，还可以调整字符的间距等。

1．设置字体

字体是表示文字书写风格的一种简称，在 Word 2007 中默认的字体为宋体、五号、黑色。设置文本的字体包括设置文本的中文字体、西文字体、字号、字形以及字体颜色等。设置字体的方法有 3 种：通过"字体"组设置、通过"字体"对话框设置、通过浮动工具栏设置。

方法 1：通过"字体"组设置字体。在 Word 2007 中，选择要设置的文本字符，打开"开始"选项卡，在"字体"组中汇集了设置字体格式的各种命令，如图 5-16 所示。

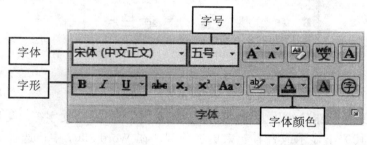

图 5-16

方法 2：通过"字体"对话框设置字体。在 Word 2007 中，选择要设置的文本字符，打开"开始"选项卡，单击"字体"组右下方的对话框启动器按钮，弹出"字体"设置对话框，如图 5-17 所示。

方法 3：通过浮动工具栏设置字体。在 Word 2007 中，当选择要设置的文本字符后，在页面中会自动浮现出"字体"浮动工具栏，在该工具栏中也可以对文本的字体进行相应的设置，各选项按钮的作用与"字体"组中各选项是相同的，如图 5-18 所示。

图 5-17

图 5-18

2. 设置文本效果

"文本"效果包括删除线、上标、下标、阴影、阳文、空心文字等。可以为文字添加相应效果，使其突出显示或者看起来更加美观。在 Word 2007 中，选择需要设置效果的文本字符，打开"开始"选项卡，单击"字体"组右下方的对话框启动器按钮，弹出"字体"对话框，这时就可以在该对话框中添加各种文字效果了，如图 5-19 所示。

- 删除线：为所选字符的中间添加一条线。
- 双删除线：为所选字符的中间添加两条线。
- 上标：提高所选文字的位置并缩小该文字，如 18^{n+1}。
- 上标：降低所选文字的位置并缩小该文字，如 H_2O。
- 阴影：在文字的后、下和右方加上阴影。
- 空心：将所选字符只留下内部和外部框线。
- 阴文：将所选字符变成凹型。

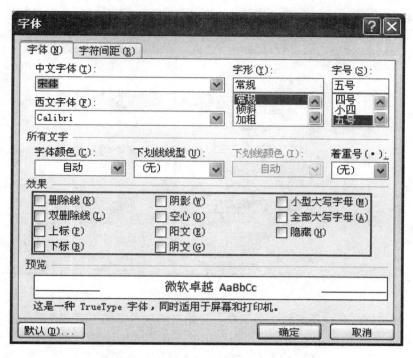

图 5-19

- 阳文：将所选字符变成凸型。
- 小型大写字母：将小写的字母变成为大写，并将其缩小。
- 全部大写字母：将小写的字母变成为大写，但不改变字号。
- 隐藏：隐藏选定字符，使其不显示、不被打印。

3. 突出显示文本

为了使文档中的重要内容突出显示，可以为其设置边框和底纹，也可以使用突出显示文本功能。

（1）设置字符边框和底纹。

- 设置边框。选择要添加边框的文本或段落，在"开始"选项卡下的"段落"组中单击"下框线"按钮 右侧的下三角按钮，可以在弹出的下拉列表中选择所需要的边框选项，如图 5-20 所示。

  也可以在弹出的下拉列表中选择"边框和底纹"命令，打开"边框和底纹"对话框，在"边框"选项卡下对各选项进行设置。在左侧的"设置"区域内可以选择边框的效果，如方框、阴影、三维等，在"样式"区域可以选择边框的线型，如直线、虚线、波浪线、双实线等，在"颜色"区域可以设置边框的颜色，在"宽度"区域

图 5-20

可以设置边框线的粗细，如 0.5 磅、1 磅等，在"应用于"区域可以选择边框应

用的范围，如文字或段落，如图 5-21 所示。

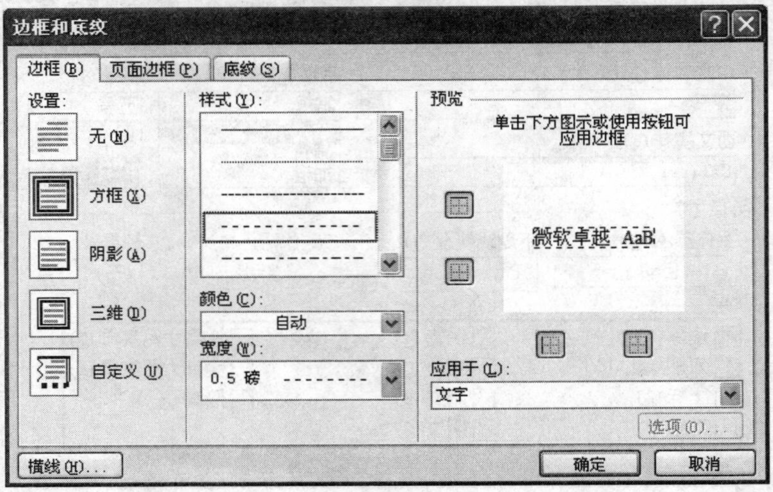

图 5-21

● 设置底纹。要设置底纹，只需在"开始"选项卡下的"字体"组中单击"底纹"
按钮 右侧的下三角按钮，在弹出的下拉列表中选择所要填充的颜色。
也可以在"边框和底纹"对话框中的"底纹"选项卡下进行设置。在该选项卡
中可以对底纹的填充颜色、图案样式、图案颜色及应用范围进行设置，如图 5-22
所示。

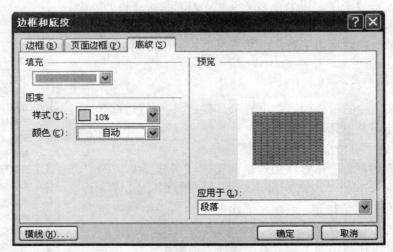

图 5-22

（2）突出显示文本。Word 2007 提供了突出显示文本的功能，可以快速将指定的内
容以需要的颜色突出显示出来，常应用于审阅文档。首先选择需要设置突出显示的文本，
在"开始"选项卡下的"字体"组中单击"以不同颜色突出显示文本"按钮 右侧的
下三角按钮，在弹出的下拉列表中选择所需要的颜色，即可使所选择的文本以相应的颜
色突出显示出来。

5.2.2　设置脚注和尾注

注释是对文档中的个别术语作进一步的说明，以便在不打断文章连续性的前提下把问题描述得更清楚。注释由注释标记和注释正文两部分组成。注释通常分为脚注和尾注，一般情况下，脚注出现在每页的末尾，尾注出现在文档的末尾。

1.　插入脚注和尾注

在"引用"选项卡下的"脚注"组中，可以执行插入脚注和尾注的操作，如图 5-23 所示。

插入脚注的具体操作步骤如下：

（1）将插入点定位在要添加脚注的文本的后面。

（2）在"引用"选项卡上的"脚注"组中，单击"插入脚注"按钮。

（3）光标在页面底端的脚注区域闪烁时，直接输入所需要的脚注内容即可，如图 5-24 所示。

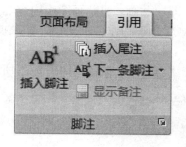

图 5-23　　　　　　　　　　　　　　　　图 5-24

（4）插入尾注的方法与插入脚注的方法相同。

2.　查看和修改脚注和尾注

若要查看脚注或尾注，只要把光标指向要查看的脚注或尾注的注释标记，页面中将出现一个文本框显示注释文本的内容。或者在"脚注"组中，单击"显示备注"按钮。如果文档中只包含脚注或尾注，在执行"显示备注"命令后即可直接进入脚注区或尾注区。

修改脚注或尾注的注释文本需要在脚注或尾注区进行。如果不小心把脚注或尾注插错了位置，可以使用移动脚注或尾注位置的方法来改变脚注或尾注的位置。移动脚注或尾注只需选中要移动的脚注或尾注的注释标记，并拖拽到所需的位置即可。

删除脚注或尾注只要选中需要删除的脚注或尾注的注释标记，然后按 Delete 键即可，此时脚注或尾注区域的注释文本同时被删除。进行移动或删除操作后，Word 2007 都会自动重新调整脚注或尾注的编号。

5.3 文档内容的图文混排

如果一篇文章通篇只有文字，而没有任何修饰性的内容，在阅读时不仅缺乏吸引力，而且阅读起来劳累不堪。在用 Word 2007 编辑文档时，可以插入图片、艺术字等对象，制作图文并茂、内容丰富的文档，不仅会使文章、报告显得生动有趣，还能更直观地理解文章内容。

5.3.1 插入并编辑图片

为了使文档更加美观、生动，可以在其中插入图片对象。在 Word 2007 中不仅可以插入系统提供的图片，还可以从其他程序和位置导入图片，或者从扫描仪或数码相机中直接获取图片。

1. 插入剪贴画

在安装 Office 程序后，系统自带了一些图片，即剪贴画。剪贴画图库内容非常丰富，设计精美、构思巧妙，并且能够表达不同的主题，适合于制作各种文档。插入剪贴画的操作步骤为：

（1）在"插入"选项卡下的"插图"组中单击"剪贴画"按钮，如图 5-25 所示。

图 5-25

（2）此时在窗口右侧打开"剪贴画"边栏，在"搜索文字"文本框中输入剪贴画关键字，如"工作"，再单击"搜索"按钮，此时可以看到在任务窗格中显示了多个搜索到的剪贴画，如图 5-26 所示。

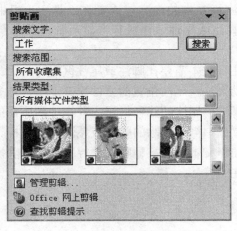

图 5-26

（3）将光标定位在文档中需要插入图片的位置，然后单击所选择的剪贴画，即可将其插入到文档中。还可以在"剪贴画"的搜索结果列表中右击剪贴画，在弹出的快捷菜单中执行"插入"命令，同样可以在文档中插入剪贴画。

2. 插入文件中的图片

如果需要使用的图片已经保存在计算机中，那么可以执行插入文件中的图片功能，将图片插入到文档中。这些图片文件可以是 Windows 的标准 BMP 位图，也可是其他应用程序所创建的图片，如 CorelDRAW 的 CDR 格式矢量图片、JPEG 压缩格式的图片、TIFF 格式的图片等。

（1）在"插入"选项卡下的"插图"组中单击"图片"按钮，如图 5-27 所示。

（2）在打开的"插入图片"对话框中选择需要插入的图片，单击"插入"按钮即可将图片插入到文档中，如图 5-28 所示。默认情况下，被插入的图片会直接嵌入到文档中，并成为文档的一部分。

图 5-27

图 5-28

注意：如果要链接图形文件，而不是插入图片，可在"插入图片"对话框中选择要链接的图形文件，然后单击"插入"下拉按钮，在弹出的菜单中执行"链接到文件"命令即可。使用链接方式插入的图片在文档中不能被编辑。

3. 编辑图片

在文档中插入图片后，为使其达到更加美观的效果，还可以为其设置格式，比如调整图片大小和位置，设置图片的文字环绕方式、旋转图片、裁剪图片、为图片重新设置颜色、应用图片样式等。选中要编辑的图片，可自动打开"图片工具"中的"格式"选项卡，如图 5-29 所示。

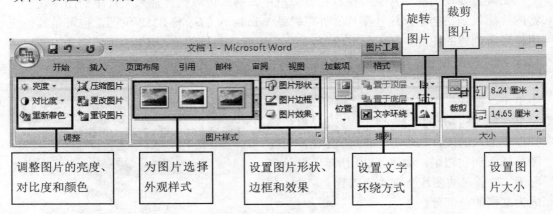

图 5-29

（1）调整图片大小和位置。通常在默认情况下插入的图片的大小和位置并不符合文档的实际需求，需要对其大小和位置进行调整。

- 调整图片大小的方法。
  - 选中插入的图片，此时图片四周出现 8 个控制点，将光标移动到这些控制点时，光标将变成"↕"、"↔"、"↘"、"↗"双向箭头形状，这时按住鼠标拖拽图片控制点，即可任意调整图片大小。
  - 选中插入的图片，并切换至"图片工具"中的"格式"选项卡下，在"大小"组中的"高度"和"宽度"文本框中可以精确设置图片的大小。
  - 选中插入的图片，并切换至"图片工具"中的"格式"选项卡下，在"大小"组中单击右下角的大小对话框启动器按钮，打开"大小"对话框，如图 5-30 所示。在"缩放比例"选项区域的"高度"和"宽度"微调框中均可输入缩放比例，并勾选"锁定纵横比"和"相对于图片原始尺寸"复选框，即可实现图片的等比例缩放操作。
- 调整图片位置。选中图片并将指针移至图片上方，待光标变成十字箭头✥形状时，按住鼠标进行拖拽，这时光标变为形状，移动图片至合适的位置，释放鼠标即可移动图片。移动图片的同时按住 Ctrl 键，即可实现图片的复制操作。

（2）设置图片的文字环绕方式。默认情况下插入的图片是嵌入到文档中的，可以设置图片的文字环绕方式，使其与文档显示更加协调。要设置图片的环绕方式，可以在"排列"组中单击"文字环绕"按钮，从弹出的下拉列表中选择一种文字和图片的排列方式。Word 2007 提供了 7 种图片环绕方式，如图 5-31 所示。

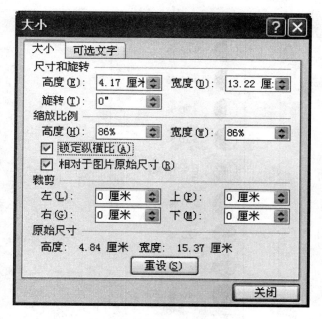

图 5-30

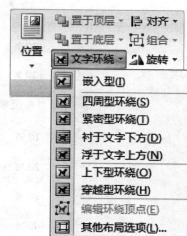

图 5-31

- 嵌入型：该方式使图像的周围环绕文字，将图像置于文档中文本行的插入点位置，并且与文字位于相同的层上。
- 四周型环绕：该方式将文字环绕在所选图像边界框的四周。
- 紧密型环绕：该方式将文字紧密环绕在图像自身边缘的周围，而不是图像边界框的周围。
- 衬于文字下方：该方式将取消文本环绕，并将图像置于文档中文本层之后，对象在其单独的图层上浮动。
- 浮于文字上方：该方式将取消文本环绕，并将图像置于文档中文本层上方，对象在其单独的图层上浮动。
- 上下型环绕：该方式将图片置于两行文字中间，图片的两侧无字。
- 穿越型环绕：该方式类似于四周型环绕，但文字可进入到图片空白处。

（3）调整图片样式。插入图片后，为了使图片更加美观，可以使用"图片工具"中的"格式"选项卡对图片进行亮度、对比度等参数的设置，还可以设置图片样式，如添加边框、阴影效果等。

要设置图片的亮度和对比度，可在"图片工具"中的"格式"选项卡的"调整"组中单击"亮度"和"对比度"按钮，在下拉列表中可以选择一种合适的亮度和对比度，如图 5-32 所示。

当需要将图片以其他颜色显示在文档中时，也可以为图片重新着色。可在"图片工具"中的"格式"选项卡的"调整"组中单击"重新着色"按钮，在弹出的库中选择所需要的颜色即可，如图 5-33 所示。

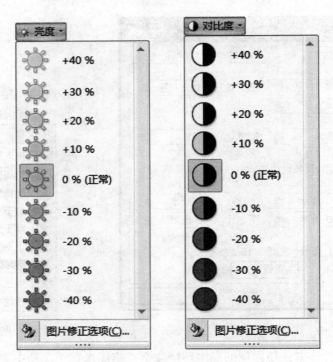

图 5-32

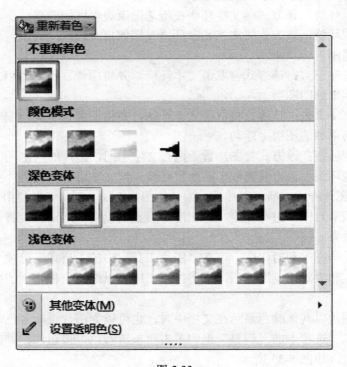

图 5-33

在 Word 2007 中新增了 28 种动态的图片外观样式，可以快速为图片选择样式进行美化。选中图片后，在"图片工具"中的"格式"选项卡的"图片样式"组中单击样式区域右下角的"其他"按钮，在弹出的库中选择所需要的样式，如图 5-34 所示。

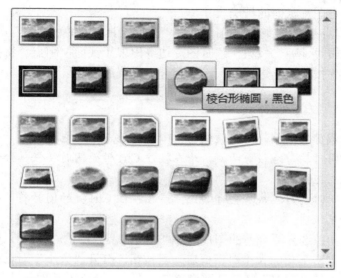

棱台形椭圆，黑色

图 5-34

　　如果在样式库中没有所需要的图片样式，还可以自定义图片样式。在"图片工具"中的"格式"选项卡的"图片样式"组中单击"图片形状"按钮，可以在弹出的下拉列表中重新选择图片的形状，单击"图片边框"按钮可以在弹出的下拉列表中选择图片边框的线形、颜色和粗细，单击"图片效果"按钮可以在弹出的下拉列表中为图片选择相应的效果，如发光、阴影、映像、三维旋转等效果。

　　（4）旋转和裁剪图片。当需要图片以一定的角度显示在文档中时，可以旋转图片。可以通过图片的旋转控制点自由旋转图片，也可以选择固定旋转的角度。

- 自由旋转图片：如果对于 Word 文档中图片的旋转角度没有精确要求，可以使用旋转手柄旋转图片。首先选中图片，图片的上方将出现一个绿色的旋转手柄。将光标移动到旋转手柄上，当光标呈旋转箭头的形状时，按住鼠标按顺时针或逆时针方向旋转图片即可。

- 固定旋转图片：Word 2007 预设了 4 种图片旋转效果，即向右旋转 90°、向左旋转 90°、垂直翻转和水平翻转。首先选中需要旋转的图片，在"图片工具"中的"格式"选项卡的"排列"组中单击"旋转"按钮，可以在打开的下拉列表中选择"向右旋转 90°"、"向左旋转 90°"、"垂直翻转"或"水平翻转"效果。

- 按角度值旋转图片：还可以通过指定具体的数值，以便更精确地控制图片的旋转角度。首先选中需要旋转的图片，在"图片工具"中的"格式"选项卡的"排列"组中单击"旋转"按钮，在打开的下拉列表中执行"其他旋转选项"命令。在打开的"大小"对话框中切换到"大小"选项卡，在"尺寸和旋转"区域调整"旋转"编辑框的数值，并单击"确定"按钮即可按指定角度值旋转图片。

裁剪操作通过删除垂直或水平边缘来减小图片的大小，裁剪通常用于隐藏或修剪部分图片，以便进行强调或删除不需要的部分。在 Word 2007 文档中，可以通过两种方式对图片进行裁剪。一种方式是通过"裁剪"工具进行图片裁剪，另一种方式则是在"大小"对话框中指定图片裁剪的精确尺寸。

● 裁剪工具：选择要裁剪的图片，在"图片工具"中的"格式"选项卡的"排列"组中单击"裁剪"按钮，这时图片边缘出现了裁剪控制点。将指针移至控制点位置处并按住鼠标进行拖拽，拖至合适位置后释放鼠标即可。

❗ 注意：

■ 要裁剪某一侧，请将该侧的中心裁剪控点向里拖拽。

■ 要同时均匀地裁剪两侧，请在按住 Ctrl 键的同时将任一侧的中心裁剪控点向里拖拽。

■ 要同时均匀地裁剪全部四侧，请在按住 Ctrl 键的同时将一个角部裁剪控点向里拖拽。

● 精确裁剪：选择要裁剪的图片，在"图片工具"中的"格式"选项卡的"大小"组中单击右下角的大小对话框启动器按钮，打开"大小"对话框。在"大小"选项卡下的"裁剪"区域分别设置左、右、上、下的裁剪尺寸，并单击"确定"按钮即可。

❗ 注意：如果裁剪后的图片不符合要求，可以单击"重设"按钮恢复图片的原始尺寸。在 Word 2007 中可以使用"裁剪"功能来裁剪任何图片，但动态 GIF 图片除外。要裁剪动态图片，请在动态图片编辑程序中修剪图片，然后重新插入该图片。

5.3.2 插入并编辑艺术字

所谓艺术字是 Word 2007 自带的具有特殊效果的文字。艺术字和图片一样，是作为对象插入到文档中的。可以在文档中插入艺术字、设置艺术字格式，从而使文档更加生动活泼、具有感染力。

1. 插入艺术字

如果想要制作突出、醒目效果的文字，那么可以选择使用艺术字，可以按预定义的形状来创建文字。

将光标定位于需要插入艺术字的位置，在"插入"选项卡下的"文本"组中单击"艺术字"按钮，在弹出的库中选择所需要的艺术字样式，如图 5-35 所示。

在其中选择一种艺术字样式后，会自动打开"编辑艺术字文字"对话框。在"文本"编辑区中输入所需要的艺术字内容，如"祝大家节日快乐！"。在"字体"下拉列表中选择艺术字的字体，如"华文新魏"。在"字号"下拉列表中选择艺术字的大小，如"40"。还可以设置加粗或倾斜字形，设置完毕后单击"确定"按钮即可，如图 5-36 所示。

图 5-35

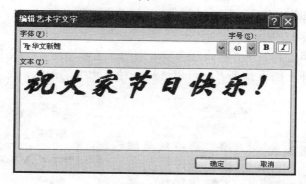

图 5-36

2. 设置艺术字格式

创建好艺术字后，如果对艺术字的样式不满意，可以像设置图片一样设置其样式，如编辑艺术文字、调整字符间距、更改艺术字样式、设置艺术字填充颜色、阴影效果、三维效果、调整其大小和位置等。选择艺术字即会出现"艺术字工具"，在"格式"选项卡下，就可以对艺术字进行各种设置，如图 5-37 所示。

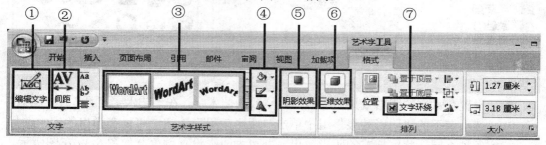

①编辑文字 ②调整艺术字间距 ③更改艺术字样式 ④自定义艺术字样式 ⑤设置艺术字的阴影效果
⑥设置艺术字的三维效果 ⑦设置艺术字版式

图 5-37

- 编辑文字：在"艺术字工具"→"格式"选项卡下的"文字"组中单击"编辑文字"按钮，在弹出的"编辑艺术字文字"对话框中可以对艺术字内容、字体、字号、字形等进行编辑。

- 调整艺术字间距：在"艺术字工具"→"格式"选项卡下的"文字"组中单击"间距"按钮，在弹出的下拉列表中选择合适的字符间距，如紧密、常规、稀疏等。

- 更改艺术字样式：在"艺术字工具"→"格式"选项卡下的"艺术字样式"组中单击右下角的"其他"按钮 ，在弹出的库中可以选择需要更改为的样式。

- 自定义艺术字样式：在"艺术字工具"→"格式"选项卡下的"艺术字样式"组中单击"形状填充"按钮，在弹出的下拉列表中可以为艺术字选择填充颜色。形状填充效果主要有单色、渐变、纹理、图片、图案等，如图 5-38 左图所示。具体操作方法与页面背景颜色填充方法相同，这里不再赘述。

  在"艺术字工具"→"格式"选项卡下的"艺术字样式"组中单击"形状轮廓"按钮，在弹出的下拉列表中可以更改艺术字边框的颜色、线条样式、线条粗细等，如图 5-38 中图所示。

  在"艺术字工具"→"格式"选项卡下的"艺术字样式"组中单击"更改形状"按钮，在弹出的下拉列表中可以选择一种艺术字的形状，如图 5-38 右图所示。

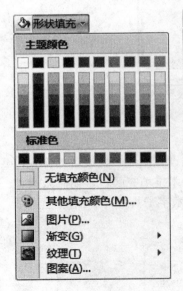 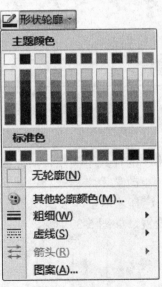 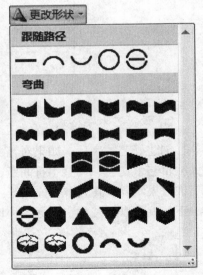

图 5-38

- 设置艺术字的阴影效果：选中需要修改的艺术字，在"艺术字工具"→"格式"选项卡下的"阴影效果"组中单击"阴影效果"按钮，可以在弹出的库中选择各种不同形状、样式的阴影效果，并可为阴影设置颜色，如图 5-39 左图所示。

- 设置艺术字的三维效果：选中需要修改的艺术字，在"艺术字工具"→"格式"选项卡下的"三维效果"组中单击"三维效果"按钮，可以在弹出的库中选择各种不同的平行三维效果、透视三维效果以及旋转三维效果。并可为这些三维效果更改颜色、深度、方向、表面效果等属性，如图 5-39 右图所示。

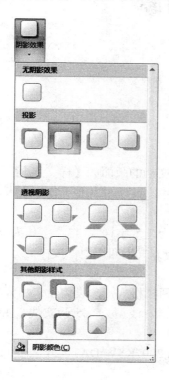
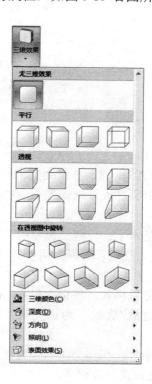

图 5-39

● 设置艺术字版式：选中需要修改的艺术字，在"艺术字工具"→"格式"选项卡下的"排列"组中单击"文字环绕"按钮，为艺术字选择版式，更改其周围的文字环绕方式。

Ⅱ. 试题汇编

5.1　第 1 题

【操作要求】

打开文档 A5.docx，按下列要求设置、编排文档的版面如【样文 5-1】所示。

1. **设置页面**：设置纸张大小为"信纸"尺寸，页边距为上下各 3 厘米，左右各 3.5 厘米。

2. **设置艺术字**：标题"金星的知识"设置为艺术字样式 13，字体为隶书，形状为朝鲜鼓，填充为红色，阴影为阴影样式 17，环绕方式为四周型，按样文适当调整艺术字的大小和位置。

3. **设置分栏格式**：将正文最后一段设置为两栏格式，预设偏左，加分隔线。

4. **设置边框/底纹**：为正文第一段添加方框，线型为 1.5 磅实线，并设置底纹颜色为黄色。

5. **插入图片**：在样文所示位置插入图片 C:\2007KSW\DATA2\pic5-1.gif，图片缩放为 40%，环绕方式为紧密型。

6. **插入脚注（尾注）**：为第二段中的"天狼星"添加粗下划线，插入尾注"天狼星：也叫犬星，即大犬座 α 星，西名 Sirius。"

7. **设置页眉/页脚**：按样文插入边线型页眉，添加页眉文字和页码，并设置相应的格式。

【样文 5-1】

我们的太阳系

金星的知识

金星表面温度高达 460 摄氏度，足以把人烤成焦炭，金星表面大气压是地球大气压的 100 倍，足以把人压扁，金星上二氧化碳是地球上的一万倍，足以把人闷死；以及其上空具有强烈腐蚀作用的几十公里厚的浓硫酸雾。

金星是距太阳最近的第二颗行星，是天空中最亮的星，比著名的天狼星[i]还亮 14 倍。金星是地内星系，故有时为晨星，有时为昏星。至今尚未发现金星有卫星。由于金星和地球在大小、质量、密度和重量上非常相似，而且金星和地球几乎都由同一星云同时形成，占星家们将它们当作姐妹行星。然而不久前科学家们发现，事实上金星与地球非常不同。金星上没有海洋，它被厚厚的、主要成份为二氧化碳的大气所包围，一点水也没有。它的云层是由硫酸微滴组成的。在地表，它的大气压相当于在地球海平面上的 92 倍。

由于金星分别在太阳出来前三小时和太阳下山后三小时出现在天空，中国古代称它为太白或太白金星，中国史书上则称日出前出现的为"启明星"，黄昏出现的为"长庚星"。古代的占星家们一直认为存在着两颗这样的行星，于是分别将它们称为"晨星"和"昏星"。英语中，金星——"维纳斯"（Venus）是古罗马的爱情与美丽之神。它一直被卷曲的云层笼罩在神秘的面纱中。

---

[i] 天狼星：也叫犬星，即大犬座α星，西名 Sirius。

5.2　第 2 题

【操作要求】

打开文档 **A5.docx**，按下列要求设置、编排文档的版面如【样文 5-2】所示。

1．**设置页面**：自定义页边距为上、下各 2.5 厘米，左、右各 3 厘米。

2．**设置艺术字**：标题"时间即生命"设置为艺术字样式 2，字体为华文行楷，填充效果为渐变，预设红日西斜，形状为波形 2，阴影为阴影样式 3，环绕方式为四周型，按样文适当调整艺术字的大小和位置。

3．**设置分栏格式**：将正文第三、四段设置为两栏格式，预设偏右，加分隔线。

4．**设置边框/底纹**：为正文第二段添加方框，线型为双实线，颜色为深红色，填充浅黄色底纹。

5．**插入图片**：在样文所示位置插入图片 C:\2007KSW\DATA2\pic5-2.jpg，环绕方式为紧密型。

6．**插入脚注**（尾注）：为第二行"梁实秋"添加下划线，插入尾注"梁实秋：（1903～1987）原籍浙江杭县，学名梁治华，字实秋。"

7．**设置页眉/页脚**：按样文插入"现代型"页眉，添加页眉文字和页码，并设置相应的格式。

【样文 5-2】

第 1 页

梁实秋散文欣赏

梁实秋[i]

最令人怵目惊心的一件事，是看着钟表上的秒针一下一下的移动，每移动一下就是表示我们的寿命已经缩短了一部分。再看看墙上挂着的可以一张张撕下的日历，每天撕下一张就是表示我们的寿命又缩短了一天。因为时间即生命。没有人不爱惜他的生命，但很少人珍视他的时间。如果想在有生之年做一点什么事，学一点什么学问，充实自己，帮助别人，使生命成为有意义，不虚此生，那么就不可浪费光阴。

　　这道理人人都懂，可是很少有人真能积极不懈的善于利用他的时间。我自己就是浪费了很多时间的一个人。我不打麻将，我不经常的听戏看电影，几年中难得一次，我不长时间看电视，通常只看半个小时，我也不串门子闲聊天。有人问我："那么你大部分时间都做了些什么呢？"我痛自反省，我发现，除了职务上的必须及人情上所不能免的活动之外，我的时间大部都浪费了。我应该集中精力，读我所未读过的书，我应该利用所有时间，写我所要写的东西，但是我没能这样做。我的好多的时间都糊里糊涂的混过去了，"少壮不努力，老大徒伤悲。"

　　例如我翻译莎士比亚，本来计划于课余之暇每年翻译两部，二十年即可完成，但是我用了三十年，主要的原因是懒。翻译之所以完成，主要的是因为活得相当长久，十分惊险。翻译完成之后，虽然仍有工作计划，但体力渐衰，有力不从心之感。假使年轻的时候鞭策自己，如今当有较好或较多的表现。然而悔之晚矣。再例如，作为一个中国人，经书不可不读。我年过三十才知道读书自修的重要。

　　我披阅，我圈点，但是恒心不足，时作时辍。五十以学易，可以无大过矣，我如今年过八十，还没有接触过易经，说来惭愧。史书也很重要。我出国留学的时候，我父亲买了一套同文石印的前四史，塞满了我的行箧的一半空间，我在外国混了几年之后又把前四史原封带回来了。直到四十年后才鼓起勇气读了"通鉴"一遍。现在我要读的书太多，深感时间有限。

　　无论做什么事，健康的身体是基本条件。我在学校读书的时候，有所谓"强迫运动"，我踢破过几双球鞋，打断过几只球拍。因此侥幸维持下来最低限度的体力。老来打过几年太极拳，目前则以散步活动筋骨而已。寄语年轻朋友，千万要持之以恒的从事运动，这不是嬉戏，不是浪费时间。健康的身体是作人做事的真正的本钱。

---

[i] 梁实秋：（1903~1987）原籍浙江杭县，学名梁治华，字实秋。

5.3　第 3 题

【操作要求】

打开文档 A5.docx，按下列要求设置、编排文档的版面如【样文 5-3】所示。

1．**设置页面**：自定义页边距为上、下各 2.8 厘米，左、右各 3.5 厘米。

2．**设置艺术字**：标题"清明节扫墓的由来"设置为艺术字样式 22，字体为方正姚体，填充为渐变，预设碧海青天，阴影为阴影样式 10，环绕方式为四周型，按样文适当调整艺术字的大小和位置。

3．**设置分栏格式**：将正文第三段设置为两栏格式，加分隔线。

4．**设置边框/底纹**：为正文第一段添加底纹，颜色为青绿色（RGB：0，255，255）。

5．**插入图片**：在样文所示位置插入图片 C:\2007KSW\DATA2\pic5-3.gif，环绕方式为紧密型。

6．**插入脚注（尾注）**：为正文第二段第一行中的"重耳"添加粗下划线，插入尾注"重耳：晋献公的儿子。"

7．**设置页眉/页脚**：按样文插入照射型页眉，添加页眉文字和页码，并设置相应的格式。

【样文 5-3】

走进中国节日　　　　　　　　　　　　　　　　　　　　　　　　　　第 1 页

清明节扫墓的由来

　　清明既是节气又是节日。清明是我国农历24个节气的第5个节气。为什么又是节日呢？这要追溯到古代的"寒食节"。寒食节是每年冬至后的第105天，恰在清明的前一天，旧时民间每逢寒食节，家家户户不举火煮饭，只吃冷食。第二天是清明，人们上坟烧纸，修墓添土，以表示对亡者的怀念。这些风俗是春秋时流传下来的。

　　相传，春秋战国时期，<u>重耳</u>[i]为躲避后母骊姬的迫害，由介子推等大臣陪同逃亡国外，他们逃到魏国时吃不上饭，又贫病交加，在绝望之时，介子推忍痛割下自己腿上的肉，谎说是野兔肉煮给重耳吃。后来有人告诉了实情，重耳才知道。19年后，重耳重又回国，做了晋国的国君即晋文公。他论功行赏，大封功臣，却惟独忘了对他忠贞不二的介子推。

　　待人提醒，重耳想起旧事，派人去请时，介子推避而不见。晋文公亲自登门去请，方知介子推已背了老母亲躲进了绵山，于是派人上山搜寻也未找到。晋文公知道介子推很孝顺，要是纵火烧山，他准会背着老母亲跑下山来。可是，大火烧了三天三夜，介子推母子俩也没出来，后来在一株枯柳旁发现介子推母子已被大火烧死了，介子推的脊梁堵着大柳树树洞，洞内藏着他留下的一块衣襟，上面用鲜血写着一首诗："割肉奉君尽丹心，但愿主公常清明。柳下做鬼终不见，强似伴君做谏臣。倘若主公心有我，忆我亡时常自省。臣在九泉心无愧，勤政清明复清明。"晋文公看后十分感动，放声痛哭，将他母子二人安葬在绵山，改绵山为介山，并建庙纪念。

　　为了铭记介子推，晋文公下令把介子推被烧死的那天定为"寒食节"，每年这一天严禁烟火，只吃冷食。第三年寒食节，晋文公率群臣到介山祭祀介子推，发现那株枯柳死而复活，便给那株柳树赐名"清明柳"，规定从寒食到清明，人们都要祭奠介子推。

　　以后渐将寒食节与清明相混淆，将寒食扫墓混为清明扫墓，清明逐渐代替了寒食节。

---

[i] 重耳：晋献公的儿子。

5.4　第 4 题

【操作要求】

打开文档 A5.docx，按下列要求设置、编排文档的版面如【样文 5-4】所示。

1．**设置页面**：自定义纸型，宽为 20.8 厘米、高为 29 厘米，页边距为上下各 2.8 厘米，左右各 3.4 厘米。

2．**设置艺术字**：标题"神奇的纳米材料"设置为艺术字样式 20，字体为华文细黑，填充效果为渐变，预设极目远眺，形状为双波形 2，阴影为阴影样式 18，环绕方式为四周型，按样文适当调整艺术字的大小和位置。

3．**设置分栏格式**：将正文第二、三、四、五段设置为两栏格式，预设偏右，加分隔线。

4．**设置边框/底纹**：为正文第一段设置有阴影的边框，线型为双实线。

5．**插入图片**：在样文所示位置插入图片 C:\2007KSW\DATA2\pic5-4.jpg，图片缩放为 50%，环绕方式为四周型。

6．**插入脚注（尾注）**：为正文第一段第一行中的"粒子"添加红色粗下划线，为第二段第一行中的"粒子"插入尾注"粒子：也叫超微颗粒。"

7．**设置页眉/页脚**：按样文插入字母表型页眉，添加页眉文字和页码，并设置相应的格式。

【样文 5-4】

科学前沿

~1~

神奇的纳米材料

> 纳米一般是指尺寸在 1～100nm 间的粒子，是处在原子簇和宏观物体交界的过渡区域，从通常的关于微观和宏观的观点看，这样的系统既非典型的微观系统亦非典型的宏观系统，是一种典型的介观系统，它具有表面效应、体积效应、小尺寸效应和宏观量子隧道效应。当人们将宏观物体细分成超微颗粒（纳米级）后，它将显示出许多奇异的特性，即它的光学、热学、电学、磁学、力学以及化学方面的性质与大块固体时相比将会有显著的不同。

那么，是不是所有的达到纳米级的粒子[i]，就是纳米材料呢？答案是否定的。中国古代安徽墨，其颗粒可以是纳米级的，非常细，从烟道里扫出来后一遍遍地筛，研制出来的墨非常均匀、饱满，写字非常好，这实际就是纳米颗粒，但尺寸小并不一定有特殊效应。一定要有纳米尺寸所具有的与宏观物体不一样的量子效应、表面效应和介面效应，这样才能说这是一个纳米的现象。

纳米材料的表面效应是指纳米粒子的表面原子数与总原子数之比随粒径的变小而急剧增大后所引起的性质上的变化，粒径在 10nm 以下，将迅速增加表面原子的比例。当粒径降到 1nm 时，表面原子数比例达到约 90%以上，原子几乎全部集中到纳米粒子的表面。由于纳米粒子表面原子数增多，表面原子配位数不足和高的表面能，使这些原子易与其它原子相结合而稳定下来，故具有很高的化学活性。

由于纳米粒子体积极小，所包含的原子数很少，相应的质量极小。因此，许多现象就不能用通常有无限个原子的块状物质的性质加以说明，这种特殊的现象通常称之为体积效应。其中有名的久保理论就是体积效应的典型例子。

随着纳米粒子的直径减小，能级间隔增大，电子移动困难，电阻率增大，从而使能隙变宽，金属导体将变为绝缘体。

---

[i] 粒子：也叫超微颗粒。

5.5　第 5 题

【操作要求】

打开文档 A5.docx，按下列要求设置、编排文档的版面如【样文 5-5】所示。

1．**设置页面**：设置页边距上、下、左、右均为 2.5 厘米。

2．**设置艺术字**：标题"壁虎为何不会从墙上掉下来"设置为艺术字样式 19，字体为华文新魏，填充为蓝色水平渐变的填充效果，形状为腰鼓，阴影为阴影样式 17，环绕方式为浮于文字上方，按样文适当调整艺术字的大小和位置。

3．**设置分栏格式**：将正文第一段设置为两栏格式，加分隔线。

4．**设置边框/底纹**：为正文第二段添加边框，线型为点划线，设置底纹图案样式 12.5%的图案样式，颜色为橙色。

5．**插入图片**：在样文所示位置插入图片 C:\2007KSW\DATA2\pic5-5.bmp，图片缩放为 50%，环绕方式为衬于文字下方。

6．**插入脚注（尾注）**：为正文第一段第三行中的"壁虎"添加蓝色粗下划线，插入尾注"壁虎：属于爬行纲。"

7．**设置页眉/页脚**：按样文插入反差型页眉，添加页眉文字和页码，并设置相应的格式。

【样文 5-5】

生活与科学 | 1

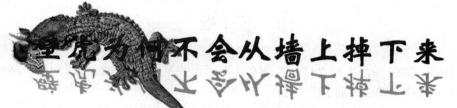

壁虎为何不会从墙上掉下来

生活中有些现象常常令人困惑不解，例如，一种长约 10 厘米、背呈暗灰色的小动物壁虎[i]，能在光滑如镜的墙面或天花板上穿梭自如，捕食蚊、蝇、蜘蛛等小虫子而不会掉下来。这种现象引起了科学家们的注意，他们经过长时间的观察和研究，终于找到了答案：原来，这是壁虎利用分子的电磁引力，克服了地心引力而具有一种天生的"特异功能"。

研究发现，在壁虎爪指的顶端，长有数百万根绒毛般的细纤维，这些极细的纤维又以数千根为一组，呈刮刀状排列。在高倍显微镜下观察，这些刮刀就像是长在绒毛顶端的花椰菜，具有很强的黏附力。试验证明：100 万根细纤维（其断面直径如一枚硬币）所具有的黏附力，约可托起一个 20 公斤重的小孩。为什么会有这样大的黏附力呢？科学家认为，这只能从物理学中的弱力理论得到解释。

根据弱力理论，分子间具有一种电磁引力，弱力可使分子与其接触的任何物体相互吸引。分子间这种电磁引力，只有在分子（细纤维）距离物体表面很近时，才起作用；二者的距离越近，引力也越大。但是，仅此还不能完全解释为什么引力会如此之大。科学家们解释说，是不平衡的电荷互相吸引产生的分子间的作用力，导致了强大的黏附力。

这项发现给了科学家们很大的启示，他们正在据此开发一种强力干性黏合剂，这种黏合剂将使用一种与壁虎爪指上的绒毛类似的人造绒毛。更有的人在考虑利用这一发现研制一种微型机器人，让其手足具有壁虎高超的攀援功能，以便执行特殊的任务。

---

[i] 壁虎：属于爬行纲。

III. 试题解答

5.1 第 1 题

单击 Office 按钮 📠，执行"打开"命令，在"查找范围"文本框中找到指定路径，选择 A5.docx 文件，单击"打开"按钮。

1. 设置页面

（1）将光标定位在文档中的任意位置，选择"页面布局"选项卡下的"页面设置"组，打开"页面设置"对话框。

（2）单击"页边距"选项卡。在"上"、"下"文本框中选择或输入"3 厘米"，在"左"、"右"文本框中选择或输入"3.5 厘米"，在"预览"处，单击"应用于"下拉按钮，选择"整篇文档"选项，单击"确定"按钮，如图 5-40 所示。

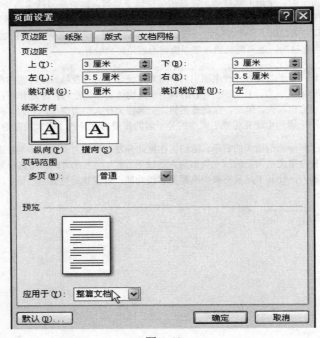

图 5-40

（3）单击"纸张"选项卡。在"纸张大小"下拉列表中，选择"信纸"选项，单击"确定"按钮即可。

2. 设置艺术字

（1）选中文档的标题"金星的知识"，单击"插入"选项卡下的"文本"组中的"艺术字"按钮，如图 5-41 所示。

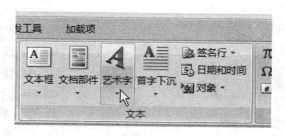

图 5-41

（2）选择"艺术字样式 13"，打开"编辑艺术字文字"对话框，如图 5-42 所示。

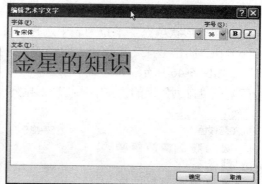

图 5-42

（3）在"字体"下拉列表中选择"隶书"，单击"确定"按钮，如图 5-43 所示。

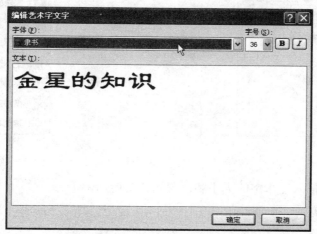

图 5-43

（4）在"格式"选项卡中的"艺术字样式"组中单击"更改形状"按钮，在弹出的下拉列表中选择形状为"朝鲜鼓"，如图 5-44 所示。

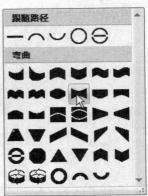

图 5-44

（5）在"形状填充"下拉列表中选择"红色"，如图 5-45 所示。

（6）在"阴影效果"组单击"阴影效果"按钮，在弹出的下拉列表中选择"阴影样式 17"，如图 5-46 所示。

（7）在"排列"组的"文字环绕"下拉列表中选择"四周型环绕"，如图 5-47 所示。

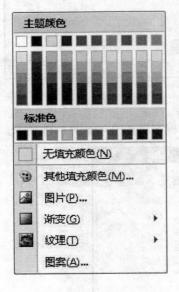

图 5-45   图 5-46   图 5-47

（8）调整所插入艺术字的大小和位置同样文所示。

3. 设置分栏格式

（1）在文档中选中正文最后一段，单击"页面布局"选项卡下的"分栏"按钮，在下拉菜单中执行"更多分栏"命令，如图 5-48 所示。

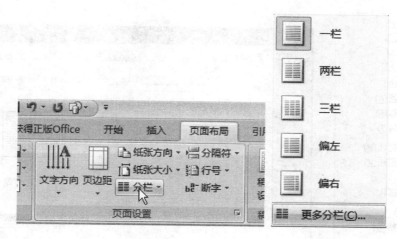

图 5-48

（2）打开"分栏"对话框，在"预设"区域单击"左（L）"图标按钮，勾选"分隔线"复选框，单击"确定"按钮，如图 5-49 所示。

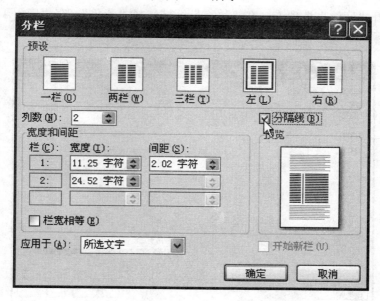

图 5-49

4. 设置边框/底纹

（1）在文档中选中第一段，选择"开始"选项卡中的"段落"组按钮 右侧的下三角按钮，在下拉菜单中执行"边框和底纹"命令，如图 5-50 所示。

（2）打开"边框和底纹"对话框的"边框"选项卡，在"设置"区域选择"方框"按钮，在"样式"列表中选择实线，在"宽度"列表中选择"1.5 磅"，在"应用于"下拉列表中选择"段落"选项，如图 5-51 所示。

图 5-50   图 5-51

（3）打开"底纹"选项卡，在"填充"区域选择"黄色"，在"应用于"下拉列表中选择"段落"选项，单击"确定"按钮，如图 5-52 所示。

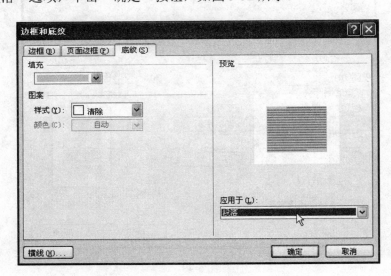

图 5-52

5. 插入图片

（1）将光标定位在样文所示位置，选择"插入"选项卡下的"图片"按钮，如图 5-53 所示。

（2）打开"插入图片"对话框，在 C:\2007KSW\DATA2 目录中选择"pic5-1.gif"，单击"插入"按钮，如图 5-54 所示。

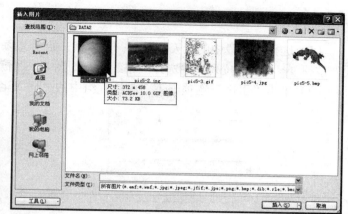

图 5-53

图 5-54

（3）单击选中插入的图片，选择"图片工具"下的"格式"选项卡，单击"大小"组的对话框启动器按钮，如图 5-55 所示。

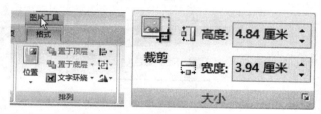

（4）打开"大小"对话框，在"缩放比例"选项区的"高度"和"宽度"文本框中选择或输入"40%"，如图 5-56 所示。

图 5-55

（5）在"排列"组中选择"环绕方式"，在下拉列表中选择"紧密型环绕"，如图 5-57 所示。

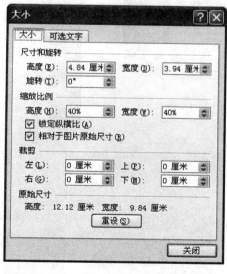

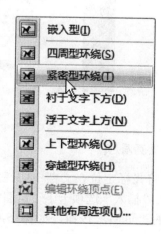

图 5-56

图 5-57

（6）利用鼠标拖拽图片移动图片位置，使其位于样文所示位置。

6. 插入脚注（尾注）

（1）选择第二段中的"天狼星"，单击"开始"选项卡下的"字体"组中的"下划线"按钮 **U ·**，在下拉列表中选择"粗线"，如图 5-58 所示。

（2）单击"引用"选项卡下"脚注"组中的"插入尾注"按钮，如图 5-59 所示。

图 5-58

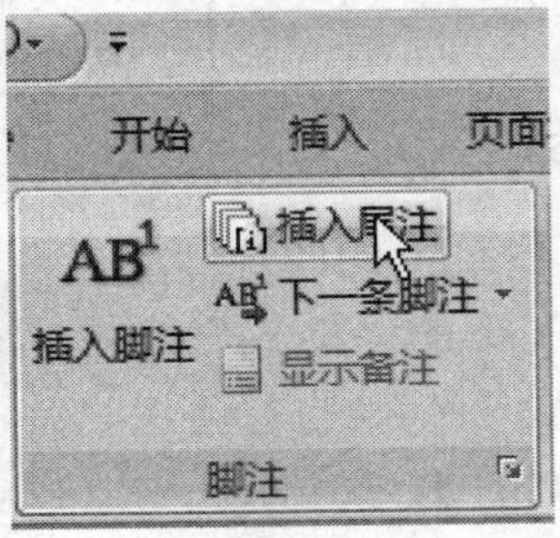

图 5-59

（3）在光标所在区域内输入内容"天狼星：也叫犬星，即大犬座 α 星，西名 Sirius。"，如图 5-60 所示。

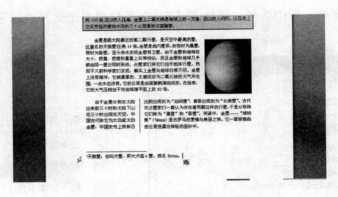

图 5-60

7. 设置页眉/页脚

（1）将光标定位在文档中的任意位置，单击"插入"选项卡下"页眉和页脚"中的"页眉"按钮，如图 5-61 所示。

（2）选择"边线型"进入页眉，在"页眉"处的左端输入文字"我们的

图 5-61

太阳系", 如图 5-62 所示。

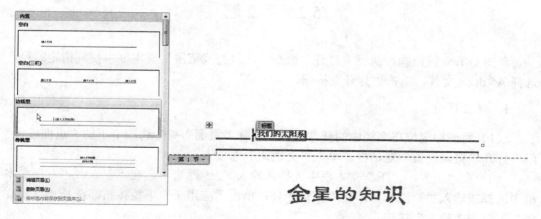

图 5-62

（3）在"页眉"处的右端双击使光标定位于右端, 输入文本"第 页", 将光标定位在文本"第 页"中间, 如图 5-63 所示。

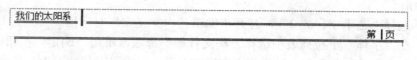

图 5-63

（4）在"页眉和页脚工具"中的"设计"选项卡中, 单击"页眉和页脚"组中"页码"按钮, 在下拉菜单中选择"当前位置"中的"普通数字"选项, 系统自动插入相应的页码, 如图 5-64 所示。

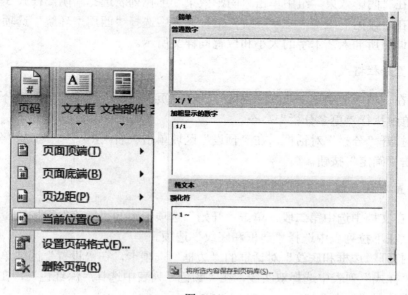

图 5-64

（5）单击"关闭页眉和页脚"按钮。

5.2 第 2 题

单击 Office 按钮，执行"打开"命令，在"查找范围"文本框中找到指定路径，选择 A5.docx 文件，单击"打开"按钮。

1. 设置页面

（1）将光标定位在文档中的任意位置，选择"页面布局"选项卡下的"页面设置"组，打开"页面设置"对话框，单击"页边距"选项卡。

（2）在"上"、"下"文本框中选择或输入"2.5 厘米"，在"左"、"右"文本框中选择或输入"3 厘米"，在"预览"处，单击"应用于"下拉按钮，选择"整篇文档"，单击"确定"按钮。

2. 设置艺术字

（1）选中文档的标题"时间即生命"，单击"插入"选项卡下的"文本"组中的"艺术字"按钮。

（2）选择"艺术字样式 2"，打开"编辑艺术字文字"对话框。

（3）在"字体"下拉列表中选择"华文行楷"选项，单击"确定"按钮。

（4）在"格式"选项卡中的"艺术字样式"组上单击"形状填充"下拉菜单中执行"渐变"→"其他渐变"命令，打开"渐变"对话框，选择"预设"选项，在"预设颜色"下选择"红日西斜"选项，单击"确定"按钮。

（5）在"艺术字样式"组中单击"更改形状"下拉列表选择"波形 2"选项。

（6）在"阴影效果"组中单击"阴影效果"下拉列表选择"阴影样式 3"选项。

（7）在"排列"组中"文字环绕"下拉列表中选择"四周型环绕"选项。

（8）调整所插入艺术字的大小和位置同样文所示。

3. 设置分栏格式

（1）在文档中选中正文第三、四段，选择"页面布局"选项卡下的"分栏"按钮，在下拉菜单中执行"更多分栏"命令。

（2）打开"分栏"对话框，在"预设"区域单击"右（R）"，勾选"分隔线"复选框，单击"确定"按钮。

4. 设置边框/底纹

（1）在文档中选中第二段，单击"开始"选项卡中的"段落"组按钮 右侧的下三角按钮，在下拉列表中选择"边框和底纹"选项。

（2）打开"边框和底纹"对话框的"边框"选项卡，在"设置"区域单击"边框"按钮，在"样式"列表中选择双实线，在"颜色"列表中选择"深红色"，在"应用于"下拉列表中选择"段落"。

（3）打开"底纹"选项卡，在"填充"区域选择"浅黄色"，在"应用于"下拉列表中选择"段落"，单击"确定"按钮。

5. 插入图片

（1）将光标定位在样文所示位置，选择"插入"选项卡下的"图片"按钮。

（2）打开"插入图片"对话框，在 C:\2007KSW\DATA2 目录中选择"pic5-2.jpg"，单击"插入"按钮。

（3）单击选中插入的图片，选择"图片工具"菜单下的"格式"选项卡，在"排列"组中单击"环绕方式"按钮，在下拉列表中选择"紧密型环绕"。

（4）利用鼠标拖拽图片移动图片位置，使其位于样文所示位置。

6. 插入脚注（尾注）

（1）选择第二行的"梁实秋"，单击"开始"选项卡下的"字体"组中的"下划线"按钮 。

（2）单击"引用"选项卡下"脚注"组中的"插入尾注"按钮。

（3）在光标所在区域内输入内容"梁实秋：（1903～1987）原籍浙江杭县，学名梁治华，字实秋。"

7. 设置页眉/页脚

（1）将光标定位在文档中的任意位置，选择"插入"选项卡下"页眉和页脚"中的"页眉"按钮。

（2）选择"现代型"进入页眉，在"页眉"处的中端输入文字"梁实秋散文欣赏"。

（3）在"页眉"处的右端双击使光标定位于右端，输入文本"第　页"，将光标定位在文本"第　页"中间。

（4）在"页眉和页脚工具"中的"设计"选项卡中，单击"页眉和页脚"组中"页码"按钮，在下拉菜单中选择"当前位置"中的"普通数字"选项，系统自动插入相应的页码。

（5）单击"关闭页眉和页脚"按钮。

5.3　第 3 题

单击 Office 按钮，执行"打开"命令，在"查找范围"文本框中找到指定路径，选择 A5.docx 文件，单击"打开"按钮。

1. 设置页面

（1）将光标定位在文档中的任意位置，选择"页面布局"选项卡下的"页面设置"组，打开"页面设置"对话框，单击"页边距"选项卡。

（2）在"上"、"下"文本框中选择或输入"2.8 厘米"，在"左"、"右"文本框中选择或输入"3.5 厘米"，在"预览"处，单击"应用于"下拉按钮，选择"整篇文档"，单击"确定"按钮。

2．设置艺术字

（1）选中文档的标题"清明节扫墓的由来"，单击"插入"选项卡下的"文本"组中的"艺术字"按钮。

（2）选择"艺术字样式 22"选项，打开"编辑艺术字文字"对话框。

（3）在"字体"下拉列表中选择"方正姚体"选项，单击"确定"按钮。

（4）在"格式"选项卡中的"艺术字样式"组上单击"形状填充"按钮，在弹出的下拉列表中选择"渐变"→"其他渐变"选项，打开"渐变"对话框，选择"预设"选项，在"预设颜色"下选择"碧海青天"选项，单击"确定"按钮。

（5）在"阴影效果"组单击"阴影效果"按钮，在弹出的下拉列表选择"阴影样式10"选项。

（6）在"排列"组中"文字环绕"下拉列表中选择"四周型环绕"选项。

（7）调整所插入艺术字的大小和位置同样文所示。

3．设置分栏格式

（1）在文档中选中正文第三段，选择"页面布局"选项卡下的"分栏"按钮，在下拉列表中选择"更多分栏"选项。

（2）打开"分栏"对话框，在"预设"区域单击"两栏（W）"按钮，勾选"分隔线"复选框，单击"确定"按钮。

4．设置边框/底纹

（1）在文档中选中第一段，单击"开始"选项卡中的"段落"组按钮 ⬙▾ 右侧的下三角按钮，在下拉列表中选择"其他颜色"选项。

（2）打开"颜色"对话框，在"自定义"选项卡中，输入 RGB 值（0，255，255），单击"确定"按钮。

5．插入图片

（1）将光标定位在样文所示位置，选择"插入"选项卡下的"图片"按钮。

（2）打开"插入图片"对话框，在 C:\2007KSW\DATA2 目录中选择"pic5-3.gif"，单击"插入"按钮。

（3）单击选中插入的图片，选择"图片工具"菜单下的"格式"选项卡，在"排列"组中单击"环绕方式"按钮，在下拉列表中选择"紧密型环绕"。

（4）利用鼠标拖拽图片移动图片位置，使其位于样文所示位置。

6．插入脚注（尾注）

（1）选择第二段第一行中的"重耳"，单击"开始"选项卡下的"字体"组中的"下划线"按钮 **U**▾，在下拉列表中选择"粗线"。

（2）单击"引用"选项卡下"脚注"组中的"插入尾注"按钮。

（3）在光标所在区域内输入内容"重耳：晋献公的儿子。"

7. 设置页眉/页脚

（1）将光标定位在文档中的任意位置，选择"插入"选项卡下"页眉和页脚"中的"页眉"按钮。

（2）选择"照射型"进入页眉，在"页眉"处的左端输入文字"走进中国节日"。

（3）在"页眉"处的右端双击使光标定位于右端，输入文本"第 页"，将光标定位在文本"第 页"中间。

（4）在"页眉和页脚工具"中的"设计"选项卡中，单击"页眉和页脚"组中"页码"按钮，在下拉菜单中选择"当前位置"中的"普通数字"选项，系统自动插入相应的页码。

（5）单击"关闭页眉和页脚"按钮。

5.4　第 4 题

单击 Office 按钮，执行"打开"命令，在"查找范围"文本框中找到指定路径，选择 A5.docx 文件，单击"打开"按钮。

1. 设置页面

（1）将光标定位在文档中的任意位置，选择"页面布局"选项卡下的"页面设置"组，打开"页面设置"对话框，单击"页边距"选项卡。

（2）在"上"、"下"文本框中选择或输入"2.8 厘米"，在"左"、"右"文本框中选择或输入"3.4 厘米"，在"预览"处，单击"应用于"下拉按钮，选择"整篇文档"选项。

（3）打开"纸张"选项卡，在"宽度"文本框中选择或输入"20.8 厘米"，在"高度"文本框中选择或输入"29 厘米"，在"预览"处，单击"应用于"下拉按钮，选择"整篇文档"选项，单击"确定"按钮。

2. 设置艺术字

（1）选中文档的标题"神奇的纳米材料"，选择"插入"选项卡下的"文本"组中的"艺术字"按钮。

（2）选择"艺术字样式 20"选项，打开"编辑艺术字文字"对话框。

（3）在"字体"下拉列表中选择"华文细黑"选项，单击"确定"按钮。

（4）在"格式"选项卡中的"艺术字样式"组上单击"形状填充"按钮，在弹出的下拉列表中选择"渐变"→"其他渐变"选项，打开"渐变"对话框，选择"预设"选项，在"预设颜色"下选择"极目远眺"选项，单击"确定"按钮。

（5）在"艺术字样式"组上单击"更改形状"按钮，在弹出的下拉列表选择"双波形 2"选项。

（6）在"阴影效果"组单击"阴影效果"按钮，在弹出的下拉列表选择"阴影样式 18"选项。

（7）在"排列"组中"文字环绕"下拉菜单中选择"四周型环绕"选项。

（8）调整所插入艺术字的大小和位置同样文所示。

3. 设置分栏格式

（1）在文档中选中正文第二、三、四、五段，选择"页面布局"选项卡下的"分栏"按钮，在下拉菜单中选择"更多分栏"选项。

（2）打开"分栏"对话框，在"预设"区域单击"右（R）"，勾选"分隔线"复选框，单击"确定"按钮。

4. 设置边框/底纹

（1）在文档中选中第一段，单击"开始"选项卡中的"段落"组按钮🔲·右侧的下三角按钮，在下拉列表中选择"边框和底纹"选项。

（2）打开"边框和底纹"对话框的"边框"选项卡，在"设置"区域选择"阴影"按钮，在"样式"列表中选择双实线选项，在"应用于"下拉列表中选择"段落"选项，单击"确定"按钮。

5. 插入图片

（1）将光标定位在样文所示位置，选择"插入"选项卡下的"图片"按钮。

（2）打开"插入图片"对话框，在 C:\2007KSW\DATA2 目录中选择"pic5-4.jpg"，单击"插入"按钮。

（3）单击选中插入的图片，选择"图片工具"菜单下的"格式"选项卡，单击"大小"组的对话框启动器按钮。

（4）打开"大小"对话框，在"缩放比例"选项区的"高度"和"宽度"文本框中选择或输入"50%"。

（5）在"排列"组中单击"环绕方式"按钮，在下拉菜单中选择"四周型环绕"选项。

（6）利用鼠标拖拽图片移动图片位置，使其位于样文所示位置。

6. 插入脚注（尾注）

（1）选择正文第一段第一行中的"粒子"，单击"开始"选项卡下的"字体"组中的"下划线"按钮 U·。

（2）在"下划线"下拉列表中选择"粗线"，在"下划线颜色"中选择"红色"。

（3）选择正文第二段第一行中的"粒子"，单击"引用"选项卡下"脚注"组中的"插入尾注"按钮。

（4）在光标所在区域内输入内容"粒子：也叫超微颗粒。"

7. 设置页眉/页脚

（1）将光标定位在文档中的任意位置，选择"插入"选项卡下"页眉和页脚"中的"页眉"按钮。

（2）选择"字母表型"进入页眉，在"页眉"处的中端输入文字"科学前沿"。

（3）在"页眉"处的右端双击使光标定位于右端，输入文本"第 页"，将光标定位在文本"第　页"中间。

（4）在"页眉和页脚工具"中的"设计"选项卡中，单击"页眉和页脚"组中"页码"按钮，在下拉菜单中选择"当前位置"中的"普通数字"，系统自动插入相应的页码。

（5）单击"关闭页眉和页脚"按钮。

5.5　第 5 题

单击 Office 按钮，执行"打开"命令，在"查找范围"文本框中找到指定路径，选择 A5.docx 文件，单击"打开"按钮。

1. 设置页面

（1）将光标定位在文档中的任意位置，选择"页面布局"选项卡下的"页面设置"组，打开"页面设置"对话框，单击"页边距"选项卡。

（2）在"上"、"下"文本框中选择或输入"2.5 厘米"，在"左"、"右"文本框中选择或输入"2.5 厘米"，在"预览"处，单击"应用于"下拉按钮，选择"整篇文档"，单击"确定"按钮。

2. 设置艺术字

（1）选中文档的标题"壁虎为何不会从墙上掉下来"，选择"插入"选项卡下的"文本"组中的"艺术字"按钮。

（2）选择"艺术字样式 19"，打开"编辑艺术字文字"对话框。

（3）在"字体"下拉列表中选择"华文新魏"选项，单击"确定"按钮。

（4）在"格式"选项卡中的"艺术字样式"组上单击"形状填充"下拉菜单中选择"渐变"→"其他渐变"选项，打开"渐变"对话框，选择"单色"，在"颜色"下选择"蓝色"，在"底纹样式"下选择"水平"，单击"确定"按钮。

（5）在"艺术字样式"组上单击"更改形状"下拉菜单选择形状为"腰鼓"。

（6）在"阴影效果"组单击"阴影效果"按钮，在弹出的下拉菜单中选择"阴影样式 17"。

（7）在"排列"组中"文字环绕"下拉菜单中选择"浮于文字上方"。

（8）调整所插入艺术字的大小和位置同样张所示。

3. 设置分栏格式

（1）在文档中选中正文第一段，选择"页面布局"选项卡下的"分栏"按钮，在下拉菜单中选择"更多分栏"选项。

（2）打开"分栏"对话框，在"预设"区域单击"两栏（W）"按钮，选中"分隔线"复选框，单击"确定"按钮。

4．设置边框/底纹

（1）在文档中选中第二段，选择"开始"选项卡中的"段落"组按钮▦·右侧的下三角按钮，在下拉菜单中选择"边框和底纹"选项。

（2）打开"边框和底纹"对话框的"边框"选项卡，在"设置"区域选择"边框"按钮，在"样式"列表中选择点划线选项，在"应用于"下拉列表中选择"段落"选项。

（3）打开"底纹"选项卡，在"填充"区域选择"橙色"，在"样式"区域选择"12.5%"，在"应用于"下拉列表中选择"段落"选项，单击"确定"按钮。

5．插入图片

（1）将光标定位在样文所示位置，选择"插入"选项卡下的"图片"按钮。

（2）打开"插入图片"对话框，在 C:\2007KSW\DATA2 目录中选择"pic5-5.bmp"，单击"插入"按钮。

（3）单击选中插入的图片，选择"图片工具"菜单下的"格式"选项卡，单击"大小"组的对话框启动器按钮。

（4）打开"大小"对话框，在"缩放比例"中"高度"和"宽度"文本框中选择或输入"50%"。

（5）在"排列"组中单击"环绕方式"按钮，在下拉列表中选择"衬于文字下方"选项。

（6）利用鼠标拖拽图片移动图片位置，使其位于样文所示位置。

6．插入脚注（尾注）

（1）选择正文第一段第三行中的"壁虎"，单击"开始"选项卡下的"字体"组中的"下划线"按钮 **U** ·。

（2）在"下划线"下拉列表中选择"粗线"，在"下划线颜色"中选择"蓝色"。

（3）单击"引用"选项卡下"脚注"组中的"插入尾注"按钮。

（4）在光标所在区域内输入内容"壁虎：属于爬行纲。"

7．设置页眉/页脚

（1）将光标定位在文档中的任意位置，选择"插入"选项卡下"页眉和页脚"中的"页眉"按钮。

（2）选择"反差型"进入页眉，在"页眉"处的右端输入文字"生活与科学"。

（3）在"页眉"处的右端双击使光标定位于右端，输入文本"第 页"，将光标定位在文本"第 页"中间。

（4）在"页眉和页脚工具"中的"设计"选项卡中，单击"页眉和页脚"组中的"页码"按钮，在下拉菜单中选择"当前位置"中的"普通数字"，系统自动插入相应的页码。

（5）单击"关闭页眉和页脚"按钮。

第6章 电子表格工作簿的操作

Ⅰ.知识讲解

知识要点

● 工作表的设置

● 公式的使用

● 图表的使用

评分细则

本章有 8 个评分点，每题 18 分。

评分点	分值	得分条件	判分要求
设置工作表行、列	2	正确插入、删除、移动行（列）、正确设置行高列宽	录入内容可有个别错漏
设置单元格格式	3	正确设置单元格格式	必须全部符合要求，有一处错漏则不得分
设置表格边框线	2	正确设置表格边框线	与样文相符，不做严格要求
插入批注	2	附注准确、完整	录入内容可有个别错漏
重命名工作表、复制工作表	2	命名准确、完整，复制的格式、内容完全一致	必须复制整个工作表
设置打印标题	2	插入分页符的位置正确，设置的打印标题区域正确	可在打印预览中判别
输入公式	2	符号、字母准确，完整	大小、间距和级次不要求
建立图表	3	引用数据、图表样式正确	图表细节不作严格要求

6.1 工作表的设置

在创建工作表并输入基本的数据后，为了使工作表中的数据便于阅读并使工作表更加美观，可以对工作表进行设置。本节将介绍工作表的设置、操作和打印，主要包括设置工作表行和列、设置单元格格式、设置表格边框、插入批注、操作和打印工作表等。

6.1.1 设置工作表行和列

工作表是显示在工作簿窗口中的表格。在 Excel 2007 中，一个工作表可以由 1048576 行和 16384 列构成。行的编号用数字表示，列的编号依次用字母 A、B……表示。行号显示在工作簿窗口的左边，列号显示在工作簿窗口的上边。Excel 2007 默认一个工作簿有 3 个工作表，可以根据需要添加工作表，但每一个工作簿最多可以包括 255 个工作表。

每个工作表有一个名字，工作表名显示在工作表标签上。工作表标签显示了系统默认的前 3 个工作表名：Sheet1、Sheet2、Sheet3。其中白色的工作表标签表示活动工作表。单击某个工作表标签，可以选择该工作表为活动工作表。

1．选择单元格、区域、行或列

要想设置工作表，首先要掌握选择单元格、区域、行或列的方法。

（1）选择单元格或单元格区域。

选择一个单元格，可单击该单元格或按箭头键并移至该单元格。选择单元格区域，可单击该区域中的第一个单元格，然后拖至最后一个单元格，或者在按住 Shift 键的同时按箭头键以扩展选定区域。也可以选择该区域中的第一个单元格，然后按 F8 键，使用方向键扩展选定区域。要停止扩展选定区域，再次按 F8 键。

图 6-1

选择工作表中的所有单元格，可单击"全选"按钮，如图 6-1 所示。要选择整个工作表，还可以按 Ctrl+A 组合键。如果工作表包含数据，按 Ctrl+A 组合键可选择当前区域。按住 Ctrl+A 组合键一秒钟可选择整个工作表。

选择不相邻的单元格或单元格区域，需先选择第一个单元格或单元格区域，然后在按住 Ctrl 键的同时选择其他单元格或区域。也可以选择第一个单元格或单元格区域，然后按 Shift+F8 组合键将另一个不相邻的单元格或区域添加到选定区域中。要停止向选定区域中添加单元格或区域，请再次按 Shift+F8 组合键。

如果需要增加或减少活动选定区域中的单元格，只要在按住 Shift 键的同时单击要包含在新选定区域中的最后一个单元格。活动单元格和所单击的单元格之间的矩形区域将成为新的选定区域。

（2）选择行或列。

选择整行或整列，只需单击行标题或列标题，如图 6-2 所示。也可以选择行或列中的单元格，方法是选择第一个单元格，然后按 Ctrl+Shift+方向键（对于行，使用向右方向键或向左方向键。对于列，则使用向上方向键或向下方向键）。如果行或列包含数据，那么按 Ctrl+Shift+方向键可选择到行或列中最后一个已使用单元格之前的部分。按 Ctrl+Shift+方向键一秒钟可选择整行或整列。

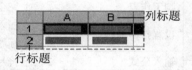

图 6-2

选择相邻行或列，只需在行标题或列标题间拖拽鼠标。或者选择第一行或第一列，然后在按住 Shift 键的同时选择最后一行或最后一列。选择不相邻的行或列，需要单击选定区域中第一行的行标题或第一列的列标题，然后在按住 Ctrl 键的同时单击要添加到选定区域中的其他行的行标题或其他列的列标题。

2．合并与拆分单元格

在 Excel 2007 中，可以合并两个或多个相邻的水平或垂直单元格，这些单元格就成为一个跨多列或多行显示的大单元格。其中一个单元格的内容出现在合并的单元格的中心，如图 6-3 所示。当然，也可以将合并的单元格重新拆分成多个单元格，但是不能

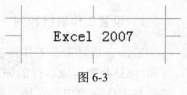

图 6-3

拆分未合并过的单元格。

（1）合并相邻单元格。

选择两个或更多要合并的相邻单元格，在"开始"选项卡的"对齐方式"组中，单击"合并后居中"按钮。这些单元格将在一个行或列中合并，并且单元格内容将在合并单元格中居中显示。要合并单元格而不居中显示内容，则单击"合并后居中"旁的下三角按钮，然后选择"跨越合并"或"合并单元格"选项，如图6-4所示。

图 6-4

注意：需确保在合并单元格中显示的数据位于所选区域的左上角单元格中，只有左上角单元格中的数据会保留在合并的单元格中，所选区域中所有其他单元格中的数据都将被删除。

（2）拆分合并的单元格。

要拆分合并的单元格，首先要选择合并的单元格。此时，"合并后居中"按钮在"开始"选项卡"对齐方式"组中也显示为选中状态。单击"合并后居中"按钮，合并单元格的内容将出现在拆分单元格区域左上角的单元格中。

3．插入单元格、行或列

可以在工作表中活动单元格的上方或左侧插入空白单元格，同时将同一列中的其他单元格下移或将同一行中的其他单元格右移。同样，也可以在一行的上方插入多行和在一列的左边插入多列，还可以删除单元格、行和列。

（1）插入单元格。

选取要插入的单元格，选取的单元格数量应与要插入的单元格数量相同。例如，要插入五个空白单元格，需要选取五个单元格。在"开始"选项卡的"单元格"组中，单击"插入"按钮下的下三角按钮，然后选择"插入单元格"选项。在"插入"对话框中，选取周围单元格移动的方向，如图6-5所示。

（2）插入行或列。

要在工作表中插入行，需先执行下列操作之一：

- 要插入一行，请选择要在其上方插入新行的行或该行中的一个单元格。例如，要在第5行上方插入一个新行，则单击第5行中的一个单元格。
- 要插入多行，请选择要在其上方插入新行的那些行。所选的行数应与要插入的行数相同。例如，要插入三个新行，需要选择三行。
- 要插入不相邻的行，可在按住 Ctrl 键的同时选择不相邻的行。

图 6-5

在"开始"选项卡的"单元格"组中，单击"插入"按钮下的下三角按钮，然后选择"插入工作表行"选项。

插入列的方法和插入行的方法是相同的。

4. 移动、复制、删除行和列

（1）移动或复制行和列。

选择要移动或复制的行或列，在"开始"选项卡的"剪贴板"组中，单击"剪切"按钮 ✂ 或"复制"按钮 📄。然后右击将所选内容移动或复制到所选位置下方或右侧的行或列，选择"插入已剪切的单元格"或"插入复制的单元格"选项。

❗ 注意：如果单击"开始"选项卡的"剪贴板"组中的"粘贴"按钮 📋 或按 Ctrl+V 组合键，而不是单击快捷菜单上的命令，则替换目标单元格中的现有内容。

（2）删除单元格、行或列。

选择要删除的单元格、行或列，在"开始"选项卡的"单元格"组中，执行下列操作之一：

● 要删除所选的单元格，单击"删除"按钮下的下三角按钮，选择"删除单元格"选项。
● 若要删除所选的行，单击"删除"按钮下的下三角按钮，选择"删除工作表行"选项。
● 若要删除所选的列，单击"删除"按钮下的下三角按钮，选择"删除工作表列"选项。

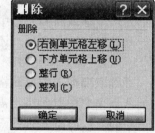

如果要删除单元格，则在"删除"对话框中，选择"右侧单元格左移"、"下方单元格上移"、"整行"或"整列"选项，如图 6-6 所示。如果删除行或列，其他的行或列会自动上移或左移。

图 6-6

❗ 注意：按 Delete 键只删除所选单元格的内容，而不会删除单元格本身。

5. 调整行高和列宽

（1）调整行高。

要将行设置为指定高度，首先选择要更改的行，在"开始"选项卡的"单元格"组

中，单击"格式"按钮，在"单元格大小"下选择"行高"选项。然后在"行高"文本
框中，输入所需的值，如图 6-7 所示。

图 6-7

也可以使用鼠标更改行高，若要更改某一行的行高，则拖拽行标题下面的边界，直
到达到所需行高。若要更改多行的行高，首先选择要更改的行，然后拖拽所选行任一标
题下面的边界。

（2）调整列宽。

要将列设置为特定宽度，首先选择要更改的列，在"开始"选项卡的"单元格"组
中，单击"格式"按钮。在"单元格大小"下，选择"列宽"选项。然后在"列宽"文
本框中输入所需的值，如图 6-8 所示。

图 6-8

也可以使用鼠标更改列宽，若要更改某一列的宽度，只需拖拽列标题的右侧边界，直到达到所需列宽。若要更改多列的宽度，首先选择要更改的列，然后拖拽所选列标题的右侧边界。

6.1.2 设置单元格格式

在 Excel 2007 中，为了美化工作表，提高工作表的可阅读性，可以对工作表中的数据进行字体格式设置，例如设置字体、字号、字形等基本格式，以及单元格边框、底纹、对齐方式等效果。

1. 设置字体格式

Excel 2007 默认的字体为宋体、11 号、黑色。设置文本的字体包括设置文本的字体、字号、字形以及字体颜色等。设置字体的方法有 3 种：通过"字体"组设置、通过"设置单元格格式"对话框设置、通过浮动工具栏设置。

（1）通过"字体"组设置字体。

在 Excel 2007 中，选择要设置格式的单元格、单元格区域、文本或字符，在"开始"选项卡"字体"组中汇集了设置字体格式的各种命令，如图 6-9 所示。

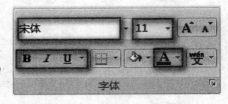

图 6-9

（2）通过"设置单元格格式"对话框设置字体。

在 Excel 2007 中，选择要设置格式的单元格、单元格区域、文本或字符，单击"开始"选项卡中的"字体"组右下方的对话框启动器按钮，弹出"设置单元格格式"对话框，如图 6-10 所示。

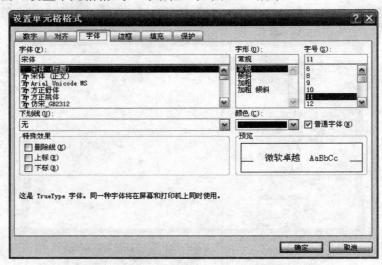

图 6-10

（3）通过浮动工具栏设置字体。

在 Excel 2007 中，右击要设置格式的单元格、单元格区域、文本或字符，在页面中会浮现出"字体"设置的浮动工具栏，如图 6-11 所示。在该工具栏中也可以对字体进行相应的设置，各选项按钮的作用与"字体"组中各选项是相同的。

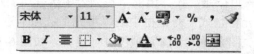

图 6-11

2. 设置边框和底纹

（1）设置边框。

选择要为其添加边框的单元格或单元格区域，在"开始"选项卡的"字体"组中单击"框线"按钮右侧的下三角按钮，可以在弹出的下拉列表中选择所需要的边框选项，如图 6-12 所示。

也可以在弹出的下拉列表中选择"其他边框"命令，打开"设置单元格格式"对话框，在"边框"选项卡下对各选项进行设置。在"样式"和"颜色"选项区域，选择所需的线条样式和颜色。在"预置"和"边框"选项区域，单击一个或多个按钮以指明边框位置，如图 6-13 所示。

在工作表中，要删除单元格或单元格区域的边框，可以在"开始"选项卡的"字体"组中，单击"边框"按钮右侧的下三角按钮，然后单击"无框线"按钮。

图 6-12

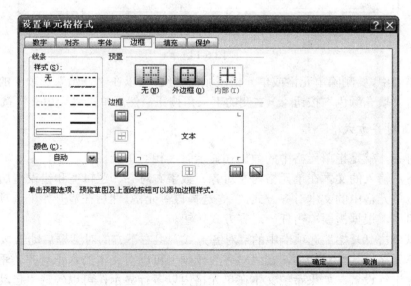

图 6-13

（2）设置底纹。

要为单元格或单元格区域设置底纹，只需在"开始"选项卡的"字体"组中单击"底纹"按钮 右侧的下三角按钮，在弹出的下拉列表中选择所要填充的颜色。

也可以在"设置单元格格式"对话框中的"填充"选项卡进行设置。在该选项卡中可以对底纹的填充颜色、图案样式、图案颜色进行设置，如图 6-14 所示。如果调色板上的颜色无法满足需求，则可以单击"其他颜色"按钮。在"背景色"文本框中，选择所需的颜色。还可以在颜色模式中选择一种模式，然后输入 RGB（红色、绿色和蓝色）或 HSL（色调、饱和度和亮度）数字，使其与所需的颜色底纹完全一致。若要使用包含两种颜色的图案，可在"图案颜色"下拉列表中选择另一种颜色，然后在"图案样式"文本框中选择一种图案样式。若要使用具有特殊效果的图案，可单击"填充效果"按钮，然后在"渐变"选项卡设置所需的选项。

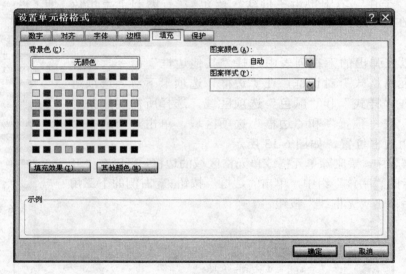

图 6-14

在工作表中，要删除单元格或单元格区域的底纹，可以在"开始"选项卡的"字体"组中，单击"填充颜色"按钮 右侧的下三角按钮，然后单击"无填充"按钮 。

3. 设置对齐方式

所谓对齐，就是指单元格中的数据在显示时，相对单元格上、下、左、右的位置。默认情况下，输入的文本在单元格内左对齐、数字右对齐、逻辑值和错误值居中对齐。

要更改单元格中的文本对齐方式，首先选择该单元格，然后在"开始"选项卡的"对齐方式"组中，根据需要单击任一对齐方式按钮。

也可以单击"开始"选项卡中的"对齐方式"组右下方的对话框启动器按钮 ，弹出"设置单元格格式"对话框，在"对齐"选项卡可以对文本的水平对齐、垂直对齐、文字方向等进行设置。如果希望文本在单元格内以多行显示，可以勾选"自动换行"复选框，如图 6-15 所示。

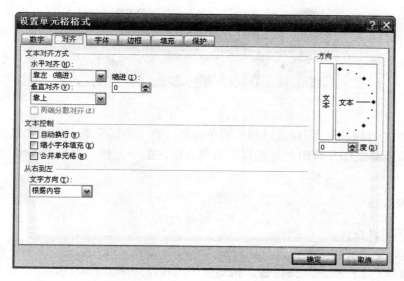

图 6-15

6.1.3　插入批注

在 Excel 2007 中，可以通过使用批注向工作表添加注释。使用批注可为工作表中包含的数据提供更多相关信息，使工作表易于理解。例如，可以将批注作为给单独单元格内的数据提供相关信息的注释，或者可为列标题添加批注，指导用户应在该列中输入的数据，如图 6-16 所示。

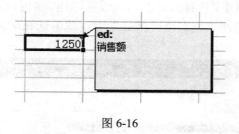

图 6-16

单元格边角中出现的红色标记表示单元格附有批注。将指针放在单元格上时会显示批注。

添加批注后，可以编辑批注文本并设置其格式、移动或调整批注的大小、复制批注、显示或隐藏批注或者控制批注及其标记的显示方式。当不再需要批注时，可以删除批注。

1．添加批注

选择要向其中添加批注的单元格，在"审阅"选项卡的"批注"组中，单击"新建批注"按钮，如图 6-17 所示。一条新批注随即创建，光标移到批注中，并且单元格的边角出现一个标记。此时，可以在批注正文中，输入批注文字，输入完成后在批注框外部单击，批注框消失，但批注标记仍然显示。

图 6-17

要使批注一直显示，可以选择相应的单元格，在"审阅"选项卡的"批注"组中，单击"显示/隐藏批注"按钮。还可以右击包含批注的单元格，然后单击"显示/隐藏批注"按钮。

2. 编辑批注

（1）编辑批注。

在工作表中，要审阅每条批注，可在"审阅"选项卡的"批注"组中单击"下一批注"按钮🔲或"上一批注"按钮🔲，按照顺序或相反顺序查看批注。

编辑批注，首先选择包含要编辑的批注单元格，在"审阅"选项卡的"批注"组中，单击"编辑批注"按钮，双击批注中的文字，然后在批注文本框中编辑批注文字。

（2）设置批注的格式。

默认情况下，批注文字使用 Tahoma 字体且字号为"8"。虽然无法更改使用的默认字体，但可以更改每条批注内批注文字的格式。

要设置批注文字的格式，首先选择包含要设置格式的批注单元格，在"审阅"选项卡的"批注"组中，单击"编辑批注"按钮。然后选中要设置其格式的批注文字，在"开始"选项卡的"字体"组中，选择所需的格式设置选项。也可以右击选定内容，选择"设置批注格式"选项，然后在"设置批注格式"对话框中选择所需的格式设置选项，如图6-18 所示。

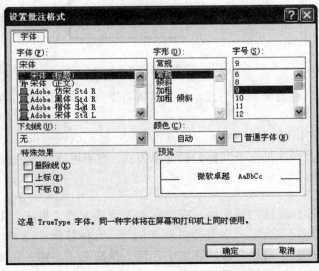

图 6-18

⚠ 注意: "字体"组中的"填充颜色"和"字体颜色"选项不能用于批注文字。要更改文字的颜色,可以右击所选的批注文字,然后选择"设置批注格式"选项。

3. 删除批注

如果要删除某个单元格的批注,首先要选定该单元格。然后在"审阅"选项卡的"批注"组中,单击"删除"按钮。或者在"审阅"选项卡的"批注"组中,单击"显示/隐藏批注"按钮,显示批注,双击批注文本框,然后按 Delete 键。

6.1.4 操作工作表

在 Excel 中用于存储和处理数据的主要文档叫做工作表,也称为电子表格。工作表由排列成行或列的单元格组成。工作表总是存储在工作簿中。默认情况下,Excel 2007在一个工作簿中提供 3 个工作表,也可以根据需要插入其他工作表或删除它们。工作表的名称(或标题)出现在屏幕底部的工作表标签上。默认情况下,名称是 Sheet1、Sheet2等,也可以为任何工作表指定一个更恰当的名称。

1. 选择工作表

通过单击窗口底部的工作表标签,可以快速选择不同的工作表。如果要同时在几个工作表中输入或编辑数据,可以通过选择多个工作表组合工作表。还可以同时对选中的多个工作表进行格式设置或打印。

选择一张工作表,只需单击该工作表的标签,如图 6-19 所示。

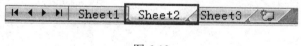

图 6-19

如果看不到所需标签,请单击标签滚动按钮以显示所需标签,如图 6-20 所示。然后单击该标签。

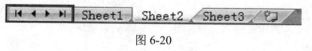

图 6-20

若要选择两张或多张相邻的工作表,首先要单击第一张工作表的标签,然后在按住Shift 键的同时单击要选择的最后一张工作表的标签。若要选择两张或多张不相邻的工作表,首先单击第一张工作表的标签,然后在按住 Ctrl 键的同时单击要选择的其他工作表的标签。若要选择工作簿中的所有工作表,只需右击某一工作表的标签,然后选择快捷菜单(快捷菜单:显示与特定项目相关的一列命令的菜单,要显示快捷菜单,右击某一项目或按 Shift+F10 组合键。)上的"选定全部工作表"选项。

2. 插入工作表

若要在现有工作表的末尾快速插入新工作表,只需单击屏幕底部的"插入工作表"按钮。

　　若要在现有工作表之前插入新工作表，先选择该工作表，在"开始"选项卡"单元格"组中，单击"插入"按钮右侧的下三角按钮，然后选择"插入工作表"选项，如图 6-21 所示。也可以右击现有工作表的标签，然后选择"插入"选项。在"常用"选项卡中，选择"工作表"选项，然后单击"确定"按钮，如图 6-22 所示。

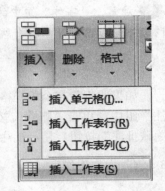

图 6-21

　　若要一次性插入多个工作表，需要按住 Shift 键，然后在打开的工作簿中选择与要插入的工作表数目相同的现有工作表标签。例如，要添加 3 个新工作表，则选择 3 个现有工作表的工作表标签。在"开始"选项卡的"单元格"组中，单击"插入"按钮右侧的下三角按钮，然后选择"插入工作表"选项。

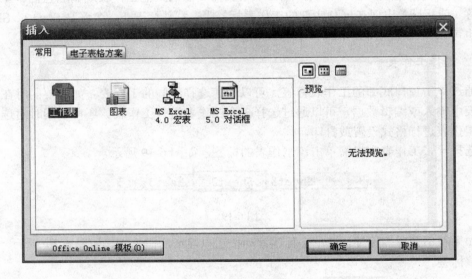

图 6-22

3. 重命名工作表

　　在"工作表标签"栏上，右击要重命名的工作表标签，然后选择"重命名"选项。选中当前的名称，然后输入新名称。或者在要重命名的工作表标签上双击，也可以对工作表进行重命名，如图 6-23 所示。

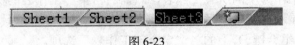

图 6-23

4. 隐藏和取消隐藏工作表

　　如果不想被人查看某些工作表，可以使用 Excel 2007 的隐藏工作表功能。当一个工作表被隐藏时，它的标签也同时被隐藏。

要隐藏工作表，首先选择该工作表，在"开始"选项卡的"单元格"组中，单击"格式"按钮右侧的下三角按钮。选择"可见性"→"隐藏/取消隐藏"→"隐藏工作表"选项，如图 6-24 所示。

如果要显示隐藏的工作表，只要在"开始"选项卡的"单元格"组中，单击"格式"按钮右侧的下三角按钮。选择"可见性"→"隐藏/取消隐藏"→"取消隐藏工作表"选项，在弹出的"取消隐藏"对话框中，双击要显示的已隐藏工作表的名称，如图 6-25 所示。

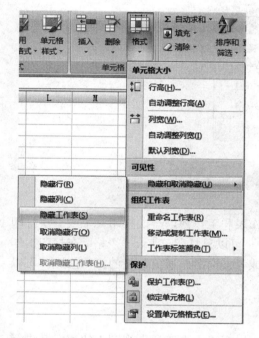

图 6-24

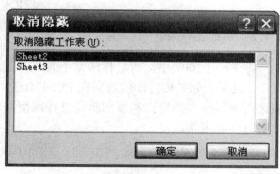

图 6-25

注意：每次只能取消隐藏一个工作表。

5. 移动或复制工作表

工作表可以在同一工作簿中移动或复制，也可以在不同的工作簿中移动或复制。

最简单的方法就是选中一个工作表标签，在该工作表标签上按住鼠标左键，在工作表标签间移动指针到所需位置，松开鼠标即可。按住鼠标左键不放时，指针位置会出现一个"白板"图标，且在该工作表标签的左上方出现一个黑色的倒三角标志，如图 6-26 所示。

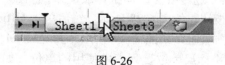

图 6-26

如果是复制操作，则需要在拖拽时按住 Ctrl 键。

6. 删除工作表

选择要删除的工作表，在"开始"选项卡的"单元格"组中，单击"删除"按钮右侧的下三角按钮，然后选择"删除工作表"选项，如图 6-27 所示。或者右击要删除的工作表的工作表标签，然后选择"删除"选项。

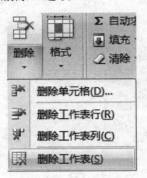

图 6-27

6.1.5 打印工作表

在 Excel 2007 中，可以打印整个或部分工作表和工作簿，一次打印一个或一次打印几个。此外，如果要打印的数据在 Excel 表格中，可以只打印该 Excel 表格。在打印工作表之前对工作表的格式和页面布局进行调整，或者采取措施避免常见的打印问题，可以节省时间和纸张。

1. 页面设置

打印大量数据或多个图表的工作表之前，可以在"页面布局"视图中快速对其进行设置，以获得专业的外观效果。如同在"普通"视图中一样，可以更改数据的布局和格式。但除此之外，还可以使用标尺测量数据的宽度和高度，更改页面方向，添加或更改页眉和页脚，设置打印边距，隐藏或显示网格线、行标题和列标题以及指定缩放选项。当在"页面布局"视图中完成工作后，可以返回至"普通"视图。

（1）使用标尺。

在"页面布局"视图中，Excel 提供了一个水平标尺和一个垂直标尺，可以精确测量单元格、区域、对象和页边距。标尺可以帮助定位对象，并直接在工作表上查看或编辑页边距。

默认情况下，标尺显示"控制面板"的区域设置中指定的默认单位，但是可以将单位更改为英寸、厘米或毫米。选定要更改的工作表，在"视图"选项卡的"工作簿视图"组中，单击"页面布局"按钮，如图 6-28 所示。然后单击 Office 按钮，在弹出的下拉列表中单击"Excel 选项"按钮，如图 6-29 所示。在"Excel 选项"对话框的"高级"类别中，就可以选择要在"标尺单位"列表中使用的单位，如图 6-30 所示。

图 6-28

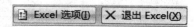

图 6-29

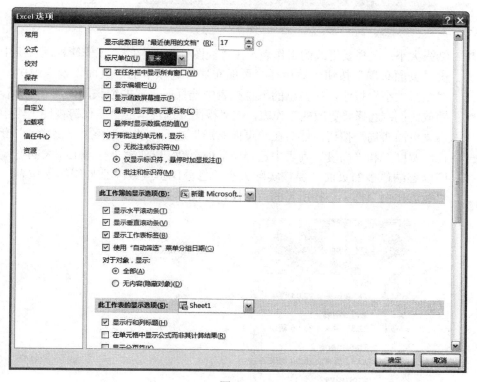

图 6-30

"页面布局"默认情况下显示标尺，不过，也可以轻松地隐藏标尺。只需在"视图"选项卡的"显示/隐藏"组中，取消选中"标尺"复选框以隐藏标尺，或者选中该复选框以显示标尺，如图 6-31 所示。

（2）页面设置。

为了使工作表具有良好的打印效果，可以根据实际需要对工作表进行相应的页面设置。页面设置主要包括设置工作表的纸张方向、纸张大小、缩放比例等。

图 6-31

● 纸张方向：选择要更改的工作表，在"视图"选项卡的"工作簿视图"组中，单击"页面布局"按钮。然后在"页面布局"选项卡的"页面设置"组中，单击"纸张方向"按钮，然后单击"纵向"或"横向"按钮，如图 6-32 所示。

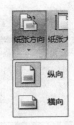

图 6-32

● 纸张大小：选择要更改的工作表，在"视图"选项卡的"工作簿视图"组中，单击"页面布局"按钮。然后在"页面布局"选项卡的"页面设置"组中，单击"纸张大小"按钮，在弹出的下拉列表中选择所需要的纸张，如图 6-33 所示。

● 缩放比例：选择要更改的工作表，在"视图"选项卡的"工作簿视图"组中，单击"页面布局"按钮。然后在"页面布局"选项卡的"调整为合适大小"组中，在"宽度"和"高度"列表中选择所需的页数，以便缩小打印工作表的宽度和高度以容纳最多的页面。要按实际大小的百分比扩大或缩小打印的工作表，可在"缩放比例"框中选择所需的百分比，如图 6-34 所示。

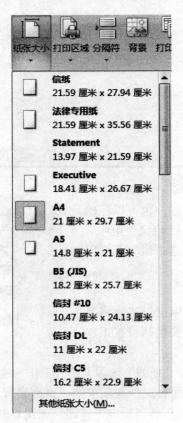

图 6-33

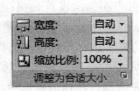

图 6-34

注意：要将打印的工作表缩放为其实际大小的一个百分比，最大宽度和高度必须设置为"自动"。

还可以通过"页面设置"对话框设置工作表的纸张方向、纸张大小、缩放比例等。只需在"页面布局"选项卡单击"页面设置"组右下方的对话框启动器按钮，弹出"页面设置"对话框，在"页面"选项卡中即可设置，如图 6-35 所示。

图 6-35

（3）设置页边距。

页边距是工作表数据与打印页面边缘之间的空白，可以根据自己的需要进行相应的设置。在页边距的可打印区域中，可以插入文字和图形，也可以将某些项放在页边距中，如页眉、页脚和页码。

要设置工作表的页边距，首先选择要设置的工作表，在"视图"选项卡的"工作簿视图"组中，单击"页面布局"按钮。然后在"页面布局"选项卡的"页面设置"组中，单击"页边距"按钮，选择"普通"、"窄"或"宽"选项，如图 6-36 所示。如果这三种选择不能满足需要的话，也可以执行"自定义边距"命令，然后在"页边距"选项卡中设置所需的边距大小，如图 6-37 所示。

还可以使用鼠标来更改页边距，具体操作方法如下：

● 要更改上边距或下边距，请在标尺中单击边距区域的上边框或下边框。当出现一个垂直双向箭头时，将边距拖至所需大小。

● 要更改右边距或左边距，请在标尺中单击边距区域的右边框或左边框。当出现一个水平双向箭头时，将边距拖至所需大小，如图 6-38 所示。

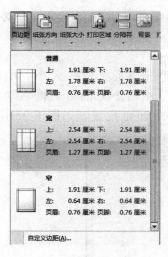

图 6-36

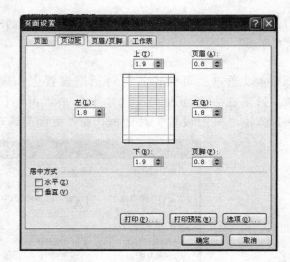

图 6-37

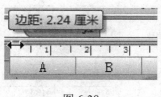

图 6-38

⚠ 注意：更改页边距时，页眉边距和页脚边距会自动调整。可以使用鼠标来更改页眉边距和页脚边距，在页面顶部的页眉区域或底部的页脚区域内单击，然后单击标尺，直到出现双向箭头，将边距拖至所需大小。

（4）设置页眉和页脚。

页眉和页脚分别位于打印页的顶端和底端，用来打印页号、表格名称、作者名称或时间等，设置的页眉和页脚不显示在普通视图中，只有在"页面布局"视图中可以看到，在打印时能被打印出来。

● 添加页眉和页脚：选择要设置的工作表，在"视图"选项卡的"工作簿视图"组中，单击"页面视图"按钮。光标指向工作表页面顶端的"单击可添加页眉"区域或工作表页面底端的"单击可添加页脚"区域，然后在左、中、右页眉或页脚文本框中单击，在文本框中输入页眉或页脚文本即可。要关闭页眉或页脚，单击工作表中的任意位置或按 Esc 键即可。

在"普通"视图状态下，在"插入"选项卡的"文本"组中，单击"页眉和页脚"按钮，Excel 将显示"页面布局"视图，将光标放在工作表页面顶部的页眉文本框中即可输入文本。

也可以使用"页眉和页脚工具"，在页眉和页脚区域添加页码、页数、当前日期、当前时间、文件路径、文件名、工作表名、图片等元素，如图 6-39 所示。

图 6-39

在"选项"组中，不同选项有着不同的作用：

- 勾选"奇偶页不同"复选框可指定奇数页与偶数页使用不同的页眉和页脚。
- 勾选"首页不同"复选框可从打印首页中删除页眉和页脚。
- 勾选"随文档一起缩放"复选框可指定页眉和页脚是否使用与工作表相同的字号和缩放。
- 勾选"与页边距对齐"复选框可确保页眉或页脚的边距与工作表的左右边距对齐。

- 设置页眉和页脚格式：在插入页眉和页脚后，为了使其达到更加美观的效果，还可以为其设置格式。设置页眉和页脚格式的方法与设置工作表中的普通文本相同。具体操作步骤为：选择页眉或页脚中的文本内容，切换至"开始"选项卡，为其设置所需要的字体格式。

- 删除页眉和页脚：使用"页眉和页脚工具"，在"设计"选项卡的"页眉和页脚"组中，单击"页眉"或"页脚"按钮，在下拉列表中选择"无"选项，页眉或页脚即被删除，如图 6-40 所示。

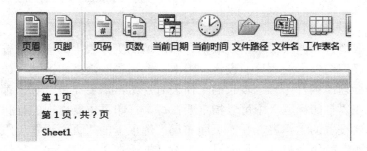

图 6-40

（5）设置工作表。

设置工作表包括设置工作表的打印区域、打印标题、打印顺序等，通过这些选项可以很好地控制打印。

- 工作表选项：在"页面布局"选项卡的"工作表选项"组中，"网格线"和"标题"两个选项均包含"查看"和"打印"两个复选框，如图 6-41 所示。
  - "标题"下的"查看"复选框，表示显示或隐藏行号和列标。

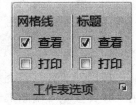

图 6-41

- ■ "标题"下的"打印"复选框，表示在打印工作表时包括（或不包括）行号和列标。
- ■ "网格线"下的"查看"复选框，表示显示或隐藏单元格网格线。
- ■ "网格线"下的"打印"复选框，表示在打印工作表时包括（或不包括）单元格网格线。
- ● 打印区域：是指不需要打印整个工作表时，打印的一个或多个单元格区域。如果工作表包含打印区域，则打印时只打印该打印区域中的内容。可以根据需要添加单元格以扩展打印区域，也可以取消打印区域以重新打印整个工作表。
  - ■ 设置打印区域：在工作表上，选择要定义为打印区域的单元格。在"页面布局"选项卡的"页面设置"组中，单击"打印区域"按钮，然后选择"设置打印区域"选项，如图 6-42 所示。
  - ■ 向现有打印区域添加单元格：在工作表上，选择要添加到现有打印区域的单元格。在"页面布局"选项卡的"页面设置"组中，单击"打印区域"按钮，然后选择"添加到打印区域"选项，如图 6-43 所示。

图 6-42

图 6-43

  - ■ 取消打印区域：单击要取消打印区域的工作表上的任意位置，在"页面布局"选项卡的"页面设置"组中，选择"取消打印区域"选项。
- ● 打印标题：当打印一个较长的工作表时，常常需要在每一页上都打印行或列标题。在"打印标题"中可以指定要在每个打印页重复出现的行和列。

  选择要设置的工作表，在"页面布局"选项卡的"页面设置"组中，单击"打印标题"按钮，打开"页面设置"对话框。在"打印标题"区域设置"顶端标题行"和"左端标题行"。只需单击右侧的按钮 进行单元格区域引用，以确定指定的标题行，也可以直接输入作为标题行的行号或列标，如图 6-44 所示。
- ● 打印顺序：当需要打印的工作表太大无法在一页中放下时，可以选择打印顺序。
  - ■ "先列后行"表示先打印每一页的左边部分，然后再打印右边部分。
  - ■ "先行后列"表示在打印下一页的左边部分之前，先打印本页的右边部分。

2. 分页预览

虽然对于许多准备打印数据的布局任务而言，"页面布局"视图不可或缺，但仍应使用"分页预览"视图来调整分页符，使用"打印预览"视图来查看数据在打印后的外观。

图 6-44

（1）设置分页符。

为了便于打印，将一张工作表分隔为多页的分隔符就是分页符。Excel 根据纸张的大小、页边距的设置、缩放选项和插入的任何手动分页符的位置来插入自动分页符。要打印所需的准确页数，可以使用"分页预览"视图来快速调整分页符。在此视图中，手动插入的分页符以实线显示。虚线指示 Excel 自动分页的位置。

"分页预览"视图对于查看做出的其他更改（如页面方向和格式更改）对自动分页的影响特别有用。例如，更改行高和列宽会影响自动分页符的位置。还可以对受当前打印机驱动程序的页边距设置影响的分页符进行更改。

要插入分页符，首先在"视图"选项卡的"工作簿视图"组中，单击"分页预览"按钮。要插入垂直或水平分页符，需要在要插入分页符的位置的下面或右边选中一行或一列，右击，然后在弹出的快捷菜单中选择"插入分页符"选项，如图 6-45 所示。

图 6-45

移动分页符，只需将其拖拽至新的位置。移动自动分页符会将其变为手动分页符。

删除手动分页符，只需将其拖拽至分页预览区域之外。如果要删除所有手动分页符，则需右击工作表上的任一单元格，然后选择快捷菜单上的"重设所有分页符"选项。

（2）打印预览。

选择要预览的工作表，单击 Office 按钮 ，单击"打印"按钮右侧的下三角按钮，然后选择"打印预览"选项，如图 6-46 所示。

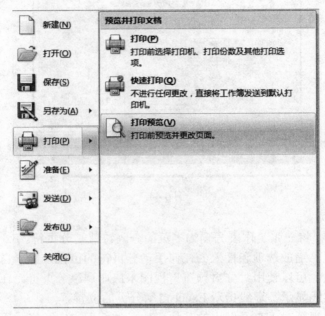

图 6-46

要预览下一页和上一页，在"打印预览"选项卡的"预览"组中，单击"下一页"和"上一页"按钮，如图 6-47 所示。

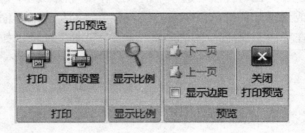

图 6-47

注意：仅当选择了多个工作表或工作表包含多个数据页时，"下一页"和"上一页"才可用。

要查看页边距，在"打印预览"选项卡的"预览"组中，勾选"显示边距"复选框。要更改边距，可将边距拖拽至所需的高度和宽度。还可以通过拖动打印预览页顶部的控点来更改列宽。要更改页面设置，在"打印预览"选项卡的"打印"组中单击"页面设置"按钮，然后在"页面设置"对话框的"页面"、"页边距"、"页眉/页脚"或"工作表"选项卡选择所需的选项即可。

3. 打印工作表

如果对"打印预览"窗口中的效果满意，则可以打印输出。

选择要打印的工作表，单击 Office 按钮，然后选择"打印"选项，打开"打印内容"对话框，如图 6-48 所示。

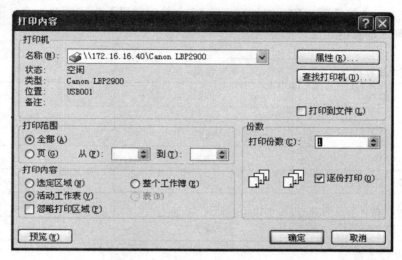

图 6-48

在"打印机"区域选择要使用的打印机。在"打印范围"区域指定打印的范围，选择全部或页码范围。在"打印内容"区域选择相应的选项来打印选定区域、活动工作表、多个工作表或整个工作簿。如果工作表已经定义了打印区域，Excel 将只打印该打印区域。如果不想打印定义的打印区域，则勾选"忽略打印区域"复选框。

要快速打印或在打印之前预览打印输出，可单击 Office 按钮，单击"打印"按钮右侧的下三角按钮，然后选择"快速打印"或"打印预览"选项。

6.2 公式的使用

公式是单元格中的一系列值、单元格引用、名称或运算符的组合，可生成新的值。是对工作表中的值执行计算的等式。公式始终以等号（=）开头。

使用常量和计算运算符可以创建简单公式。例如，公式"=6+7*3"，Excel 2007 遵循标准数学运算顺序，在这个示例中，将先执行乘法运算"7*3"，然后再将 6 添加到其结果中。

在公式中可以引用工作表单元格中的数据，例如，单元格引用 A5 返回该单元格的值或在计算中使用该值。

也可以使用函数创建公式。每个函数都有特定的参数语法。例如，公式"=SUM(A1:A2)"和"=SUM(A1,A2)"都使用 SUM 函数将单元格 A1 和 A2 中的值相加。

6.2.1　计算运算符和优先级

运算符用于指定要对公式中的元素执行的计算类型。计算时有一个默认的次序，但可以使用括号更改计算次序。

1. 运算符类型

计算运算符分为 4 种不同类型：算术、比较、文本连接和引用。

（1）算术运算符。

若要完成基本的数学运算（如加减乘除）、合并数字以及生成数值结果，请使用如表 6-1 所示的算术运算符。

表 6-1

算术运算符	含义	示例
+（加号）	加法	3+3
−（减号）	减法 负数	3−1 −1
*（星号）	乘法	3*3
/（正斜杠）	除法	3/3
%（百分号）	百分比	20%
^（脱字号）	乘方	3^2

（2）比较运算符。

可以使用表 6-2 所示的运算符比较两个值。当用运算符比较两个值时，结果为逻辑值 TRUE 或 FALSE。

表 6-2

比较运算符	含义	示例
=（等号）	等于	A1=B1
>（大于号）	大于	A1>B1
<（小于号）	小于	A1<B1
>=（大于等于号）	大于等于	A1>=B1
<=（小于等于号）	小于等于	A1<=B1
<>（不等号）	不等于	A1<>B1

（3）文本连接运算符。

可以使用与号（&）连接一个或多个文本字符串，以生成一段文本，如表 6-3 所示。

表 6-3

文本运算符	含义	示例
&（与号）	将两个文本值连接或串起来产生一个连续的文本值	("/n"&"/n")

（4）引用运算符。

可以使用如表 6-4 所示的运算符对单元格区域进行合并计算。

表 6-4

引用运算符	含义	示例
：（冒号）	区域运算符，生成对两个引用之间的所有单元格的引用，包括这两个引用	B5:B15
，（逗号）	联合运算符，将多个引用合并为一个引用	SUM(B5:B15,D5:D15)
（空格）	交叉运算符，生成对两个引用共同的单元格的引用	B7:D7 C6:C8

2. 公式运算的次序

在某些情况中，执行计算的次序会影响公式的返回值。因此，了解如何确定计算次序以及如何更改次序以获得所需结果非常重要。

（1）计算次序。

公式按特定次序计算值。Excel 中的公式始终以等号（=）开头，这个等号告诉 Excel 随后的字符组成一个公式。等号后面是要计算的元素（即操作数），各操作数之间由运算符分隔。Excel 按照公式中每个运算符的特定次序从左到右计算公式。

（2）运算符优先级。

如果一个公式中有若干个运算符，Excel 将按照表 6-5 中的次序进行计算。如果一个公式中的若干个运算符具有相同的优先顺序（例如，一个公式中既有乘号又有除号），Excel 将从左到右进行计算。

表 6-5

运算符	说明
：（冒号） （单个空格） ，（逗号）	引用运算符
－	负数（如–1）
%	百分比
^	乘方
*和/	乘和除
+和–	加和减
&	连接两个文本字符串（串连）
= <> <= >= <>	比较运算符

（3）使用括号。

若要更改求值的顺序，要将公式中先计算的部分用括号括起来。例如，"=6+7*3"，这个公式的结果是 27，因为 Excel 先进行乘法运算后再进行加法运算。将 7 与 3 相乘，然后再加上 6，即得到结果。但是，如果用括号对该语法进行更改，如"=(6+7)*3"，Excel 将先求出 6 加 7 之和，再用结果乘以 3 得 39。

6.2.2 创建公式

在工作表中，可以输入简单公式对两个或更多个数值进行加、减、乘、除运算。也可以输入一个使用函数的公式，快速计算一系列值，而不用手动在公式中输入其中任何一个值。一旦创建公式之后，就可以将公式填充到相邻的单元格内，无需再三创建同一公式。

1. 使用常量和计算运算符创建简单公式

常量是不用计算的值。例如，日期 2012-10-9、数字 150，以及文本"年销售量"，都是常量。表达式或由表达式得出的结果不是常量。如果在公式中使用常量而不是对单元格的引用，则只有在自己更改公式时其结果才会更改。而运算符用于指定要对公式中的元素执行的计算类型，可以指定运算的顺序。

单击需输入公式的单元格，输入=（等号）。若要输入公式，请执行下列操作之一，然后按 Enter 键。

- 输入要用于计算的常量和运算符，如表 6-6 所示。

表 6-6

示例公式	执行的计算
=5+2	5 加 2
=5–2	5 减 2
=5/2	5 除以 2
=5*2	5 乘以 2
=5^2	5 的 2 次方

- 单击包含要用于公式中的值的单元格，输入要使用的运算符，然后单击包含值的另一个单元格，如表 6-7 所示。

表 6-7

示例公式	执行的计算
=A1+A2	将 A1 与 A2 中的值相加
=A1–A2	将单元格 A1 中的值减去 A2 中的值
=A1/A2	将单元格 A1 中的值除以 A2 中的值
=A1*A2	将单元格 A1 中的值乘以单元格 A2 中的值
=A1^A2	以单元格 A1 中的值作为底数，以 A2 中所指定的指数值作为乘方

2. 使用单元格引用和名称创建公式

（1）引用的样式。

单元格引用是用于表示单元格在工作表上所处位置的坐标集。例如，显示在第 A 列和第 3 行交叉处的单元格，其引用形式为"A3"。引用的作用在于标识工作表上的单元格或单元格区域，并告知 Excel 在何处查找公式中所使用的数值或数据。通过引用，可以在一个公式中使用工作表不同部分中包含的数据，或者在多个公式中使用同一个单元格的数值。

默认情况下，Excel 使用 A1 引用样式，此样式引用字母标识列（从 A 到 XFD，共16384 列）以及数字标识行（从 1 到 1048576）。这些字母和数字被称为行号和列标。若要引用某个单元格，请输入后跟行号的列标，如表 6-8 所示。

表 6-8

若要引用	请使用
列 A 和行 10 交叉处的单元格	A10
在列 A 和行 10 到行 20 之间的单元格区域	A10:A20
在行 15 和列 B 到列 E 之间的单元格区域	B15:E15
行 5 中的全部单元格	5:5
行 5 到行 10 之间的全部单元格	5:10
列 H 中的全部单元格	H:H
列 H 到列 J 之间的全部单元格	H:J
列 A 到列 E 和行 10 到行 20 之间的单元格区域	A10:E20

（2）名称的类型。

名称是代表单元格、单元格区域、公式或常量值的单词或字符串。名称更易于理解，例如，"产品"可以引用难于理解的区域"Sales!C20:C30"。名称是一种有意义的简写形式，更便于了解单元格引用、常量、公式或表的用途，这些术语在最初都不易理解。表 6-9 所示信息说明名称的常见示例，以及它们如何帮助您更清楚地理解这些术语。

表 6-9

示例类型	不带名称的示例	带名称的示例
引用	=SUM(C20:C30)	=SUM(FirstQuarterSales)
常量	=PRODUCT(A5,8.3)	=PRODUCT(Price,WASalesTax)
公式	=SUM(VLOOKUP(A1,B1:F20,5,FALSE),—G5)	=SUM(Inventory_Level,—Order_Amt)
表	C4:G36	=TopSales06

名称的类型主要包括：

● 已定义名称：代表单元格、单元格区域、公式或常量值的名称。可以创建自己的已定义名称，Excel 有时（例如，设置打印区域时）也会创建已定义名称。

● 表名：Excel 表的名称，Excel 表是有关存储在记录（行）和字段（列）中特定对象的数据集。Excel 会在每次插入 Excel 表时创建一个默认的 Excel 表名，如Table1、Table2 等，也可以更改该名称，使其更有意义。

（3）创建和输入名称。

创建名称的方法主要有 3 种：

方法 1：使用编辑栏上的"名称"框。这最适用于为选定的区域创建工作簿级别的名称。

方法 2：从选定区域创建名称。可以使用工作表中选定的单元格根据现有的行和列标签方便地创建名称。

方法 3：使用"新建名称"对话框。希望更灵活地创建名称（如指定本地工作表级别的范围或创建名称批注）时，此方法最适合。

在默认状态下，名称使用绝对单元格引用，即公式中单元格的精确地址，与包含公式的单元格的位置无关。绝对引用采用的形式为A1。

输入名称的方法也有 3 种：

方法 1：输入。输入名称，例如，将名称作为公式的参数输入。

方法 2：使用公式记忆式输入。使用"公式记忆式输入"下拉列表，该列表中自动列出了有效的名称。

方法 3：从"用于公式"命令中选择。在"公式"选项卡的"已定义名称"组中，从"用于公式"命令的可用列表中选择已定义的名称。

（4）使用单元格引用和名称创建公式。

单击需输入公式的单元格，在编辑栏*fx*[ ]中，输入=（等号）。然后执行以下任一操作，按 Enter 键完成创建。

● 若要创建引用，先选择一个单元格、单元格区域或另一个工作表或工作簿中的位置，拖拽所选单元格的边框来移动选定区域，或者拖拽边框上的角来扩展选定区域，如图 6-49 所示。

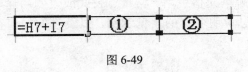

图 6-49

①单元格引用是 H7，为蓝色，单元格区域有一个带有方角的蓝色边框。
②单元格引用是 I7，为绿色，单元格区域有一个带有方角的绿色边框。

! 注意：如果彩色边框上没有方角，则引用命名区域。

● 若要输入一个对命名区域的引用，则按 F3 键，在"粘贴名称"对话框中选择名称，然后单击"确定"按钮。

示例公式	执行的计算
=C2	使用单元格 C2 中的值
=Sheet2!B2	使用 Sheet2 上单元格 B2 中的值
=资产-债务	从名为"资产"的单元格的值中减去名为"债务"的单元格的值

3. 使用函数创建公式

函数是预先编写的公式，可以对一个或多个值执行运算，并返回一个或多个值。函数可以简化和缩短工作表中的公式，尤其在用公式执行很长或复杂的计算时。

（1）函数的语法。

以图 6-50 所示的 ROUND 函数为例说明函数的语法。

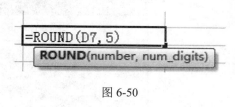

图 6-50

- 结构：函数的结构以等号（=）开始，后面紧跟函数名称和左括号，然后以逗号分隔输入该函数的参数，最后是右括号。
- 函数名称：如果要查看可用函数的列表，可单击一个单元格并按 Shift+F3 组合键。
- 参数：参数可以是数字、文本、TRUE 或 FALSE 等逻辑值、数组、错误值（如 "#N/A"）或单元格引用。指定的参数都必须为有效参数值。参数也可以是常量、公式或其他函数。
- 参数工具提示：在输入函数时，会出现一个带有语法和参数的工具提示。例如，输入 "=ROUND(" 时，工具提示就会出现。工具提示只在使用内置函数时出现。

（2）输入函数。

如果创建带函数的公式，"插入函数" 对话框则有助于输入工作表函数。在公式中输入函数时，"插入函数" 对话框将显示函数的名称、其各个参数、函数及其各个参数的说明、函数的当前结果以及整个公式的当前结果。

为了便于创建和编辑公式，同时尽可能减少输入和语法错误，可以使用公式记忆式输入。当输入=（等号）和开头的几个字母或显示触发字符之后，Excel 会在单元格的下方显示一个动态下拉列表，该列表中包含与这几个字母或该触发字符相匹配的有效函数、参数和名称。然后可以将该下拉列表中的一项插入公式中。

（3）使用函数创建公式。

单击需输入公式的单元格，若要使公式以函数开始，单击 "公式" 选项卡 "函数库" 组中的 "插入函数" 按钮，打开 "插入函数" 对话框，选择要使用的函数。也可以在 "搜索函数" 文本框中输入对需要解决的问题的说明（例如，输入 "数值相加" 将返回 SUM 函数），或者浏览 "或选择类别" 下拉列表框中的分类，如图 6-51 所示。

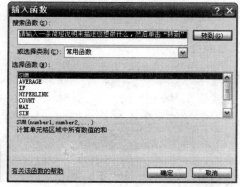

图 6-51

"确定"要使用的函数后，打开"函数参数"对话框，输入参数。若要将单元格引用作为参数输入，请单击"压缩对话框"按钮 以临时隐藏对话框，在工作表上选择单元格，然后单击"展开对话框"按钮 ，如图 6-52 所示。

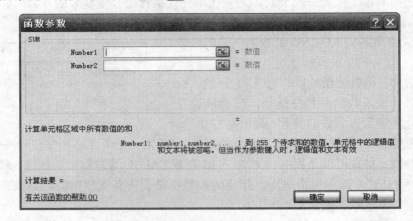

图 6-52

输入公式后，按 Enter 键，创建公式完成。

注意：要快速对数值进行汇总，也可以使用"自动求和"。选中单元格区域，在"开始"选项卡的"编辑"组中，单击"自动求和"按钮，然后选择所需的函数，如图 6-53 所示。

图 6-53

4. 使用公式编辑器创建公式

要在工作表上提供公式，也可以使用公式编辑器将公式作为对象来插入或编辑。生成公式的方法是从"公式"工具栏中选择符号并输入变量和数字。"公式"工具栏的最上面一行提供了 150 多种数学符号供选择。最下面一行提供了包含分数、积分以及求和等符号的各种模板或框架供选择。

（1）插入公式。

单击要插入公式的位置，在"插入"选项卡的"文本"组中，单击"对象"按钮，打开"对象"对话框，选择"新建"选项卡，如图 6-54 所示。

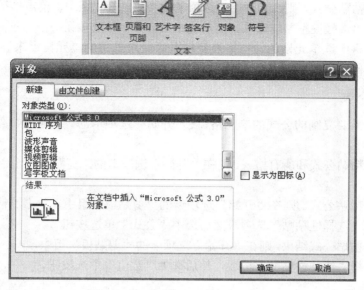

图 6-54

在"对象类型"框中，选择"Microsoft 公式 3.0"选项，然后单击"确定"按钮。打开"公式"工具栏，使用工具栏上的选项编辑公式，如图 6-55 所示。完成后，单击空单元格返回 Excel。

图 6-55

（2）编辑公式。

双击要编辑的公式对象，使用"公式"工具栏上的选项编辑公式。完成后，单击空单元格返回 Excel。

6.2.3 移动或复制公式

通过剪切和粘贴操作来移动公式，或者通过复制和粘贴操作来复制公式时，无论单元格引用是绝对引用还是相对引用，都要注意它们所发生的变化。

在移动公式时，无论使用哪种单元格引用，公式内的单元格引用不会更改。

在复制公式时，单元格引用会根据所用单元格引用的类型而变化。

1. 移动公式

选择包含要移动的公式的单元格，在"开始"选项卡的"剪贴板"组中，单击"剪切"按钮。

● 若要粘贴公式和所有格式，则在"开始"选项卡的"剪贴板"组中，单击"粘贴"按钮。

● 若只粘贴公式，则在"开始"选项卡的"剪贴板"组中，单击"粘贴"按钮，再
选择"选择性粘贴"选项，然后选中"公式"单选按钮。

也可通过将所选单元格的边框拖拽到粘贴区域左上角的单元格上来移动公式。这将
替换现有的任何数据。

2．复制公式

选择包含需要复制的公式的单元格，在"开始"选项卡的"剪贴板"组中，单击"复
制"按钮。

● 若要粘贴公式和所有格式，则在"开始"选项卡的"剪贴板"组中单击"粘贴"
按钮。
● 若只粘贴公式，则在"开始"选项卡的"剪贴板"组中，单击"粘贴"按钮，再
选择"选择性粘贴"选项，然后选中"公式"单选按钮。
● 若只粘贴公式结果，则在"开始"选项卡的"剪贴板"组中，单击"粘贴"按钮，
再选择"选择性粘贴"选项，然后选中"数值"单选按钮。

6.2.4 删除公式

删除公式时，该公式的结果值也会被删除。但是，可以改为仅删除公式，而保留单
元格中所显示的公式的结果值。

1．将公式与其结果值一起删除

选择包含公式的单元格或单元格区域，按 Delete 键即可删除。

2．删除公式而不删除其结果值

选择包含公式的单元格或单元格区域，在"开始"选项卡的"剪贴板"组中，单击
"复制"按钮 ⬛。然后在"开始"选项卡的"剪贴板"组中，单击"粘贴"按钮 ⬛，选
择"粘贴值"选项。

6.3 图表的使用

在 Excel 2007 中，只需在功能区上选择图表类型、图表布局和图表样式，便可很轻
松地创建具有专业外观的图表。如果将喜欢的图表作为图表模板保存，之后无论何时新
建图表，都可以轻松应用该模板，创建图表就更加容易了。

6.3.1 图表类型

Excel 2007 支持多种类型的图表，可根据需要选择图表类型来显示数据。创建图表
或更改现有图表时，可以从许多图表类型及其子类型中进行选择。也可以通过在图表中
使用多种图表类型来创建组合图，如图 6-56 所示。

图 6-56

1. 柱形图

柱形图用于显示一段时间内的数据变化或显示各项之间的比较情况。在柱形图中，通常沿水平轴组织类别，沿垂直轴组织数值，如图 6-57 所示。

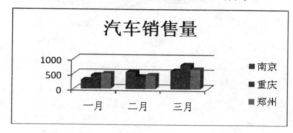

图 6-57

2. 折线图

折线图可以显示随时间而变化的连续数据，因此非常适用于显示在相等时间间隔下数据的趋势。在折线图中，类别数据沿水平轴均匀分布，所有值数据沿垂直轴均匀分布，如图 6-58 所示。如果分类标签是文本并且代表均匀分布的数值（如月、季度或财政年度），则应该使用折线图。当有多个系列时，尤其适合使用折线图。

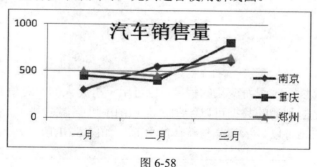

图 6-58

3. 饼图

饼图显示一个数据系列中各项的大小与各项总和的比例。饼图中的数据点显示为整个饼图的百分比，如图 6-59 所示。

在下述情况下常会使用饼图。
- 仅有一个要绘制的数据系列。
- 要绘制的数值没有负值。
- 要绘制的数值几乎没有零值。

- 类别数目不超过 7 个。
- 各类别分别代表整个饼图的一部分。

图 6-59

4. 条形图

条形图显示各个项目之间的比较情况。当轴标签过长或显示的数值是持续型时，可以使用条形图，如图 6-60 所示。

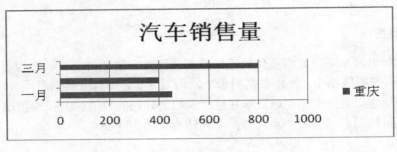

图 6-60

5. 面积图

面积图强调数量随时间而变化的程度，也可用于引起人们对总值趋势的注意。例如，表示随时间而变化的利润的数据可以绘制在面积图中以强调总利润。通过显示所绘制的值的总和，面积图还可以显示部分与整体的关系，如图 6-61 所示。

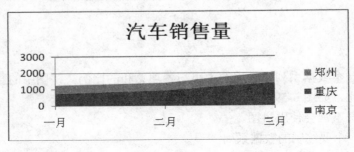

图 6-61

6. 散点图

散点图显示若干数据系列中各数值之间的关系，或者将两组数绘制为 xy 坐标的一个系列。散点图有两个数值轴，沿水平轴（x 轴）方向显示一组数值数据，沿垂直轴（y 轴）方向显示另一组数值数据。散点图将这些数值合并到单一数据点并以不均匀间隔或簇显示它们。散点图通常用于显示和比较数值，例如科学数据、统计数据和工程数据，如图 6-62 所示。

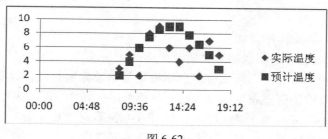

图 6-62

7. 其他图表

除了以上 6 种图表类型，Excel 2007 还提供了股价图、曲面图、圆环图、气泡图、雷达图等类型的图表，以满足不同的需要。

- 股价图：股价图经常用来显示股价的波动。然而，这种图表也可用于科学数据。例如，可以使用股价图来显示每天或每年温度的波动。必须按正确的顺序组织数据才能创建股价图。股价图数据在工作表中的组织方式非常重要。例如，要创建一个简单的盘高-盘低-收盘股价图，应根据盘高、盘低和收盘次序输入的列标题来排列数据。
- 曲面图：如果要找到两组数据之间的最佳组合，可以使用曲面图。就像在地形图中一样，颜色和图案表示具有相同数值范围的区域。当类别和数据系列都是数值时，可以使用曲面图。
- 圆环图：像饼图一样，圆环图显示各个部分与整体之间的关系，但是它可以包含多个数据系列。
- 气泡图：排列在工作表的列中的数据可以绘制在气泡图中。例如第一列中列出 x 值，在相邻列中列出相应的 y 值和气泡大小的值。
- 雷达图：雷达图可以用于比较若干数据系列的聚合值。

6.3.2 创建图表

要在 Excel 中创建可在以后进行修改并设置格式的基本图表，首先要在工作表中输入该图表的数据，然后，选择该数据并在功能区"插入"选项卡的"图表"组中选择要使用的图表类型即可。对于多数图表（如柱形图和条形图），可以将工作表的行或列中排列的数据绘制在图表中。但某些图表类型（如饼图和气泡图）则需要特定的数据排列方式。

1. 创建图表

在"插入"选项卡的"图表"组中，可以执行创建图表的操作，如图 6-63 所示。

图 6-63

创建图表的具体操作步骤如下：

（1）选择包含要用于图表的数据的单元格。

如果只选择一个单元格，则 Excel 自动将紧邻该单元格的包含数据的所有单元绘制在图表中。如果要绘制在图表中的单元格不在连续的区域中，那么只要选择的区域为矩形，便可以选择不相邻的单元格或区域。还可以隐藏不想绘制在图表中的行或列。如果要取消选择的单元格区域，单击工作表中的任意单元格即可。

（2）在"插入"选项卡的"图表"组中，选择图表类型，然后选择要使用的图表子类型，图表将作为嵌入图表出现在工作表上。

如果要查看所有可用图表类型，先选择图表类型，然后选择"所有图表类型"选项，弹出"插入图表"对话框，选择要使用的图表类型，如图 6-64 所示。

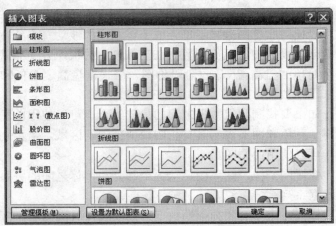

图 6-64

❗ 注意：当指针停留在任何图表类型或图表子类型上时，屏幕提示将显示图表类型的名称。

2. 移动图表

创建完图表后，如果要将图表放在单独的图表工作表中，则可以更改其位置。单击嵌入图表或图表工作表以选中该图表并显示图表工具。在"设计"选项卡的"位置"组中，单击"移动图表"按钮，打开"移动图表"对话框，如图 6-65 所示。

图 6-65

在"选择放置图表的位置"区域，若要将图表显示在图表工作表中，则选中"新工作表"单选按钮，如果要替换图表的建议名称，则可以在"新工作表"文本框中输入新的名称。若要将图表显示为工作表中的嵌入图表，则选中"对象位于"单选按钮，然后在"对象位于"文本框中选择工作表。

6.3.3　编辑图表

创建图表后，图表工具变为可用状态，显示"设计"、"布局"和"格式"选项卡。可以使用这些选项卡的命令修改图表，以使图表按照所需的方式表示数据。例如，可以使用"设计"选项卡按行或列显示数据系列，更改图表的源数据，更改图表的位置，更改图表类型，将图表保存为模板或选择预定义布局和格式选项。可以使用"布局"选项卡更改图表元素（如图表标题和数据标签）的显示，使用绘图工具或在图表上添加文本框和图片。可以使用"格式"选项卡添加填充颜色、更改线型或应用特殊效果。

1. 图表元素

图表中包含许多元素，如图 6-66 所示。默认情况下会显示其中一部分元素，而其他元素可以根据需要添加。通过将图表元素移到图表中的其他位置、调整图表元素的大小或者更改格式，可以更改图表元素的显示。还可以删除不希望显示的图表元素。

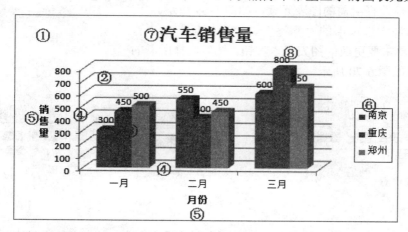

①图表的图表区　②图表的绘图区　③数据系列的数据点　④横（分类）和纵（分类）坐标轴
⑤横和纵坐标轴标题　⑥图表的图例　⑦图表标题　⑧数据标签

图 6-66

2. 更改图表的布局或样式

创建图表后，可以快速向图表应用预定义布局和样式来更改它的外观，而无需手动添加或更改图表元素或设置图表格式。Excel 2007 提供了多种有用的预定义布局和样式供选择，也可以通过手动更改各个图表元素的布局和样式来自定义布局或样式。

（1）应用预定义图表布局。

单击要使用预定义图表布局来设置其格式的图表，在"设计"选项卡的"图表布局"组中，选择要使用的图表布局。若要查看所有可用的布局，单击"更多"按钮即可，如图6-67所示。

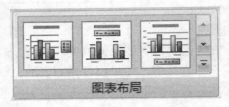

图 6-67

（2）应用预定义图表样式。

单击要使用预定义图表样式来设置其格式的图表，在"设计"选项卡的"图表样式"组中，选择要使用的图表样式。若要查看所有预定义图表样式，单击"更多"按钮即可，如图 6-68 所示。

图 6-68

（3）手动更改图表元素的布局。

单击要更改其布局的图表或图表元素，或者单击图表内的任意位置以显示"图表工具"，在"格式"选项卡的"当前所选内容"组中，单击"图表元素"文本框右侧的下三角按钮，选择所需的图表元素，如图6-69所示。

在"布局"选项卡的"标签"、"坐标轴"或"背景"组中，单击要更改的图表元素按钮，然后选择所需的布局选项，如图6-70所示。

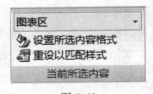

图 6-69

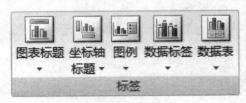  

图 6-70

⊙ 注意：选择的布局选项会应用到已经选定的图表元素。例如，选定整个图表，数据标签将应用到所有数据系列。如果选定单个数据点，则数据标签将只应用于选定的数据系列或数据点。

（4）手动更改图表元素的格式。

单击要更改其布局的图表或图表元素，或者单击图表内的任意位置以显示"图表工具"，在"格式"选项卡的"当前所选内容"组中，单击"图表元素"文本框右侧的下三角按钮，选择所需的图表元素。更改图表元素的格式既可以使用设置格式的对话框，也可以使用功能区上设置按钮。

方法 1：若要为选择的任意图表元素设置格式，可在"当前所选内容"组中选择"设置所选内容格式"选项，选择需要的格式选项。

例如，选择"水平（类别）轴"→"设置所选内容格式"选项，打开"设置坐标轴格式"对话框，可设置坐标轴的数字、填充、线条颜色、线型、阴影、三维格式、对齐方式等，如图 6-71 所示。

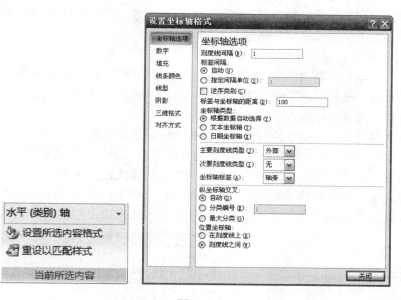

图 6-71

方法 2：在"格式"选项卡的"形状样式"组和"艺术字样式"组中设置图表元素的形状格式和文本格式，如图 6-72 所示。

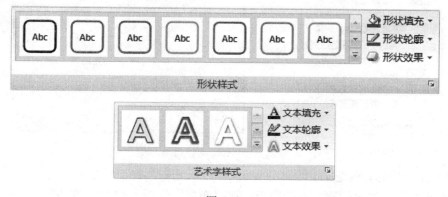

图 6-72

⚠ 注意：在应用艺术字样式后，则无法删除艺术字格式。如果不需要已经应用的艺术字样式，可以选择另一种艺术字样式，也可以选择"快速访问工具栏"上的"撤消"选项以恢复原来的文本格式。

方法 3：若要使用常规文本格式为图表元素中的文本设置格式，可以右击或选择该文本，然后在"浮动工具栏"上选择需要的格式选项。也可以使用功能区"开始"选项卡的"字体"组上的格式设置按钮。

3. 添加或删除标题

为了使图表更易于理解，可以添加标题、图表标题和坐标轴标题。坐标轴标题通常可用于能够在图表中显示的所有坐标轴，包括三维图表中的竖（系列）坐标轴。有些图表类型（如雷达图）有坐标轴，但不能显示坐标轴标题。没有坐标轴的图表类型（如饼图和圆环图）也不能显示坐标轴标题。

（1）添加图表标题。

单击要为其添加标题的图表，在"布局"选项卡的"标签"组中，单击"图表标题"按钮，选择"居中覆盖标题"或"图表上方"选项，如图 6-73 所示。然后在图表中显示的"图表标题"文本框中输入所需的文本。

若要插入换行符，单击要换行的位置，将光标置于该位置，然后按 Enter 键即可。

若要设置文本的格式，先选择文本，然后在"浮动工具栏"上选择所需的格式选项。也可以使用功能区"开始"选项卡的"字体"组上的格式设置按钮。

若要设置整个标题的格式，可以右击该标题，选择"设置图表标题格式"选项，在弹出的"设置图表标题格式"对话框中选择所需的格式选项，如图 6-74 所示。

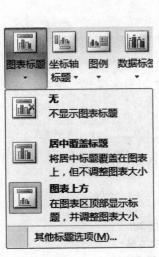

图 6-73

图 6-74

（2）添加坐标轴标题。

单击要为其添加坐标轴标题的图表，在"布局"选项卡的"标签"组中，单击"坐标轴标题"右侧的下三角按钮。若要向主要横（分类）坐标轴添加标题，选择"主要横坐标轴标题"选项，然后选择所需的选项；向主要纵（值）坐标轴、竖（系列）坐标轴添加标题使用同样的方法，如图 6-75 所示。然后在图表中显示的"坐标轴标题"文本框中，输入所需的文本。设置坐标轴标题文本的方法与设置图表标题文本的方法相同。

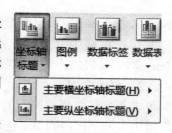

图 6-75

🛈 **注意：** 此选项仅在所选图表是真正的三维图表（如三维柱形图）时才可用。

（3）删除标题。

单击图表，在"布局"选项卡的"标签"组中，单击"图表标题"或"坐标轴标题"按钮的下拉列表按钮，然后选择"无"选项。若要快速删除标题或数据标签，先选中，然后按 Delete 键即可。

4. 添加或删除数据标签

要快速标识图表中的数据系列，可以向图表的数据点添加数据标签。默认情况下，数据标签将链接到工作表中的值，在对这些值进行更改时它们会自动更新。

（1）添加数据标签。

若要向所有数据系列的所有数据点添加数据标签，先选中图表区，在"布局"选项卡的"标签"组中，单击"数据标签"按钮，然后选择需显示的选项，如图 6-76 所示。

若要向一个数据系列的所有数据点添加数据标签，则需单击该数据系列中需要标签的任意位置。若要向一个数据系列中的单个数据点添加数据标签，则需单击包含要标记的数据点的数据系列，然后单击要标记的数据点。

设置数据标签文本的方法与设置图表标题文本的方法相同。

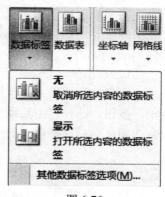

图 6-76

🛈 **注意：** 可用的数据标签选项因使用的图表类型而异。

（2）删除数据标签。

单击图表，在"布局"选项卡的"标签"组中，单击"数据标签"按钮，然后选择"无"选项。若要快速删除标题或数据标签，先选中，然后按 Delete 键。

5. 显示或隐藏图例

创建图表时，会显示图例，但可以在图表创建完毕后隐藏图例或更改图例的位置。

（1）隐藏图例。

单击要在其中隐藏图例的图表，在"布局"选项卡的"标签"组中，单击"图例"

按钮，然后选择"无"选项，如图 6-77 所示。要从图表中快速删除某个图例或图例项，可以选中该图例或图例项，然后按 Delete 键。还可以右击该图例或图例项，然后选择"删除"选项。

（2）更改图例。

单击要在其中更改图例的图表，在"布局"选项卡的"标签"组中，选择所需的显示选项。

设置图例文本的方法与设置图表标题文本的方法相同。

⚠ 注意：在选择其中一个显示选项时，该图例会发生移动，而且绘图区（在二维图表中，是指通过轴来界定的区域，包括所有数据系列。在三维图表中，同样是通过轴来界定的区域，包括所有数据系列、分类名、刻度线标志和坐标轴标题。）会自动调整以便为该图例腾出空间。如果是移动图例并设置其大小，则不会自动调整绘图区。

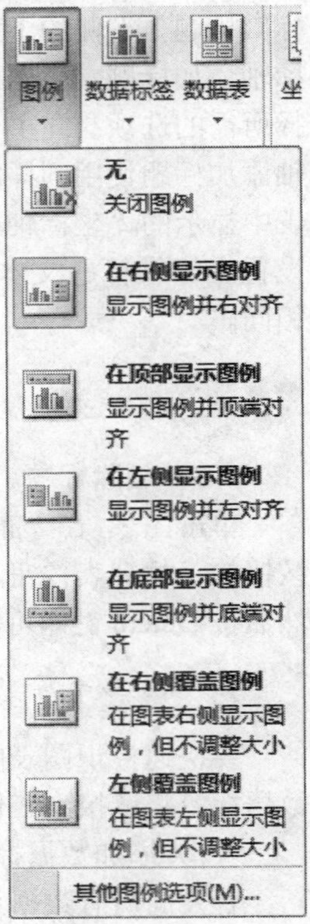

6. 显示或隐藏坐标轴

在创建图表时，会为大多数图表类型显示主要坐标轴。可以根据需要启用或禁用主要坐标轴。添加坐标轴时，可以指定想让坐标轴显示的信息的详细程度。创建三维图表时会显示竖坐标轴。

图 6-77

（1）显示坐标轴。

单击要显示或隐藏其坐标轴的图表，在"布局"选项卡的"坐标轴"组中，单击"坐标轴"按钮，选择"主要横坐标轴"、"主要纵坐标轴"或"竖坐标轴"（在三维图表中）选项，然后选择所需的坐标轴显示选项，如图 6-78 所示。

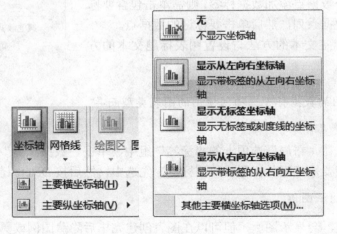

图 6-78

（2）隐藏坐标轴。

单击要显示或隐藏其坐标轴的图表，在"布局"选项卡的"坐标轴"组中，单击"坐标轴"按钮，选择"主要横坐标轴"、"主要纵坐标轴"或"竖坐标轴"（在三维图表中）选项，然后选择"无"选项。

（3）更改坐标轴。

单击要显示或隐藏其坐标轴的图表，在"布局"选项卡的"坐标轴"组中，单击"坐标轴"按钮，选择"主要横坐标轴"、"主要纵坐标轴"或"竖坐标轴"（在三维图表中）选项，然后选择"其他主要横坐标轴选项"、"其他主要纵坐标轴选项"或"其他竖坐标轴选项"，打开"设置坐标轴格式"对话框，如图 6-79 所示。

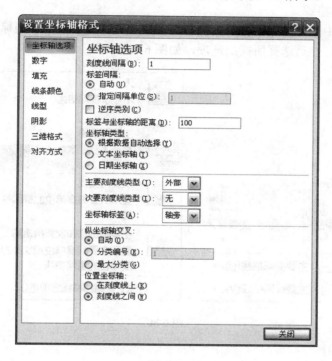

图 6-79

- 要更改刻度线之间的间隔，在"刻度线间隔"文本框中输入所需的数字即可。
- 要更改轴标签之间的间隔，在"标签间隔"下选中"指定间隔单位"单选按钮，然后在文本框中输入所需的数字。
- 要更改轴标签的位置，在"标签与坐标轴的距离"文本框中输入所需的数字即可。
- 要颠倒分类的次序，则选中"逆序类别"复选框。
- 要将坐标轴类型更改为文本或日期坐标轴，先在"坐标轴类型"下选中"文本坐标轴"或"日期坐标轴"单选按钮，然后选择适当的选项。文本和数据点均匀分布在文本坐标轴上。而日期坐标轴会按照时间顺序以特定的间隔或基本单位（如日、月、年）显示日期，即使工作表上的日期没有按顺序或者相同的基本单位显示。
- 要更改轴刻度线和标签的位置，则在"主要刻度线类型"、"次要刻度线类型"和"坐标轴标签"下拉列表框中选择所需的选项。

- 要更改垂直（数值）轴与水平(类别)轴的交叉位置，先在"纵坐标轴交叉"下选中"分类编号"单选按钮，然后在文本框中输入所需的数字，或选中"最大分类"单选按钮来指定在 x 轴上最后分类之后垂直（数值）轴与水平(类别)轴交叉。

7. 显示或隐藏网格线

为了使图表更易于理解，可以在图表的绘图区显示或隐藏从任何横坐标轴和纵坐标轴延伸出的水平和垂直图表网格线。

（1）添加网格线。

单击要向其中添加图表网格线的图表，在"布局"选项卡的"坐标轴"组中，单击"网格线"按钮，然后选择所需的选项，如图 6-80 所示。

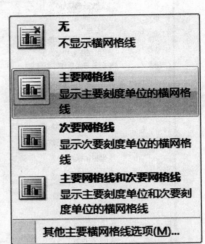

图 6-80

（2）隐藏网格线。

单击要隐藏图表网格线的图表，在"布局"选项卡的"坐标轴"组中，单击"网格线"按钮，选择"主要横网格线"、"主要纵网格线"或"竖网格线"（三维图表上）选项，然后选择"无"选项。

若要快速删除图表网格线，先选中，然后按 Delete 键。

8. 调整图表的大小

单击图表，然后拖拽尺寸控制点，将其调整为所需大小。也可以在"格式"选项卡下"大小"组中的"高度"和"宽度"框中输入大小，如图 6-81 所示。

若要获得更多调整大小的选项，可在"格式"选项卡的"大小"组中单击对话框启动器按钮。在"大小和属性"对话框的"大小"选项卡下，可以选择用来调整图表大小、旋转或缩放图表的选项，如图 6-82 所示。在"属性"选项卡下，可以指定所希望的图表与工作表上的单元格一同移动或调整大小的方式。

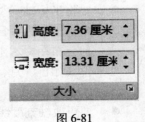

图 6-81

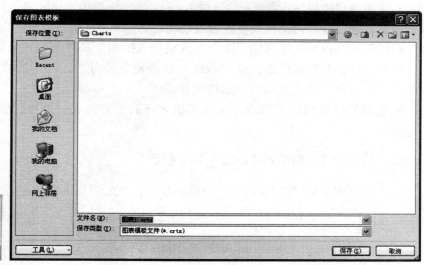

图 6-82

9. 将图表另存为图表模板

单击要另存为模板的图表。在"设计"选项卡的"类型"组中，单击"另存为模板"按钮，打开"保存图标模板"对话框，如图 6-83 所示，在"保存位置"文本框中，确保"图表"文件夹已选中。在"文件名"文本框中，输入适当的图表模板名称。再创建新图表或要更改现有图表的图表类型时，就可以应用新的图表模板。

图 6-83

Ⅱ. 试题汇编

6.1　第 1 题

【操作要求】

在电子表格软件中打开文件 A6.xlsx，并按下列要求进行操作。

一、设置工作表及表格，结果如【样文 6-1A】所示

1. 设置工作表行、列：
- 将"国有企业"一行与"重工业"一行位置互换。
- 删除"6 月份"左侧的一列（空列）。
- 调整表格中第一列的宽度为 18.50。

2. 设置单元格格式：
- 将单元格区域 B2:F2 合并后居中。设置字体为华文仿宋，字号为 18，字形为加粗，字体颜色为红色。设置黄色的底纹。
- 将单元格区域 B3:F3 的字体设置为黑体。设置金色（RGB：255，204，0）的底纹。
- 将单元格区域 B4:B11 的字体设置为黑体。设置浅蓝色的底纹。
- 设置单元格区域 C4:F11 的字形为加粗。设置浅绿色的底纹。
- 设置单元格区域 C3:F11 的对齐方式为水平居中。

3. 设置表格边框线：将单元格区域 B3:F11 的上边框线设置为黑色的粗实线，其余边框线设置为细实线，内部框线设置为点划线。

4. 插入批注：为表格标题（B2）单元格插入批注"2007 年呈上升趋势"。

5. 重命名并复制工作表：将 Sheet1 工作表重命名为"北京市 2007 年主要经济指标快报"，并将此工作表复制到 Sheet2 工作表中。

6. 设置打印标题：在 Sheet2 工作表第 8 行的上方插入分页符。设置表格标题为打印标题。

二、建立公式，结果如【样文 6-1B】所示

在"北京市 2007 年主要经济指标快报"工作表的表格下方建立公式：

$$\overline{y} = \frac{\sum n}{\sum \dfrac{n}{y}}$$

三、建立图表，结果如【样文 6-1C】所示

使用"北京市 2007 年主要经济指标快报"工作表中的数据在 Sheet3 工作表中创建一个数据点折线图，并对图表进行修饰。

【样文 6-1A】

北京市 2007 年主要经济指标快报				
项目	1 月份	4 月份	6 月份	8 月份
轻工业	12.85	15.75	17.58	18.23
重工业	43	50.12	52.25	54.36
国有企业	16.75	18.5	19.86	20.13
集体企业	3	3.5	3.83	3.95
股份制经济	13.89	20.05	20.3	21.63
外商及港澳台经济	21.75	28.73	32.56	35.68
其他经济类型	0.8	0.8	0.96	1.02
国有控股企业	40.5	42.25	43.29	49.5

【样文 6-1B】

$$\overline{y} = \frac{\sum n}{\sum \dfrac{n}{y}}$$

【样文 6-1C】

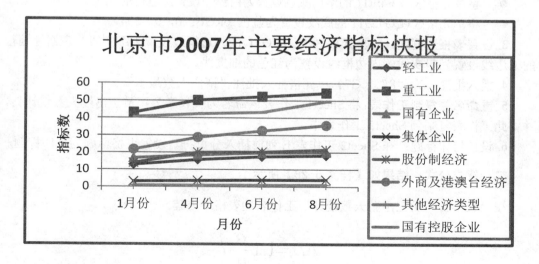

6.2　第 2 题

【操作要求】

在电子表格软件中打开文件 A6.xlsx，并按下列要求进行操作。

一、设置工作表及表格，结果如【样文 6-2A】所示

1. 设置工作表行、列：
- 在"出勤天数"一列的左侧插入一列并输入如【样文 6-2A】所示的内容。
- 将"CF01"一行移至"CF02"一行的上方。
- 分别调整"出勤天数、加班天数、请假天数"三列的宽度为 10.00。

2. 设置单元格格式：
- 将单元格区域 B2:G2 合并后居中。设置字体为楷体_GB2312，字号为 18，字形为加粗，字体颜色为蓝色（RGB：0，0，204）。设置金色（RGB：204，153，0）的底纹。
- 将单元格区域 B3:G3 的对齐方式设置为水平居中。设置字号为 14，字体颜色为深红。设置淡紫色（RGB：204，153，255）的底纹。
- 将单元格区域 B4:B11 的对齐方式设置为水平居中。字体颜色设置为蓝色。设置浅黄色（RGB：255，255，102）底纹。
- 将单元格区域 C4:D11 的字体设置为黑体。设置橙色（RGB：255，153，51）的底纹。
- 将单元格区域 E4:E11 的字体颜色设置为黄色。设置绿色的底纹。
- 将单元格区域 F4:F11 的字体颜色设置为白色。设置深蓝色的底纹。
- 将单元格区域 G4:G11 的底纹设置为蓝色（RGB：0，0，204）。

3. 设置表格边框线：将单元格区域 B3:G11 的外边框线设置为细实线，表格标题行的下边线设置为粗实线，内边框线设置为红色的细虚线。

4. 插入批注：为"8"（G7）单元格插入批注"请假天数最多"。

5. 重命名并复制工作表：将 Sheet1 工作表重命名为"长奉公司员工出勤天数统计"，并将此工作表复制到 Sheet2 工作表中。

6. 设置打印标题：在 Sheet2 工作表 E 列前插入分页符。设置表格标题为打印标题。

二、建立公式，结果如【样文 6-2B】所示

在"长奉公司员工出勤天数统计"工作表的表格下方建立公式：

$$\Delta L = 1.1 \frac{\alpha}{R_n} l$$

三、建立图表，结果如【样文 6-2C】所示

使用"长奉公司员工出勤天数统计"工作表中"姓名、出勤天数、加班天数、请假天数"四列的数据在 Sheet3 工作表中创建一个三维簇状柱形图，并对图表进行修饰。

【样文 6-2A】

编号	姓名	部门	出勤天数	加班天数	请假天数
			长奉公司 2007 年 6 月份员工出勤天数统计		
CF01	方小平	后勤部	20	6	
CF02	王浩	销售部	22	4	
CF03	王海扬	公关部	23	8	
CF04	陈洪法	设计部	21	7	
CF05	刘美	科研部	28	3	
CF06	尚上	服务部	25	2	
CF07	江丽	统计部	26	9	
CF08	董磊	销售部	28	6	

【样文 6-2B】

$$\Delta L = 1.1 \frac{\alpha}{R_n} l$$

【样文 6-2C】

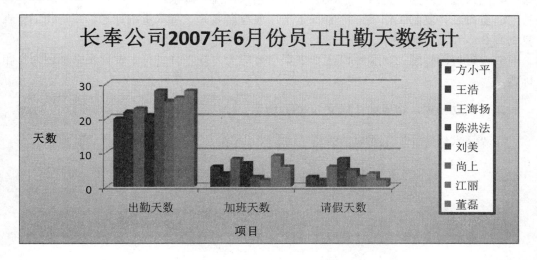

6.3　第 3 题

【操作要求】

在电子表格软件中打开文件 A6.xlsx，并按下列要求进行操作。

一、设置工作表及表格，结果如【样文 6-3A】所示

1. 设置工作表行、列：
- 将"哈尔滨"一行删除。
- 将"2003 年"一列与"2004 年"一列位置互换。
- 设置标题行的行高为 32。

2. 设置单元格格式：
- 将单元格区域 B2:G2 合并后居中。设置对齐方式为水平居中，垂直居中。并设置字体为方正舒体，字号为 16，字体颜色为红色。字形为加粗。设置浅绿色（RGB：153，255，204）的底纹。
- 将单元格区域 B3:B9 的对齐方式设置为水平居中。设置字体为华文行楷，字体颜色为深绿色（RGB：102，153，0），字号为 14。设置淡紫色（RGB：204，153，255）的底纹。
- 将单元格区域 C3:G9 的对齐方式设置为水平居中。设置字号为 14，字形为加粗，字体颜色为水绿色（RGB：0，255，255）。设置深蓝色的底纹。

3. 设置表格边框线：将单元格区域 B3:G9 的外边框线设置为橙色（RGB：255，102，0）的粗虚线，内边框线设置为浅黄色（RGB：255，255，102）的细实线。

4. 插入批注：为"重庆"（B6）单元格插入批注"降水量最大"。

5. 重命名并复制工作表：将 Sheet1 工作表重命名为"降水量统计"，并将此工作表复制到 Sheet2 工作表中。

6. 设置打印标题：在 Sheet2 工作表第 7 行的上方插入分页符。设置表格标题为打印标题。

二、建立公式，结果如【样文 6-3B】所示

在"降水量统计"工作表的表格下方建立公式：

$$TWP = \sum_i W_i P_i$$

三、建立图表，结果如【样文 6-3C】所示

使用"降水量统计"工作表中的数据在 Sheet3 工作表中创建一个三维折线图，并对图表进行修饰。

【样文 6-3A】

全国部分城市2003-2007年降水量分布表					
城市	2003年	2004年	2005年	2006年	2007年
长沙	650	630	590	570	540
南京	510	500	540	580	520
重庆	800	780	760	730	700
郑州	750	700	680	630	600
兰州	450	400	380	320	680
上海	850	800	750	730	700

【样文 6-3B】

$$TWP = \sum_i W_i P_i$$

【样文 6-3C】

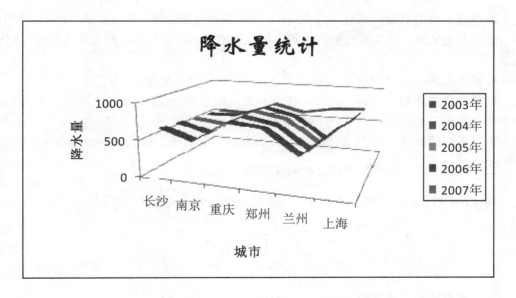

6.4　第 4 题

【操作要求】

在电子表格软件中打开文件 A6.xlsx，并按下列要求进行操作。

一、设置工作表及表格，结果如【样文 6-4A】所示

1. 设置工作表行、列：

● 　将"HH08"一行删除。

● 　在"姓名"一列后插入一列并输入如【样文 6-4A】所示的内容。

● 　将"HH05"一行移至"HH06"一行的上方。

2. 设置单元格格式：

● 　将单元格区域 B2:H2 合并后居中。设置字体为宋体，字号为 18，字形为倾斜，字体颜色为深绿色（RGB：0，102，0）。设置橙色的底纹。

● 　将单元格区域 B3:H3 的对齐方式设置为水平居中。设置字体为黑体。设置浅黄色（RGB：255，255，102）的底纹。

● 　将单元格区域 B4:D10 的对齐方式设置为水平居中。设置青绿色（RGB：51，204，255）底纹。

● 　将单元格区域 E4:H10 的对齐方式设置为水平居中。设置浅绿色（RGB：102，255，153）底纹。

3. 设置表格边框线： 将单元格 B3:H10 区域的上边框线设置为粉红色（RGB：255，0，102）的粗实线，其余各边框线设置为粉红色的细实线，内部边框设置为粉红色的点划线。

4. 插入批注： 为"3013"（H9）单元格插入批注"工资最高"。

5. 重命名并复制工作表： 将 Sheet1 工作表重命名为"HH 教职员工工资一览表"，并将此工作表复制到 Sheet2 工作表中。

6. 设置打印标题： 在 Sheet2 工作表 G 列前插入分页线。设置表格标题为打印标题。

二、建立公式，结果如【样文 6-4B】所示

在"HH 教职员工工资一览表"工作表的表格下方建立公式：

$$B = \int_0^\infty G df$$

三、建立图表，结果如【样文 6-4C】所示

使用"HH 教职员工工资一览表"工作表中"姓名"和"实发工资"两列数据在 Sheet3 工作表中创建一个复合饼图，并对图表进行修饰。

【样文 6-4A】

河海学院教职员工工资一览表						
编号	姓名	部门	基本工资	工龄工资	津贴	实发工资
HH01	王飞	教务处	1800	50	150	2000
HH02	陈瑚	后勤处	2000	55	250	2305
HH03	林风	办公室	2100	60	350	2510
HH04	赵亚	后勤处	2200	45	200	2445
HH05	何平	教研处	2500	50	180	2730
HH06	杨帅	教务处	2800	53	160	3013
HH07	张芷	保卫处	2300	28	130	2458

【样文 6-4B】

$$B = \int_0^\infty Gdf$$

【样文 6-4C】

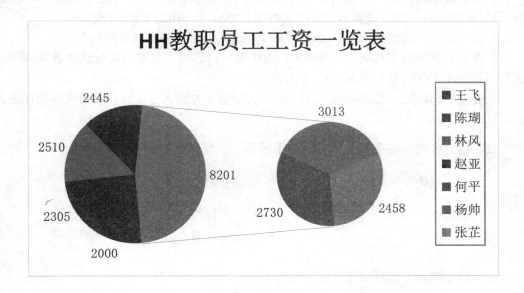

6.5 第 5 题

【操作要求】

在电子表格软件中打开文件 A6.xlsx，并按下列要求进行操作。

一、设置工作表及表格，结果如【样文 6-5A】所示

1. 设置工作表行、列：
- 将"测绘局"下方的一行（空行）删除。
- 调整"单位"一列的宽度为 12.88。调整"物业管理费"一列的宽度为 11.50。
- 将"广电大厦"一行移至"市第一医院"一行的上方。

2. 设置单元格格式：
- 将单元格区域 B2:G2 合并后居中。设置字体为隶书，字号为 20，字形为加粗，字体颜色为深绿色（RGB：0，102，0）。设置浅黄色（RGB：255，255，102）的底纹。
- 将单元格区域 B3:G10 的对齐方式设置为水平居中。设置字体为华文行楷，字号为 14，字体颜色为浅绿色（RGB：102，255，153）。设置紫色的底纹。

3. 设置表格边框线： 将单元格区域 B3:G10 的外边框线设置为绿色（RGB：0，255，0）的粗实线、内边框线设置为粉红色（RGB：255，0，102）的细虚线。

4. 插入批注： 为"金水区"（C6）单元格插入批注"各项费用最高"。

5. 重命名并复制工作表： 将 Sheet1 工作表重命名为"北京市部分辖区各项费用统计"，并将此工作表复制到 Sheet2 工作表中。

6. 设置打印标题： 在 Sheet2 工作表第 10 行的上方插入分页线。设置表格的标题为打印标题。

二、建立公式，结果如【样文 6-5B】所示

在"北京市部分辖区各项费用统计"工作表的表格下方建立公式：

$$J = \left| M_V \middle/ S_I \right|$$

三、建立图表，结果如【样文 6-5C】所示

使用"北京市部分辖区各项费用统计"工作表中的"单位"、"物业管理费"、"卫生费"、"水费"和"电费"五列数据，在 Sheet3 工作表中创建一个三维堆积面积图，并对图表进行修饰。

【样文 6-5A】

单位	辖区名	物业管理费	卫生费	水费	电费
			北京市部分辖区各项费用统计		
广电大厦	桥东区	2500	3000	3000	4000
市第一医院	海淀区	3000	3500	4000	4500
家俱广场	金水区	4000	4500	5000	5500
测绘局	中原区	2300	2200	2000	1800
邮政局	长城区	2000	2600	2400	2000
电信局	平安区	3200	3800	3600	4300
市实验小学	裕华区	1200	1800	2500	3000

【样文 6-5B】

$$J = \left| M_V \middle/ S_I \right|$$

【样文 6-5C】

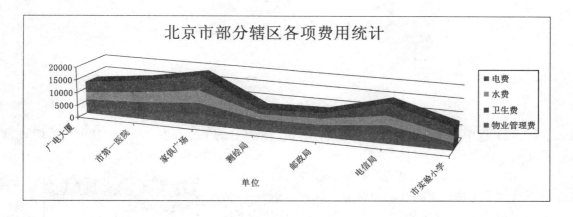

Ⅲ. 试题解答

6.1　第 1 题

单击 Office 按钮 ，选择"打开"选项，在"打开"对话框中，选取考生文件夹中的 A6.xlsx，单击"打开"按钮。

一、设置工作表及表格

1. 设置工作表行、列

（1）选中"重工业"所在的行，右击，在打开的下拉列表中执行"剪切"命令，如图 6-84 所示。

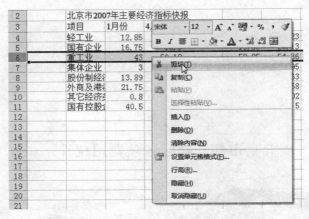

图 6-84

（2）选中"国有企业"所在的行，右击，在打开的下拉列表中执行"插入已剪切的单元格"命令。

（3）选中"6 月份"左侧的一列，右击，在打开的下拉列表中执行"删除"命令。

（4）选中表格中的第一列，右击，在打开的下拉列表中执行"列宽"命令。

（5）在"列宽"文本框中输入"18.5"，单击"确定"按钮，如图 6-85 所示。

图 6-85

2. 设置单元格格式

（1）选中单元格区域 B2:F2，单击"开始"选项卡中"对齐方式"组中的"合并后居中"按钮，如图 6-86 所示。

（2）在"字体"组中的"字体"下拉列表框中选择"华文仿宋"，在"字号"下拉列表框中选择"18"，字形选择"加粗"，在"颜色"下拉列表框中选择"红色"，在"填充颜色"下拉列表框中选择"黄色"，如图 6-87 所示。

图 6-86

图 6-87

（3）选中单元格区域 B3:F3，在"字体"下拉列表框中选择"黑体"，在"填充颜色"下拉列表框中选择"其他颜色"，打开"颜色"对话框，在"自定义"选项卡中输入 RGB 值（255，204，0），如图 6-88 所示。

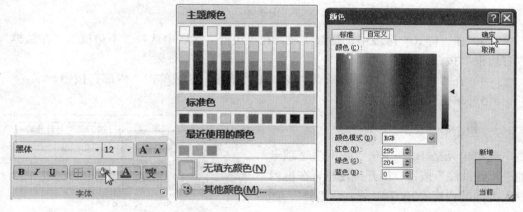

图 6-88

（4）选中单元格区域 B4:B11，在"字体"下拉列表框中选择"黑体"，在"填充颜色"下拉列表框选择浅蓝色。

（5）选中单元格区域 C4:F11，字形选择"加粗"，在"填充颜色"下拉列表框中选择浅绿色。

（6）选中单元格区域 C3:F11，单击"对齐方式"组的"居中"按钮，如图 6-89 所示。

图 6-89

3．设置表格边框线

（1）选中单元格区域 B3:F11，在"开始"选项卡的"字体"组中，单击右下角的对话框启动器按钮，打开"设置单元格格式"对话框。

（2）选择"边框"选项卡，在"样式"区域中选择粗实线，在"边框"区域中选择"上边框"按钮，在"颜色"区域中选择"黑色"，如图 6-90 所示。

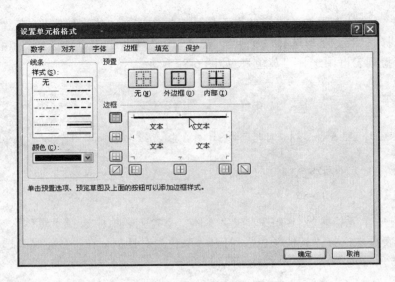

图 6-90

（3）在"样式"区域中选择细实线，在"边框"区域中选择"下边框"、"左边框"、"右边框"按钮。

（4）在"样式"区域中选择点划线，在"预置"区域单击"内部"按钮。

（5）单击"确定"按钮。

4．插入批注

选中单元格 B2，单击"审阅"选项卡的"新建批注"按钮，打开批注框，在框内输入批注的内容"2007 年呈上升趋势"，如图 6-91 所示。

图 6-91

5．重命名并复制工作表

（1）在 Sheet1 工作表标签上右击，在弹出的快捷菜单中选择"重命名"命令，此时 Sheet1 工作表标签呈反白显示，输入新的工作表名"北京市 2007 年主要经济指标快报"，如图 6-92 所示。

（2）选择当前工作表的任一单元格，按 Ctrl+A 组合键选中整个工作表，单击"剪贴板"组中的"复制"按钮，切换到 Sheet2 工作表，选中 A1 单元格，单击"剪贴板"组中的"粘贴"按钮，如图 6-93 所示。

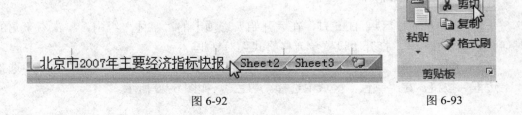

图 6-92

图 6-93

6. 设置打印标题

（1）在 Sheet2 工作表中选中第 8 行，在"页面布局"选项卡的"页面设置"组中单击"分隔符"按钮，在下拉列表中选择"插入分页符"选项，即可在该行的上方插入分页线，如图 6-94 所示。

（2）在"页面布局"选项卡的"页面设置"组中单击"打印标题"按钮，打开"页面设置"对话框，在"工作表"选项卡中，单击"打印标题"区域的"顶端标题行"后的折叠按钮，在工作表中选中表格的标题区域，单击"确定"按钮，如图 6-95 所示。

图 6-94

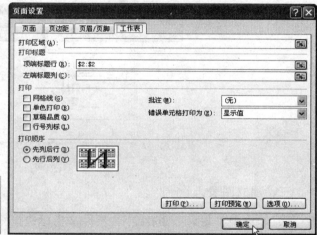

图 6-95

二、建立公式

（1）在"北京市 2007 年主要经济指标快报"工作表的表格下方选中任意单元格，单击"插入"选项卡的"文本"组中的"对象"按钮，如图 6-96 所示。打开"对象"对话框，选择"新建"选项卡，在"对象类型"列表中选择"Microsoft 公式 3.0"选项，单击"确定"按钮，如图 6-97 所示。

（2）工作表中出现"公式"工具栏，进入公式编辑状态，如图 6-98 所示。

（3）单击"底线和顶线模板"按钮 ▫ ▫，选择顶线，输入字母"Y"。

（4）输入"="。

（5）单击"分式和根式模板"按钮 ▮ √▮，选择分式。

（6）在分式上方文本框中，单击"求和模板"按钮 Σ▮ Σ▮，选择求和，输入字母"n"。

（7）在分式下方文本框中，单击"求和模板"按钮 Σ▮ Σ▮，选择求和。再单击"分式和根式模板"按钮 ▮ √▮，选择分式。输入字母"n"和"y"。

（8）在公式编辑区域外的任意位置单击，退出公式编辑区域。

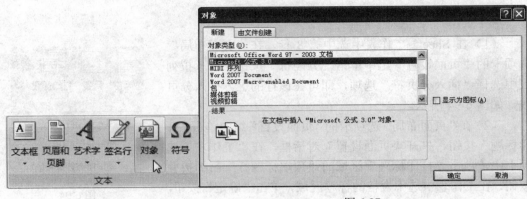

图 6-96   图 6-97

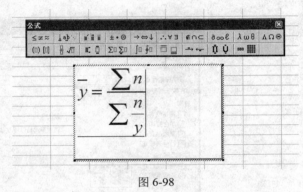

图 6-98

三、建立图表

（1）选中"北京市 2007 年主要经济指标快报"工作表中的数据，在"插入"选项卡"图表"组中单击"折线图"按钮，在下拉列表中选择"带数据标记的折线图"，生成基本图表，如图 6-99 所示。

（2）在"设计"选项卡"数据"组中单击"切换行/列"按钮，如图 6-100 所示。将图表调整为样文图表所示格式。

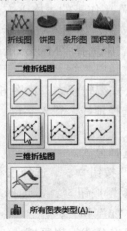   

图 6-99   图 6-100

（3）在"布局"选项卡"标签"组中单击"图表标题"按钮，在下拉列表中选择"图表上方"选项，如图 6-101 所示。在图表标题中输入"北京市 2007 年主要经济指标快报"。

（4）在"布局"选项卡"标签"组中单击"坐标轴标题"按钮，在下拉列表中选择"主要横坐标轴标题"选项，如图 6-102 所示。然后选择"坐标轴下方标题"选项，在图表标题中输入"月份"。同样方法添加"主要纵坐标轴标题"，输入"指标数"。

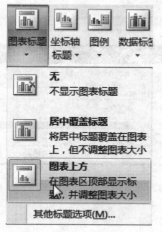

图 6-101

图 6-102

（5）在图表的图例位置右击，在弹出的快捷菜单中选择"设置图例格式"选项，打开"设置图例格式"对话框，如图 6-103 所示。在"边框颜色"和"边框样式"中按样文图表调整图例格式，单击"关闭"按钮，单击表格外的其他区域。

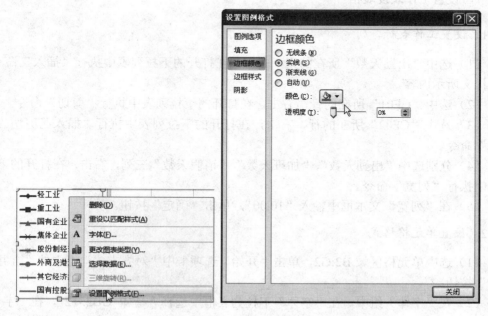

图 6-103

（6）在图表上右击，在弹出的快捷菜单中选择"移动图表"选项，在弹出的"移动图表"对话框中选择"对象位于 Sheet3"选项，单击"确定"按钮，如图 6-104 所示。

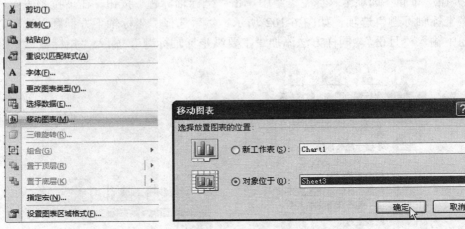

图 6-104

6.2　第 2 题

单击 Office 按钮，选择"打开"选项，在"打开"对话框中，选取考生文件夹中的 A6.xlsx，单击"打开"按钮。

一、设置工作表及表格

1．设置工作表行、列

（1）选中"出勤天数"所在的列，右击，在打开的下拉列表中执行"插入"命令，输入样文所示内容。

（2）选中"CF01"所在的行，右击，在打开的下拉列表中执行"剪切"命令。

（3）选中"CF02"所在的行，右击，在打开的下拉列表中执行"插入已剪切的单元格"命令。

（4）分别选中"出勤天数"、"加班天数"、"请假天数"三列，右击，在打开的下拉列表中执行"列宽"命令。

（5）在"列宽"文本框中输入"10.00"，单击"确定"按钮。

2．设置单元格格式

（1）选中单元格区域 B2:G2，单击"开始"选项卡中"对齐方式"组中的"合并后居中"按钮。

（2）在"字体"组中，在"字体"下拉列表框中选择"楷体_GB2312"，在"字号"下拉列表框中选择"18"，字形选择"加粗"，在"颜色"下拉列表框中选择"其他颜色"，打开"颜色"对话框，在"自定义"选项卡输入 RGB 值（0，0，204）。在"填充颜色"

下拉列表框中选择"其他颜色"，打开"颜色"对话框，在"自定义"选项卡中输入 RGB 值（204，153，0）。

（3）选中单元格区域"B3:G3"，单击"对齐方式"组的"居中"按钮。

（4）在"字体"组中，在"字号"下拉列表框中选择"14"，在"颜色"下拉列表框中选择深红色，在"填充颜色"下拉列表框中选择"其他颜色"，打开"颜色"对话框，在"自定义"选项卡中输入 RGB 值（204，153，255）。

（5）选中单元格区域 B4:B11，单击"对齐方式"组的"居中"按钮。

（6）在"字体"组中，在"颜色"下拉列表框中选择"蓝色"，在"填充颜色"下拉列表框中选择"其他颜色"，打开"颜色"对话框，在"自定义"选项卡中输入 RGB 值（255，255，102）。

（7）选中单元格区域 C4:D11，在"字体"下拉列表框中选择"黑体"，在"填充颜色"下拉列表框中选择"其他颜色"，打开"颜色"对话框，在"自定义"选项卡中输入 RGB 值（255，153，51）。

（8）选中单元格区域 E4:E11，在"颜色"下拉列表框中选择"黄色"，在"填充颜色"下拉列表框中选择"绿色"。

（9）选中单元格区域 F4:F11，在"颜色"下拉列表框中选择"白色"，在"填充颜色"下拉列表框中选择深蓝色。

（10）选中单元格区域 G4：G11，在"填充颜色"下拉列表框中选择"其他颜色"，打开"颜色"对话框，在"自定义"选项卡中输入 RGB 值（0，0，204）。

3．设置表格边框线

（1）选中单元格区域 B3:G11，在"开始"选项卡的"字体"组中，单击右下角的对话框启动器按钮，打开"设置单元格格式"对话框。

（2）选择"边框"选项卡，在"样式"区域中选择细实线，在"预置"区域单击"外边框"按钮。

（3）在"样式"区域中选择细虚线，在"颜色"区域中选择"红色"，在"预置"区域单击"内部"按钮，单击"确定"按钮。

（4）选择单元格 B2，打开"设置单元格格式"对话框，选择"边框"选项卡，在"样式"区域中选择粗实线，在"边框"区域中选择"下边框"按钮，单击"确定"按钮。

4．插入批注

选中单元格 G7，单击"审阅"选项卡的"新建批注"按钮，打开批注框，在框内输入批注的内容"请假天数最多"。

5．重命名并复制工作表

（1）在 Sheet1 工作表标签上右击，在弹出的快捷菜单中选择"重命名"选项，此时的 Sheet1 工作表标签呈反白显示，输入新的工作表名"长奉公司员工出勤天数统计"。

（2）选择当前工作表的任一单元格，按 Ctrl+A 组合键选中整个工作表，单击"剪贴板"组中的"复制"按钮，切换到 Sheet2 工作表，选中 A1 单元格，单击"剪贴板"

组中的"粘贴"按钮。

6. 设置打印标题

（1）在 Sheet2 工作表中选中 E 列，在"页面布局"选项卡"页面设置"组中单击"分隔符"按钮，在弹出的下拉列表中选择"插入分页符"选项，即可在该列前插入分页线。

（2）在"页面布局"选项卡"页面设置"组中单击"打印标题"按钮，打开"页面设置"对话框，在"工作表"选项卡中，单击"打印标题"区域的"顶端标题行"后的折叠按钮，在工作表中选中表格的标题区域，单击"确定"按钮。

二、建立公式

（1）在"长奉公司员工出勤天数统计"工作表的表格下方选中任意单元格，单击"插入"选项卡"文本"组中的"对象"按钮，打开"对象"对话框，选择"新建"选项卡，在"对象类型"列表中选择"Microsoft 公式 3.0"选项，单击"确定"按钮。

（2）工作表中出现"公式"工具栏，进入公式编辑状态。

（3）单击"希腊字母（大写）"按钮，输入符号"Δ"。

（4）输入字母"L"，输入"="，输入"1.1"。

（5）单击"分式和根式模板"按钮，选择分式。

（6）在分式上方文本框中，输入字母"α"。

（7）在分式下方文本框中，输入字母"R"。再单击"下标和上标模板"按钮，选择右侧下标，输入字母"n"。

（8）在公式编辑区域外的任意位置单击。

三、建立图表

（1）选中"长奉公司员工出勤天数统计"工作表中"姓名"、"出勤天数"、"加班天数"、"请假天数"四列数据，在"插入"选项卡"图表"组中单击"柱形图"按钮，在下拉列表中选择"三维簇状柱形图"，生成基本图表。

（2）在"设计"选项卡"数据"组中单击"切换行/列"按钮，将图表调整为样文图表所示格式。

（3）在"布局"选项卡"标签"组中单击"图表标题"按钮，在下拉列表中选择"图表上方"选项，在图表标题中输入"长奉公司 2007 年 6 月份员工出勤天数统计"。

（4）在"布局"选项卡"标签"组中单击"坐标轴标题"按钮，在下拉列表中选择"主要横坐标轴标题"选项，然后选择"坐标轴下方标题"选项，在图表标题中输入"项目"。同样方法添加"主要纵坐标轴标题"，输入"天数"。

（5）在图表的图例位置右击，在弹出的快捷菜单中选择"设置图例格式"选项，打开"设置图例格式"对话框，按样文图表调整图例格式，单击"关闭"按钮，再单击表格外的其他区域。

（6）在图表上右击，在弹出的快捷菜单中选择"移动图表"选项，在弹出的对话框中选择"对象位于 Sheet3"选项，单击"确定"按钮。

6.3　第 3 题

单击 Office 按钮 ，选择"打开"选项，在"打开"对话框中，选取考生文件夹中的 A6.xlsx，单击"打开"按钮。

一、设置工作表及表格

1．设置工作表行、列

（1）选中"哈尔滨"所在的行，右击，在打开的下拉列表中执行"删除"命令。

（2）选中"2003 年"所在的列，右击，在打开的下拉列表中执行"剪切"命令。

（3）选中"2004 年"所在的列，右击，在打开的下拉列表中执行"插入已剪切的单元格"命令。

（4）选中标题行，右击，在打开的下拉列表中执行"行高"命令。

（5）在"行高"文本框中输入"32"，单击"确定"按钮。

2．设置单元格格式

（1）选中单元格区域的 B2:G2，单击"开始"选项卡中"对齐方式"组中的"合并后居中"按钮。再单击"居中"按钮和"垂直居中"按钮。

（2）在"字体"组中，在"字体"下拉列表框中选择"方正舒体"，在"字号"下拉列表框中选择"16"，在"颜色"下拉列表框中选择"红色"，字形选择"加粗"，在"填充颜色"下拉列表框中选择"其他颜色"，打开"颜色"对话框，在"自定义"选项卡输入 RGB 值（153，255，204）。

（3）选中单元格区域 B3:B9，单击"对齐方式"组的"居中"按钮。

（4）在"字体"组中，在"字体"下拉列表框中选择"华文行楷"，在"字号"下拉列表框中选择"14"，在"颜色"下拉列表框中选择"其他颜色"，打开"颜色"对话框，在"自定义"选项卡输入 RGB 值（102，153，0）。在"填充颜色"下拉列表框中选择"其他颜色"，打开"颜色"对话框，在"自定义"选项卡输入 RGB 值（204，153，255）。

（5）选中单元格区域 C3:G9，单击"对齐方式"组的"居中"按钮。

（6）在"字体"组中，在"字号"下拉列表框中选择"14"，字形选择"加粗"，在"颜色"下拉列表框中选择"其他颜色"，打开"颜色"对话框，在"自定义"选项卡输入 RGB 值（0，255，255）。在"填充颜色"下拉列表框中选择深蓝色。

3．设置表格边框线

（1）选中单元格区域 B3:G9，在"开始"选项卡的"字体"组中，单击右下角的对话框启动器按钮 ，打开"设置单元格格式"对话框。

（2）选择"边框"选项卡，在"样式"区域中选择粗虚线，在"颜色"区域中选择"其他颜色"，打开"颜色"对话框，在"自定义"选项卡输入 RGB 值（255，102，0）。

在"预置"区域单击"外边框"按钮。

（3）在"样式"区域中选择细实线，在"颜色"区域中选择"其他颜色"，打开"颜色"对话框，在"自定义"选项卡输入 RGB 值（255，255，102）。在"预置"区域单击"内部"按钮，单击"确定"按钮。

4. 插入批注

选中单元格 B6，单击"审阅"选项卡的"新建批注"按钮，打开批注框，在框内输入批注的内容"降水量最大"。

5. 重命名并复制工作表

（1）在 Sheet1 工作表标签上右击，在弹出的快捷菜单中选择"重命名"选项，此时的 Sheet1 工作表标签呈反白显示，输入新的工作表名"降水量统计"。

（2）选择当前工作表的任一单元格，按 Ctrl+A 组合键选中整个工作表，单击"剪贴板"组中的"复制"按钮，切换到 Sheet2 工作表，选中 A1 单元格，单击"剪贴板"组中的"粘贴"。

6. 设置打印标题

（1）在 Sheet2 工作表中选中第 7 行，在"页面布局"选项卡"页面设置"组中单击"分隔符"按钮，在下拉列表中选择"插入分页符"选项，即可在该行的上方插入分页线。

（2）在"页面布局"选项卡的"页面设置"组中单击"打印标题"按钮，打开"页面设置"对话框，在"工作表"选项卡中，单击"打印标题"区域的"顶端标题行"后的折叠按钮，在工作表中选中表格的标题区域，单击"确定"按钮。

二、建立公式

（1）在"降水量统计"工作表的表格下方选中任意单元格，单击"插入"选项卡"文本"组中的"对象"按钮，打开"对象"对话框，选择"新建"选项卡，在"对象类型"列表中选择"Microsoft 公式 3.0"，单击"确定"按钮。

（2）工作表中出现"公式"工具栏，进入公式编辑状态。

（3）输入字母"TWP"，输入"="。

（4）单击"求和模板"按钮，按照样文选择符号，在Σ下方文本框中输入字母"i"，在Σ右侧文本框中输入字母"W"。

（5）单击"上标和下标模板"按钮，选择下标，输入字母"i"。

（6）输入字母"P"，单击"上标和下标模板"按钮，选择下标，输入字母"i"。

（7）在公式编辑区域外的任意位置单击。

三、建立图表

（1）选中"降水量统计"工作表中的数据，在"插入"选项卡的"图表"组中单击"折线图"按钮，在下拉列表中选择"三维折线图"选项，生成基本图表。

（2）在"布局"选项卡的"标签"组中单击"图表标题"按钮，在下拉列表中选择

"图表上方"选项，在图表标题中输入"降水量统计"。

（3）在"布局"选项卡的"标签"组中单击"坐标轴标题"按钮，在下拉列表中选择"主要横坐标轴标题"选项，然后选择"坐标轴下方标题"选项，在图表标题中输入"城市"。同样方法添加"主要纵坐标轴标题"，输入"降水量"。

（4）在图表的图例位置右击，在弹出的快捷菜单中选择"设置图例格式"选项，打开"设置图例格式"对话框，按样文图表调整图例格式，单击"关闭"按钮，单击表格外的其他区域。

（5）在图表上右击，在弹出的快捷菜单中选择"移动图表"选项，在弹出的对话框中选择"对象位于 Sheet3"选项，单击"确定"按钮。

6.4　第 4 题

单击 Office 按钮，选择"打开"选项，在"打开"对话框中，选取考生文件夹中的 A6.xlsx，单击"打开"按钮。

一、设置工作表及表格

1. 设置工作表行、列

（1）选中"HH08"所在的行，右击，在打开的下拉列表中执行"删除"命令。

（2）选中"姓名"所在的列，右击，在打开的下拉列表中执行"插入"命令，并输入如样文所示的内容。

（3）选中"HH05"所在的行，右击，在打开的下拉列表中执行"剪切"命令。

（4）选中"HH06"所在的行，右击，在打开的下拉列表中执行"插入已剪切的单元格"命令。

2. 设置单元格格式

（1）选中单元格区域 B2:H2，单击"开始"选项卡中"对齐方式"组中的"合并后居中"按钮。

（2）在"字体"组中，在"字体"下拉列表框中选择"宋体"，在"字号"下拉列表框中选择"18"，字形选择"倾斜"，在"颜色"下拉列表框中选择"其他颜色"，打开"颜色"对话框，在"自定义"选项卡输入 RGB 值（0，102，0）。在"填充颜色"下拉列表框中选择"橙色"。

（3）选中单元格区域 B3:H3，单击"对齐方式"组中的"居中"按钮。

（4）在"字体"组中，在"字体"下拉列表框中选择"黑体"，在"填充颜色"下拉列表框中选择"其他颜色"，打开"颜色"对话框，在"自定义"选项卡输入 RGB 值（255，255，102）。

（5）选中单元格区域 B4:D10，单击"对齐方式"组中的"居中"按钮。

（6）在"字体"组中，在"填充颜色"下拉列表框中选择"其他颜色"，打开"颜色"对话框，在"自定义"选项卡输入 RGB 值（51，204，255）。

（7）选中单元格区域 E4:H10，单击"对齐方式"组中的"居中"按钮。

（8）在"字体"组中，在"填充颜色"下拉列表框中选择"其他颜色"，打开"颜色"对话框，在"自定义"选项卡输入 RGB 值（102，255，153）。

3．设置表格边框线

（1）选中单元格区域 B3:H10，在"开始"选项卡的"字体"组中，单击右下角的对话框启动器按钮，打开"设置单元格格式"对话框。

（2）选择"边框"选项卡，在"样式"区域中选择粗实线，在"颜色"区域中选择"其他颜色"，打开"颜色"对话框，在"自定义"选项卡输入 RGB 值（255，0，102），在"边框"区域中选择"上边框"按钮。

（3）在"样式"区域中选择细实线，在"边框"区域中选择"下边框"、"左边框"和"右边框"按钮。

（4）在"样式"区域中选择点划线，在"预置"区域单击"内部"按钮，单击"确定"按钮。

4．插入批注

选中单元格 H9，单击"审阅"选项卡的"新建批注"按钮，打开批注框，在框内输入批注的内容"工资最高"。

5．重命名并复制工作表

（1）在 Sheet1 工作表标签上右击，在弹出的快捷菜单中执行"重命名"命令，此时的 Sheet1 工作表标签呈反白显示，输入新的工作表名"HH 教职员工工资一览表"。

（2）选择当前工作表的任一单元格，按 Ctrl+A 组合键选中整个工作表，单击"剪贴板"组中的"复制"按钮，切换到 Sheet2 工作表，选中 A1 单元格，单击"剪贴板"组中的"粘贴"按钮。

6．设置打印标题

（1）在 Sheet2 工作表中选中 G 列，在"页面布局"选项卡的"页面设置"组中单击"分隔符"按钮，在下拉列表中选择"插入分页符"选项，即可在该列前插入分页线。

（2）在"页面布局"选项卡的"页面设置"组中选择"打印标题"按钮，打开"页面设置"对话框，在"工作表"选项卡中，单击"打印标题"区域的"顶端标题行"后的折叠按钮，在工作表中选中表格的标题区域，单击"确定"按钮。

二、建立公式

（1）在"HH 教职员工工资一览表"工作表的表格下方选中任意单元格，单击"插入"选项卡的"文本"组中的"对象"按钮，打开"对象"对话框，选择"新建"选项卡，在"对象类型"列表中选择"Microsoft 公式 3.0"，单击"确定"按钮。

（2）工作表中出现"公式"工具栏，进入公式编辑状态。

（3）输入字母"B"，输入"="。

（4）单击"积分模板"按钮，选择积分符号。

（5）按照样文，在三个文本框中分别输入"∞"、"0"、"Gdf"。

（6）在公式编辑区域外的任意位置单击。

三、建立图表

（1）选中"HH 教职员工工资一览表"工作表中"姓名"和"实发工资"两列数据，在"插入"选项卡的"图表"组中单击"饼图"按钮，在下拉列表中选择"复合饼图"选项，生成基本图表。

（2）在"布局"选项卡的"标签"组中单击"图表标题"按钮，在下拉列表中选择"图表上方"选项，在图表标题中输入"HH 教职员工工资一览表"。

（3）在"布局"选项卡的"标签"组中单击"数据标签"按钮，在下拉列表中选择"数据标签外"选项。

（4）在图表的图例位置右击，在弹出的快捷菜单中选择"设置图例格式"选项，打开"设置图例格式"对话框，按样文图表调整图例格式，单击"关闭"按钮，再单击表格外的其他区域。

（5）在图表上右击，在弹出的快捷菜单中选择"移动图表"选项，在弹出的对话框中选择"对象位于 Sheet3"选项，单击"确定"按钮。

6.5　第 5 题

单击 Office 按钮，选择"打开"选项，在"打开"对话框中，选取考生文件夹中的 A6.xlsx，单击"打开"按钮。

一、设置工作表及表格

1. 设置工作表行、列

（1）选中"测绘局"下方的空行，右击，在打开的下拉列表中执行"删除"命令。

（2）选中"单位"列，右击，在打开的下拉列表中执行"列宽"命令。

（3）在"列宽"文本框中输入"12.88"，单击"确定"按钮。

（4）选中"物业管理费"列，右击，在打开的下拉列表中执行"列宽"命令。

（5）在"列宽"文本框中输入"11.50"，单击"确定"按钮。

（6）选中"广电大厦"所在的行，右击，在打开的下拉列表中执行"剪切"命令。

（7）选中"市第一医院"所在的行，右击，在打开的下拉列表中执行"插入已剪切的单元格"命令。

2. 设置单元格格式

（1）选中单元格区域 B2:G2，单击"开始"选项卡"对齐方式"组中的"合并后居中"按钮。

（2）在"字体"组中，在"字体"下拉列表框中选择"隶书"，在"字号"下拉列表框中选择"20"，字形选择"加粗"，在"颜色"下拉列表框中选择"其他颜色"，打开

"颜色"对话框，在"自定义"选项卡中输入 RGB 值（0，102，0）。在"填充颜色"下拉列表框中选择"其他颜色"，打开"颜色"对话框，在"自定义"选项卡中输入 RGB 值（255，255，102）。

（3）选中单元格区域 B3:G10，单击"对齐方式"组的"居中"按钮。

（4）在"字体"组中，在"字体"下拉列表框中选择"华文行楷"，在"字号"下拉列表框中选择"14"，在"颜色"下拉列表框中选择"其他颜色"，打开"颜色"对话框，在"自定义"选项卡中输入 RGB 值（102，255，153）。在"填充颜色"下拉列表框中选择"紫色"。

3．设置表格边框线

（1）选中单元格区域 B3:G10，在"开始"选项卡的"字体"组中，单击右下角的对话框启动器按钮◪，打开"设置单元格格式"对话框。

（2）选择"边框"选项卡，在"样式"区域中选择粗实线，在"颜色"区域中选择"其他颜色"，打开"颜色"对话框，在"自定义"选项卡中输入 RGB 值（0，255，0）。在"预置"区域单击"外边框"按钮。

（3）在"样式"区域中选择细虚线，在"颜色"区域中选择"其他颜色"，打开"颜色"对话框，在"自定义"选项卡中输入 RGB 值（255，0，102）。在"预置"区域单击"内部"按钮，单击"确定"按钮。

4．插入批注

选中单元格 C6，单击"审阅"选项卡中的"新建批注"按钮，打开批注框，在框内输入批注的内容"各项费用最高"。

5．重命名并复制工作表

（1）在 Sheet1 工作表标签上右击，在弹出的快捷菜单中选择"重命名"选项，此时的 Sheet1 工作表标签呈反白显示，输入新的工作表名"北京市部分辖区各项费用统计"。

（2）选择当前工作表的任一单元格，按 Ctrl+A 组合键选中整个工作表，单击"剪贴板"组中的"复制"按钮，切换到 Sheet2 工作表，选中 A1 单元格，单击"剪贴板"组中的"粘贴"按钮。

6．设置打印标题

（1）在 Sheet2 工作表中选中第 10 行，在"页面布局"选项卡的"页面设置"组中单击"分隔符"按钮，在下拉列表中选择"插入分页符"选项，即可在该列前插入分页线。

（2）在"页面布局"选项卡的"页面设置"组中单击"打印标题"按钮，打开"页面设置"对话框，在"工作表"选项卡中，单击"打印标题"区域的"顶端标题行"后的折叠按钮，在工作表中选中表格的标题区域，单击"确定"按钮。

二、建立公式

（1）在"北京市部分辖区各项费用统计"工作表的表格下方选中任意单元格，单击"插入"选项卡"文本"组中的"对象"按钮，打开"对象"对话框，选择"新建"选项卡，在"对象类型"列表中选择"Microsoft 公式 3.0"，单击"确定"按钮。

（2）工作表中出现"公式"工具栏，进入公式编辑状态。

（3）输入字母"J"，输入"="。

（4）单击"围栏模板"按钮，选择围栏符号。

（5）单击"分式和根式模板"按钮，选择分式符号。

（6）输入字母"M"，单击"下标和上标模板"按钮，选择下标，输入字母"v"。

（7）输入字母"S"，单击"下标和上标模板"按钮，选择下标，输入字母"I"。

（8）在公式编辑区域外的任意位置单击。

三、建立图表

（1）选中"北京市部分辖区各项费用统计"工作表中的"单位"、"物业管理费"、"卫生费"、"水费"和"电费"五列数据，在"插入"选项卡的"图表"组中单击"面积图"按钮，在下拉列表中选择"三维堆积面积图"选项，生成基本图表。

（2）在"布局"选项卡"标签"组中单击"图表标题"按钮，在下拉列表中选择"图表上方"选项，在图表标题中输入"北京市部分辖区各项费用统计"。

（3）在"布局"选项卡"标签"组中单击"坐标轴标题"按钮，在下拉列表中选择"主要横坐标轴标题"选项，然后选择"坐标轴下方标题"选项，在图表标题中输入"单位"。

（4）在图表的图例位置右击，在弹出的快捷菜单中选择"设置图例格式"选项，打开"设置图例格式"对话框，在"边框颜色"和"边框样式"中按样文图表调整图例格式，单击"关闭"按钮，再单击表格外的其他区域。

（5）在图表上右击，在弹出的快捷菜单中选择"移动图表"选项，在弹出的对话框中选择"对象位于 Sheet3"选项，单击"确定"按钮。

第 7 章　电子表格中的数据处理

Ⅰ.知识讲解

知识要点

● 数据处理与分析

● 数据透视表

评分细则

本章有 6 个评分点，每题 15 分。

评分点	分值	得分条件	判分要求
公式（函数）应用	2	公式或函数使用正确	以"编辑栏"中的显示判定
数据排序	2	使用数据完整，排序结果正确	须使用"排序"技能点
数据筛选	2	使用数据完整，筛选结果正确	须使用"筛选"技能点
数据合并计算	3	使用数据完整，计算结果正确	须使用"合并计算"技能点
数据分类汇总	3	使用数据完整，汇总结果正确	须使用"分类汇总"技能点
建立数据透视表	3	使用数据完整，选定字段正确	须使用"数据透视表"技能点

7.1　数据处理与分析

Excel 2007 提供了多种方法对数据进行分析和管理，可以对数据进行排序和筛选，也可以使用合并计算来汇总数据。

7.1.1　数据排序

对数据进行排序是数据分析不可缺少的组成部分，对数据进行排序有助于更直观地显示和理解数据，组织并查找所需数据，帮助人们最终做出更有效的决策。在 Excel 2007 中，可以对一列或多列中的数据按文本、数字以及日期和时间进行排序，下面主要介绍使用排序按钮和排序对话框对数据进行排序。

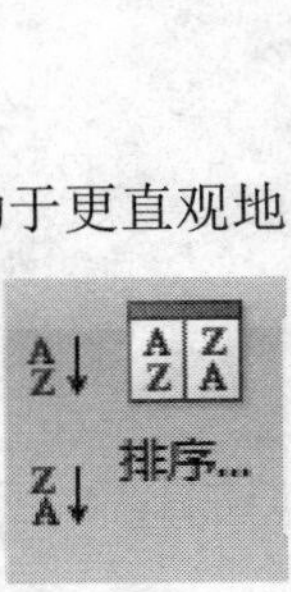

图 7-1

在"数据"选项卡的"排序和筛选"组中，可以执行数据排序的操作，如图 7-1 所示。

1. 使用排序按钮快速排序

在排序时，可以使用两个排序按钮 ↓ 和 ↓ 进行快速排序。

- 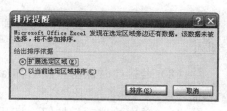 表示数据按递增顺序排列，使最小值位于列的顶端。
- 表示数据按递减顺序排列，使最大值位于列的顶端。

选择单元格区域中的一列数据，在"数据"选项卡的"排序和筛选"组中，根据需要单击"排序"按钮。在打开的"排序提醒"对话框中，选中"扩展选定区域"单选按钮，则整个单元格区域的内容都参加排序；选中"以当前选定区域排序"单选按钮，则只对该列数据进行排列，其他列的内容保持原始顺序，如图 7-2 所示。

图 7-2

2.　使用"排序"对话框进行排序

利用"排序"按钮排序虽然快捷方便，但是只能按某一字段名的内容进行排序，如果要按照两个或两个以上字段名进行排序，可以在"排序"对话框中进行。

选择单元格区域中的任一单元格，在"数据"选项卡的"排序和筛选"组中单击"排序"按钮，打开"排序"对话框，如图 7-3 所示。

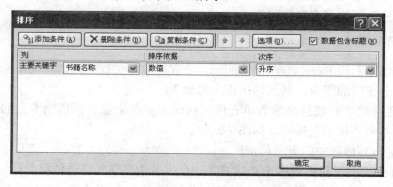

图 7-3

（1）在"列"区域，选择要排序的列。

（2）在"排序依据"区域，选择排序类型。若按文本、数值或日期和时间进行排序，则选择"数值"选项；若按格式进行排序，则选择"单元格颜色"、"字体颜色"或"单元格图标"选项。

（3）在"次序"区域，选择排序方式：

- 对于文本值、数值或日期和时间值，选择"升序"或"降序"选项。
- 若基于自定义序列进行排序，则选择"自定义序列"选项。
- 对于单元格颜色、字体颜色或单元格图标，选择"在顶端"或"在底端"选项。如果是按行进行排序，则选择"在左侧"或"在右侧"选项。

（4）若添加作为排序依据的另一列，则单击"添加条件"按钮，然后重复步骤（1）～（3）。

（5）若复制作为排序依据的列，先选中该条目，然后单击"复制条件"按钮。

（6）若删除作为排序依据的列，先选中该条目，然后单击"删除条件"按钮。

（7）若更改列的排序顺序，先选中一个条目，然后单击"上移"按钮⬆或"下移"按钮⬇更改顺序。

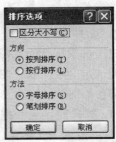

图 7-4

❗ 注意：列表中位置较高的条目在列表中位置较低的条目之前排序。

（8）若排序时保留字段名称行，则勾选"数据包含标题"复选框。

（9）单击"选项"按钮，打开"排序选项"对话框，可以选择"区分大小写"以及排序的方向、方法，如图 7-4 所示。

（10）设置好后，单击"确定"按钮，即可得到排序结果。

7.1.2　数据筛选

使用自动筛选来筛选数据，可以快速又方便地查找和使用单元格区域或表列中数据的子集。筛选过的数据仅显示那些满足指定条件的行，并隐藏那些不希望显示的行。筛选数据之后，对于筛选过的数据的子集，不需要重新排列或移动就可以复制、查找、编辑、设置格式、制作图表和打印。

1．自动筛选

自动筛选是利用 Excel 2007 提供的预定方式对数据进行筛选，"自动筛选"操作简单，可满足大部分使用的需要。其具体操作步骤如下：

（1）选择要进行数据筛选的单元格区域或表，在"数据"选项卡上的"排序和筛选"组中，单击"筛选"按钮，如图 7-5 所示。

（2）单击列标题中的下三角按钮▼。

（3）在弹出的下拉列表中选择或清除一个或多个要作为筛选依据的值。值列表最多可以达到 10000。如果值列表很大，则取消选中"(全选)"复选框，然后选择要作为筛选依据的值，如图 7-6 所示。

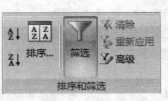

图 7-5

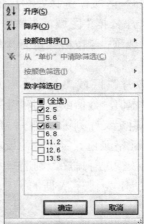

图 7-6

（4）单击"确定"按钮完成筛选。

注意：可以按多个列进行筛选。筛选器是累加的，这意味着每个追加的筛选器都基于当前筛选器，从而减少了数据的子集。

2. 自定义筛选

在使用"自动筛选"命令筛选数据时，还可以利用"自定义筛选"功能来限定一个或多个筛选条件，以便于将更接近条件的数据显示出来。

（1）选择要进行数据筛选的单元格区域或表，在"数据"选项卡上的"排序和筛选"组中，单击"筛选"按钮。

（2）单击列标题中的下三角按钮▼。

（3）指针指向"文本筛选"（或"数字筛选"、"日期筛选"）选项，然后选择一个比较运算符或"自定义筛选"选项，如图 7-7 所示。

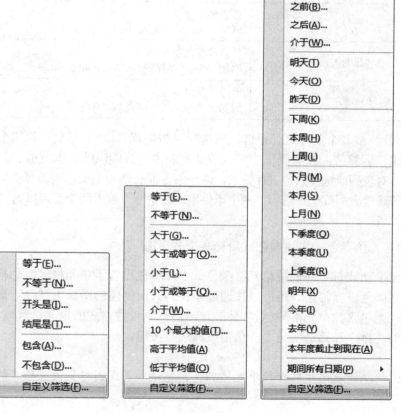

图 7-7

（4）在打开的"自定义自动筛选方式"对话框中，在左侧框中选择比较运算符，在右侧框中输入文本、数字、日期、时间或从列表中选择相应的文本或值，如图 7-8 所示。

图 7-8

如果需要查找某些字符相同但其他字符不同的值，则使用通配符，如表 7-1 所示。

表 7-1

请使用	若要查找
?（问号）	任意单个字符 例如，sm?th 可找到 smith 和 smyth
*（星号）	任意数量的字符 例如，*east 可找到 Northeast 和 Southeast
~（波形符）后跟?、*或~	问号、星号或波形符 例如，"fy06~?"可找到"fy06?"

（5）若要按多个条件进行筛选，可选择"与"或"或"，然后在第二个条目中的左侧框选择比较运算符，在右侧框中输入或从列表中选择相应的文本或值。

● 若对表列或选择内容进行筛选，两个条件都必须为 True，则选择"与"。
● 若筛选表列或选择内容，两个条件中的任意一个或者两个都可以为 True，则选择"或"。

3. 按单元格颜色、字体颜色或图标集进行筛选

如果已手动或有条件地按单元格颜色或字体颜色设置了单元格区域的格式，那么还可以按这些颜色进行筛选。还可以按通过条件格式所创建的图标集进行筛选。

选择一个包含按单元格颜色、字体颜色或图标集设置格式的单元格区域。在"数据"选项卡上的"排序和筛选"组中，单击"筛选"按钮。

🛈 注意：确保该表列中包含按单元格颜色、字体颜色或图标集设置格式的数据（不需要选择）。

单击列标题中的下三角按钮▼，选择"按颜色筛选"选项，然后根据格式类型选择"按单元格颜色筛选"、"按字体颜色筛选"或"按单元格图标筛选"选项。根据格式的类型，选择单元格颜色、字体颜色或单元格图标，如图 7-9 所示。

图 7-9

4. 按选定内容筛选

按选定内容筛选可以用等于活动单元格内容的条件快速筛选数据。

在单元格区域或表列中，右击包含要作为筛选依据的值、颜色、字体颜色或图标的单元格，选择"筛选"选项，如图 7-10 所示，然后执行下列操作之一。

● 若按文本、数字、日期或时间进行筛选，选择"按所选单元格的值筛选"选项。
● 若按单元格颜色进行筛选，选择"按所选单元格的颜色筛选"选项。
● 若按字体颜色进行筛选，选择"按所选单元格的字体颜色筛选"选项。
● 若按图标进行筛选，选择"按所选单元格的图标筛选"选项。

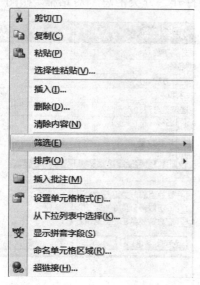
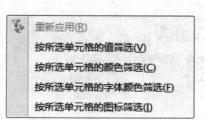

图 7-10

5．清除筛选

若在多列单元格区域或表中清除对某一列的筛选，可以
单击该列标题上的筛选按钮，然后选择"从 <Column
Name> 中清除筛选"选项。

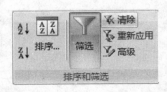

若清除工作表中的所有筛选并重新显示所有行，只需在
"数据"选项卡上的"排序和筛选"组中，单击"清除"按
钮，如图 7-11 所示。

图 7-11

7.1.3 数据分类汇总

在 Excel 2007 中，通过执行"数据"选项卡的"分级显示"组中的"分类汇总"命
令，可以自动计算列的列表中的分类汇总和总计。分类汇总的方式有求和、平均值、最
大值、最小值、偏差、方差等十多种，最常用的是对分类数据求和或求平均值。

分类汇总是通过SUBTOTAL函数利用汇总函数（例如，"求和"或"平均值"）计
算得到的。可以为每列显示多个汇总函数类型。"分类汇总"命令可以分级显示列表，
以便显示和隐藏每个分类汇总的明细行。

总计是从明细数据派生的，而不是从分类汇总中的值派生的。例如，使用"平均值"
汇总函数，则总计行将显示列表中所有明细行的平均值，而不是分类汇总行中的值的平
均值。

1．插入分类汇总

要在工作表上的数据列表中插入分类汇总，首先要确保每个列在第一行中都有标签，
并且每个列中都包含相似的事实数据，而且该区域没有空的行或列。

选择该区域中的某个单元格，首先对构成组的列排序。然后在"数据"选项卡上的
"分级显示"组中，单击"分类汇总"按钮，打开"分类汇总"对话框，如图 7-12 所示。

图 7-12

在"分类字段"下拉列表框中，选择要计算分类汇总的列。在"汇总方式"下拉列表框中，选择要用来计算分类汇总的汇总函数。在"选定汇总项"列表框中，对于包含要计算分类汇总的值的每个列，选中其复选框。如果想按每个分类汇总自动分页，需选中"每组数据分页"复选框。若要指定汇总行位于明细行的上面，需取消选中"汇总结果显示在数据下方"复选框。若要指定汇总行位于明细行的下面，需选中"汇总结果显示在数据下方"复选框。

重复以上步骤可以再次执行"分类汇总"命令，以便使用不同汇总函数添加更多分类汇总。若要避免覆盖现有分类汇总，需取消选中"替换当前分类汇总"复选框。

注意：若只显示分类汇总和总计的汇总，则单击行编号旁边的分级显示符号 1 2 3。使用 + 和 − 分级显示符号可以显示或隐藏单个分类汇总的明细行。

2. 删除分类汇总

删除分类汇总时，Excel 2007 还将删除与分类汇总一起插入列表中的分级显示和任何分页符。

单击列表中包含分类汇总的单元格，在"数据"选项卡的"分级显示"组中，单击"分类汇总"按钮，打开"分类汇总"对话框，单击"全部删除"按钮。

3. 分级显示数据列表

对工作表中的数据进行分类汇总后，将会使原来的工作表显得庞大，此时如果单独查看汇总数据或明细数据，最简单的方法就是利用 Excel 2007 提供的分级显示功能。

分级显示工作表数据，其中明细数据行或列进行了分组，以便能够创建汇总报表。在分级显示中，分级最多为八个级别，每组一级。每个内部级别显示前一外部级别的明细数据，其中内部级别由分级显示符号中的较大数字表示，外部级别由分级显示符号中的较小数字表示。使用分级显示可以汇总整个工作表或其中的一部分，可以快速显示摘要行或摘要列，或者显示每组的明细数据。

图 7-13 显示了一个按地理区域和月份分组的销售数据分级显示行，此分级显示行有多个摘要行和明细数据行。要显示某一级别的行，可单击分级显示符号 1 2 3。其中，第 1 级包含所有明细数据行的总销售额，第 2 级包含每个区域中每个月的总销售额，第 3 级包含明细数据行（当前仅显示第 11 个到第 13 个明细数据行）。要展开或折叠分级显示中的明细数据，可以单击 + 和 − 分级显示符号。

1 2 3		A	B	C
	1	地区	月份	销售额
+	4	东　部	四月汇总	11,034
+	7	东　部	五月汇总	11,075
+	10	西　部	四月汇总	9,643
	11	西　部	五月	3,036
	12	西　部	五月	7,113
	13	西　部	五月	8,751
−	14	西　部	五月汇总	18,900
−	15		全部销售额	652

图 7-13

（1）显示或隐藏分级显示。

在对数据进行分类汇总后，如果没有看到分级显示符号 1 2 3、+ 和 −，则单击 Office 按钮，单击"Excel 选项"按钮，选择"高级"分类，然后在"此工作表的显示选项"部分，选择工作表，然后选中"如果应用了分级显示，则显示分级显示符号"复选框，如图 7-14 所示。这样就可以通过单击分级显示符号 1 2 3 中的最大数字来显示所有数据。

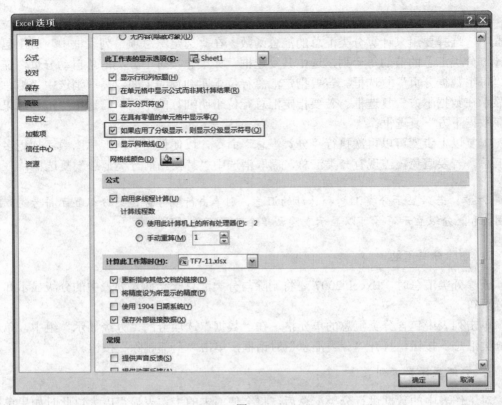

图 7-14

如果想要隐藏分级显示，只需重复以上的步骤，然后取消选中"如果应用了分级显示，则显示分级显示符号"复选框。

（2）删除分级显示。

单击工作表，在"数据"选项卡上的"分级显示"组中，单击"取消组合"按钮，然后选择"清除分级显示"选项，如图 7-15 所示。

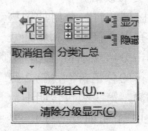

图 7-15

如果行或列仍然处于隐藏状态，则拖拽隐藏的行和列两侧的可见行标题或列标题，选择"格式"下拉列表（在"开始"选项卡上的"单元格"组中）中的"隐藏和取消隐藏"选项，然后选择"取消隐藏行"或"取消隐藏列"选项，如图 7-16 所示。

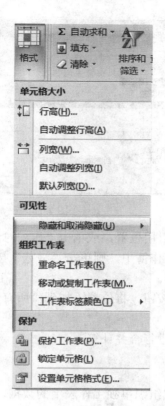

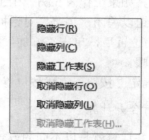

图 7-16

7.1.4 合并计算

所谓合并计算，就是用来汇总一个或多个源区域中的数据的方法。对数据进行合并计算能够更容易地对数据进行定期或不定期的更新和汇总。例如，有一个用于每个部门收支数据的工作表，可使用合并计算将这些收支数据合并到公司的收支工作表中，这个主工作表中可以包含整个企业的销售总额和平均值、当前的库存水平和销售额最高的产品。

1. 按位置进行合并计算

按位置进行合并计算就是按同样的顺序排列所有工作表中的数据并将它们放在同一位置中。按位置进行合并计算前，要确保每个数据区域都采用列表格式：第一行中的每一列都具有标签，同一列中包含相似的数据，并且在列表中没有空行或空列。将每个区域分别置于单独的工作表中，不要将任何区域放在需要放置合并的工作表中，并且确保每个区域都具有相同的布局。

按位置进行合并计算的具体操作步骤如下：

（1）在包含要显示在主工作表中的合并数据的单元格区域中，单击左上方的单元格。在"数据"选项卡上的"数据工具"组中，单击"合并计算"按钮，如图 7-17 所示。

（2）打开如图 7-18 所示的"合并计算"对话框，在"函数"下拉列表框中，选择用来对数据进行合并计算的汇总函数。

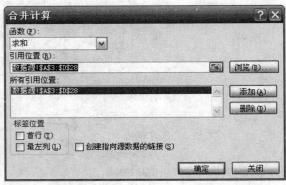

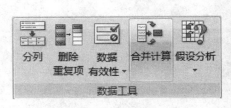

图 7-17

图 7-18

（3）在"引用位置"文本框中输入源引用位置，或单击"压缩对话框"按钮 进行单元格区域引用。如果工作表在另一个工作簿中，则单击"浏览"按钮找到文件，然后单击"确定"按钮以关闭"浏览"对话框。

（4）选定引用位置后，单击"添加"按钮，将位置添加到"所有引用位置"。对每个区域重复这一步骤。

（5）单击"确定"按钮，完成按位置进行合并计算。

2. 按分类进行合并计算

按分类进行合并计算就是以不同的方式组织单独工作表中的数据，但是使用相同的行标签和列标签，以便能够与主工作表中的数据匹配。按分类进行合并计算前，除了要确保每个数据区域都采用列表格式，将每个区域分别置于单独的工作表中，还要确保要合并的列或行的标签具有相同的拼写和大写，例如，标签 Annual Avg. 和 Annual Average 是不同的，不能对它们进行合并计算。

按分类进行合并计算的具体操作步骤如下：

（1）在包含要显示在主工作表中的合并数据的单元格区域中，单击左上方的单元格。在"数据"选项卡上的"数据工具"组中，单击"合并计算"按钮。

（2）打开"合并计算"对话框，在"函数"下拉列表框中，选择用来对数据进行合并计算的汇总函数。

（3）在"引用位置"框中输入源引用位置，或单击"压缩对话框"按钮 进行单元格区域引用。如果工作表在另一个工作簿中，则单击"浏览"按钮找到文件，然后单击"确定"按钮以关闭"浏览"对话框。

（4）选定引用位置后，单击"添加"按钮，将位置添加到"所有引用位置"。对每个区域重复这一步骤。

（5）在"标签位置"选项区域，选中指示标签在源区域中位置的复选框："首行"、"最左列"或两者都选。

（6）单击"确定"按钮，完成按位置进行合并计算。

7.2   数据透视表

数据透视表是一种可以快速汇总大量数据的交互式方法。使用数据透视表可以汇总、分析、浏览和提供汇总数据，以便简捷、生动、全面地对数据进行处理与分析。在数据透视表中，源数据中的每列或每个字段都成为汇总多行信息的数据透视表字段。

7.2.1   创建数据透视表

1. 创建数据透视表

若要创建数据透视表，必须连接到一个数据源，并输入报表的位置。创建一个数据透视表的具体操作步骤如下：

（1）选择单元格区域中的一个单元格，或者将插入点放在一个 Excel 表中，同时确保单元格区域具有列标题。

（2）在"插入"选项卡的"表"组中，单击"数据透视表"按钮，然后选择"数据透视表"选项，打开"创建数据透视表"对话框，如图 7-19 所示。

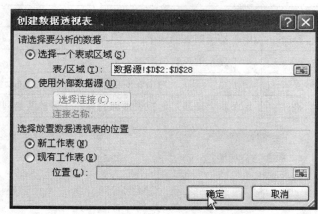

图 7-19

（3）选择需要分析的数据，选中"选择一个表或区域"单选按钮，在"表/区域"文本框中输入单元格区域或表名引用，如"==QuarterlyProfits"。如果在启动向导之前选定了单元格区域中的一个单元格或者插入点位于表中，Excel 会在"表/区域"文本框中显示单元格区域或表名引用。或者单击"压缩对话框"按钮 进行单元格区域引用。

（4）选择放置数据透视表的位置：

● 若要将数据透视表放在新工作表中，并以单元格 A1 为起始位置，则选中"新工作表"单选按钮。

● 若要将数据透视表放在现有工作表中，则选中"现有工作表"单选按钮，然后指定要放置数据透视表的单元格区域的第一个单元格。或者单击"压缩对话框"按钮 进行单元格区域引用。

（5）单击"确定"按钮，Excel 会将空的数据透视表添加至指定位置并显示数据透视表字段列表，可以从中添加字段、创建布局以及自定义数据透视表，如图 7-20 所示。

2. 创建字段布局

创建数据透视表后，可以使用数据透视表字段列表来添加字段。如果要更改数据透视表，可以使用该字段列表来重新排列和删除字段。默认情况下，数据透视表字段列表显示两部分：上方的字段部分用于添加和删除字段，下方的布局部分用于重新排列和重新定位字段。可以将数据透视表字段列表停靠在窗口的任意一侧，然后沿水平方向调整其大小；也可以取消停靠数据透视表字段列表，此时既可以沿垂直方向也可以沿水平方向调整其大小，如表 7-2 和图 7-21 所示。

图 7-20

表 7-2

数据透视表	说　明
报表筛选	用于基于报表筛选中的选定项来筛选整个报表
数值	用于显示汇总数值数据
行标签	用于将字段显示为报表侧面的行，位置较低的行嵌套在紧靠它上方的另一行中
列标签	用于将字段显示为报表顶部的列，位置较低的列嵌套在紧靠它上方的另一列中

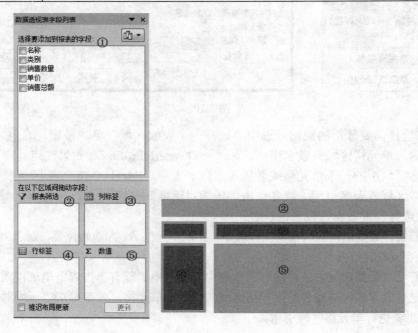

图 7-21

（1）添加字段。

要将字段添加到报表，只需右击字段名称，在弹出的快捷菜单中选择相应的命令："添加到报表筛选"、"添加到行标签"、"添加到列标签"和"添加到值"，以将该字段放置在布局部分中的某个特定区域中，如图 7-22 所示。或者单击并按住字段名，然后在字段与布局部分之间以及不同的区域之间移动该字段。

若在字段部分中选中各字段名称旁边的复选框，字段则放置在布局部分的默认区域中，也可在需要时重新排列这些字段。默认情况下，非数值字段会被添加到"行标签"区域，数值字段会被添加到"数值"区域，而 OLAP 日期和时间层次会被添加到"列标签"区域。

（2）重新排列字段。

可以通过使用布局部分底部的四个区域之一来重新排列现有字段或重新放置那些字段，单击区域之一中的字段名，然后从图 7-23 所示的快捷菜单中选择相应的命令选项。也可以单击并按住字段名，然后在字段与布局部分之间以及不同的区域之间移动该字段。

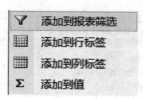

图 7-22

图 7-23

（3）删除字段。

要删除字段，只需在任一布局区域中单击字段名称，然后单击"删除字段"按钮；或者取消选中字段部分中各个字段名称旁边的复选框。也可以在布局部分中将字段名拖拽到数据透视表字段列表之外。

7.2.2　编辑数据透视表

创建数据透视表，添加字段后，可能还需要增强报表的布局和格式，以提高可读性并且使其更具吸引力。

1. 更改窗体布局和字段排列

若要对报表的布局和格式进行重大更改，可以将整个报表组织为压缩、大纲或表格 3 种形式，也可以添加、重新组织和删除字段，以获得所需的最终结果。

（1）更改数据透视表形式。

数据透视表的形式有压缩、大纲或表格 3 种。要更改数据透视表的形式，选择数据透视表。然后在"设计"选项卡上的"布局"组中，单击"报表布局"按钮，弹出如图 7-24 所示的菜单。

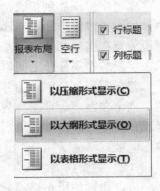

- 以压缩形式显示：用于使有关数据在屏幕上水平折叠并帮助最小化滚动。侧面的开始字段包含在一个列中，并且缩进以显示嵌套的列关系。
- 以大纲形式显示：用于以经典数据透视表样式显示数据大纲。
- 以表格形式显示：用于以传统的表格格式查看所有数据并且方便地将单元格复制到其他工作表。

图 7-24

（2）更改字段形式。

字段的形式也是压缩、大纲或表格 3 种。要更改字段的形式，选择行字段，然后在"选项"选项卡上的"活动字段"组中，单击"字段设置"按钮，打开"字段设置"对话框，如图 7-25 所示。

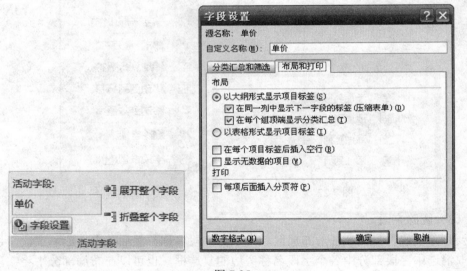

图 7-25

单击"布局和打印"选项卡，在"布局"区域下，若以大纲形式显示字段项，选中"以大纲形式显示项目标签"单选按钮即可；若以压缩形式显示或隐藏同一列中下一字段的标签，先选中"以大纲形式显示项目标签"单选按钮，然后选中"在同一列中显示下一字段的标签(压缩表单)"复选框；若以类似于表格的形式显示字段项，则选中"以表格形式显示项目标签"单选按钮。

2．更改列、行和分类汇总的布局

若要进一步优化数据透视表的布局，可以执行影响列、行和分类汇总的更改，如在行上方显示分类汇总或关闭列标题，也可以重新排列一行或一列中的各项。

（1）打开或关闭列和行字段标题。

选择数据透视表，若要在显示和隐藏字段标题之间切换，可在"选项"选项卡的"显示/隐藏"组中，单击"字段标题"按钮，如图 7-26 所示。

图 7-26

（2）在行的上方或下方显示分类汇总。

选择行字段，然后在"选项"选项卡的"活动字段"组中，单击"字段设置"按钮，打开"字段设置"对话框。单击"分类汇总和筛选"选项卡，在"分类汇总"区域，选中"自动"或"自定义"单选按钮，如图 7-27 所示。

图 7-27

在"布局和打印"选项卡的"布局"区域，选中"以大纲形式显示项目标签"单选按钮。若要在已分类汇总的行上方显示分类汇总，需选中"在每个组顶端显示分类汇总"复选框；若要在已分类汇总的行下方显示分类汇总，则取消选中。

（3）更改行或列项的顺序。

右击行和列标签或标签中的项，在弹出的快捷菜单中光标指向"移动"选项，然后选择"移动"菜单上的命令选项移动该项。选择"将 <字段名称> 移动至行"或"将 <字段名称> 移动至列"选项，可以将列移动到行标签区域中，或将行移动到列标签区域中，如图 7-28 所示。

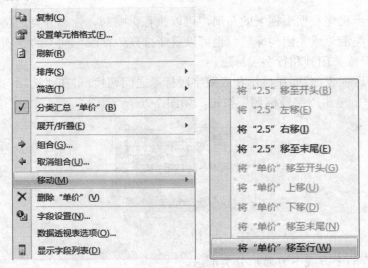

图 7-28

也可以选择行或列标签项，然后指向单元格的底部边框。当指针变为箭头时，将该项目移动到新位置，如图 7-29 所示。

（4）合并或取消合并外部行和列项的单元格。

在数据透视表中，可以合并行和列项的单元格，以便将项水平和垂直居中；也可以取消合并单元格，以便向左调整项目组顶部的外部行和列字段中的项。

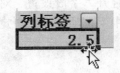

图 7-29

选择数据透视表，在"选项"选项卡的"数据透视表"组中，单击"选项"按钮，打开"数据透视表选项"对话框，如图 7-30 所示。

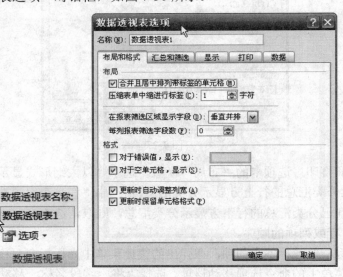

图 7-30

若要合并或取消合并外部行和列项（项：数据透视表和数据透视图中字段的子分类。例如，"月份"字段可能有"一月"、"二月"等。）的单元格，只需在"布局和格式"选项卡的"布局"选项区域，选中或取消选中"合并及居中有标签的单元格"复选框即可。

⚠️ 注意：不能在数据透视表中使用"对齐"选项卡的"合并单元格"复选框。

　　3. 更改空单元格、空白行和错误的显示方式

　　有时，数据中可能含有空单元格、空白行或错误，可以调整报表的默认行为。

　　（1）更改错误和空单元格的显示方式。

　　选择数据透视表，在"选项"选项卡的"数据透视表"组中，单击"选项"按钮，打开"数据透视表选项"对话框。

　　在"布局和格式"选项卡的"格式"选项区域下：

- 更改错误显示：选中"对于错误值，显示"复选框，然后在其后的文本框中，输入要替代错误显示的值。若将错误显示为空单元格，则删除文本框中的所有字符。
- 更改空单元格显示：选中"对于空单元格，显示"复选框，然后在其后的文本框中，输入要在空单元格中显示的值。若显示空白单元格，则删除文本框中的所有字符。若显示零，则取消选中该复选框。

　　（2）显示或隐藏空白行。

　　在数据透视表里，可以在行或项后显示或隐藏空白行。

　　在行后显示或隐藏空白行，需要选择行字段，然后在"选项"选项卡的"活动字段"组中，单击"字段设置"按钮，打开"字段设置"对话框。要添加或删除空白行，在"布局和打印"选项卡的"布局"选项区域下，选中或取消选中"在每个项目标签后插入空行"复选框即可。

　　在项后显示或隐藏空白行，需要在数据透视表中选择项，在"设计"选项卡的"布局"组中，单击"空行"按钮，然后选择"在每个项目后插入空行"或"删除每个项目后的空行"选项，如图 7-31 所示。

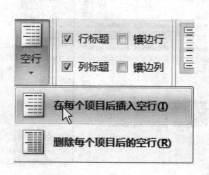

图 7-31

　　4. 更改数据透视表的格式样式

　　Excel 2007 提供了大量可以用于快速设置数据透视表格式的预定义表样式，通过使用样式库可以轻松更改数据透视表的样式。

（1）更改数据透视表的格式样式。

选择数据透视表。在"设计"选项卡的"数据透视表样式"组中，单击"可见样式"按钮，浏览样式库，若要查看所有可用样式，可单击滚动条底部的"其他"按钮，如图 7-32 所示。如果已经显示了所有可用样式并且希望创建自己的自定义数据透视表样式，可以单击库底部的"新建数据透视表样式"按钮，以打开"新建数据透视表样式"对话框。单击库底部的"清除"按钮，可以删除数据透视表中的所有格式设置。如图 7-33 所示。

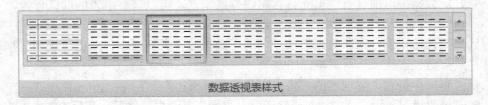

图 7-32

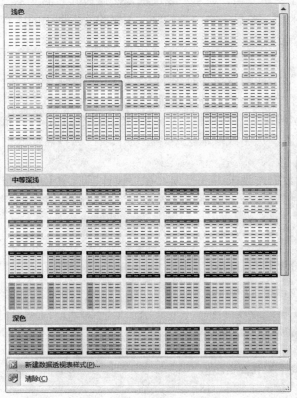

图 7-33

（2）更改字段的数字格式。

在数据透视表中，选择指定字段。在"选项"选项卡的"活动字段"组中，单击"字段设置"按钮，在打开的"字段设置"对话框中，单击底部的"数字格式"按钮。打开

"设置单元格格式"对话框，如图 7-34 所示。在"分类"列表中，单击指定的格式类别。选择所需的格式选项，然后两次单击"确定"按钮。也可以右击值字段，然后单击"数字格式"按钮。

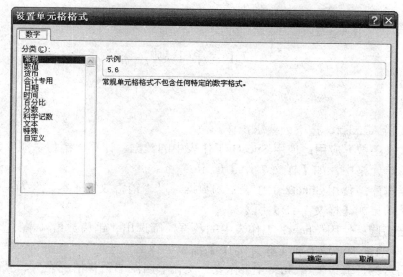

图 7-34

7.2.3　删除数据透视表

选择数据透视表，在"选项"选项卡的"操作"组中，单击"选择"按钮，在其下拉列表中选择"整个数据透视表"选项，然后按 Delete 键，如图 7-35 所示。

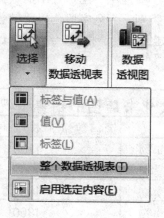

图 7-35

Ⅱ．试题汇编

7.1　第 1 题

【操作要求】

打开文档 A7.xlsx，按下列要求操作。

1. 公式（函数）应用： 使用 Sheet1 工作表中的数据，计算"销售总额"，结果分别放在相应的单元格中，如【样文 7-1A】所示。

2. 数据排序： 使用 Sheet2 工作表中的数据，以"销售数量（本）"为主要关键字，降序排序，结果如【样文 7-1B】所示。

3. 数据筛选： 使用 Sheet3 工作表中的数据，筛选出"销售数量（本）"大于 5000 或小于 4000 的记录，结果如【样文 7-1C】所示。

4. 数据合并计算： 使用 Sheet4 工作表"文化书店图书销售情况表"、"西门书店图书销售情况表"和"中原书店图书销售情况表"中的数据，在"图书销售情况表"中进行"求和"合并计算，结果如【样文 7-1D】所示。

5. 数据分类汇总： 使用 Sheet5 工作表中的数据，以"类别"为分类字段，将"销售数量（本）"进行"平均值"分类汇总，结果如【样文 7-1E】所示。

6. 建立数据透视表： 使用"数据源"工作表中的数据，以"书店名称"为分页，以"书籍名称"为行字段，以"类别"为列字段，以"销售数量（本）"为平均值项，从 Sheet6 工作表的 A1 单元格起建立数据透视表，结果如【样文 7-1F】所示。

【样文 7-1A】

文化书店图书销售情况表				
书籍名称	类别	销售数量（本）	单价	销售总额
中学物理辅导	课外读物	4300	2.5	10750
中学化学辅导	课外读物	4000	2.5	10000
中学数学辅导	课外读物	4680	2.5	11700
中学语文辅导	课外读物	4860	2.5	12150
健康周刊	生活百科	2860	5.6	16016
医学知识	生活百科	4830	6.8	32844
饮食与健康	生活百科	3860	6.4	24704
十万个为什么	少儿读物	6850	12.6	86310
丁丁历险记	少儿读物	5840	13.5	78840
儿童乐园	少儿读物	6640	11.2	74368

【样文 7-1B】

文化书店图书销售情况表

书籍名称	类别	销售数量（本）	单价
十万个为什么	少儿读物	6850	12.6
儿童乐园	少儿读物	6640	11.2
丁丁历险记	少儿读物	5840	13.5
中学语文辅导	课外读物	4860	2.5
医学知识	生活百科	4830	6.8
中学数学辅导	课外读物	4680	2.5
中学物理辅导	课外读物	4300	2.5
中学化学辅导	课外读物	4000	2.5
饮食与健康	生活百科	3860	6.4
健康周刊	生活百科	2860	5.6

【样文 7-1C】

文化书店图书销售情况表

书籍名称 ▼	类别 ▼	销售数量（本 ▼	单价 ▼
健康周刊	生活百科	2860	5.6
饮食与健康	生活百科	3860	6.4
十万个为什么	少儿读物	6850	12.6
丁丁历险记	少儿读物	5840	13.5
儿童乐园	少儿读物	6640	11.2

【样文 7-1D】

图书销售情况表

书籍名称	销售数量（本）
中学物理辅导	14400
中学化学辅导	13800
中学数学辅导	14240
中学语文辅导	13680
健康周刊	2860
医学知识	14490
饮食与健康	12880
十万个为什么	12970
丁丁历险记	18420
儿童乐园	13780

【样文 7-1E】

文化书店图书销售情况表			
书籍名称	类别	销售数量（本）	单价
	课外读物　平均值	4460	
	少儿读物　平均值	6443.333333	
	生活百科　平均值	3850	
	总计平均值	4872	

【样文 7-1F】

书店名称	(全部) ▼	
平均值项:销售数量（本）	类别 ▼	
书籍名称 ▼	课外读物	总计
中学化学辅导	4600	4600
中学数学辅导	4746.666667	4746.666667
中学物理辅导	4800	4800
中学语文辅导	4560	4560
总计	4676.666667	4676.666667

7.2　第 2 题

【操作要求】

打开文档 A7.xlsx，按下列要求操作。

1. **公式（函数）应用**：使用 Sheet1 工作表中的数据，计算"仪器平均值"和"总计"，结果分别放在相应的单元格中，如【样文 7-2A】所示。

2. **数据排序**：使用 Sheet2 工作表中的数据，以"稳压器"为主要关键字，降序排序，结果如【样文 7-2B】所示。

3. **数据筛选**：使用 Sheet3 工作表中的数据，筛选出"滑线变阻器"、"安培表"和"伏特表"均大于或等于 40 记录，结果如【样文 7-2C】所示。

4. **数据合并计算**：使用 Sheet4 工作表中的数据，在"各中学仪器平均统计表"中进行"平均值"合并计算，结果如【样文 7-2D】所示。

5. **数据分类汇总**：使用 Sheet5 工作表中的数据，以"学校"为分类字段，将"数量"进行"求和"分类汇总，结果如【样文 7-2E】所示。

6. **建立数据透视表**：使用"数据源"工作表中的数据，以"学校"为分页，以"仪器名称"为行字段，以"数量"为求和项，从 Sheet6 工作表的 A1 单元格起建立数据透视表，结果如【样文 7-2F】所示。

【样文 7-2A】

淮海市各中学试验室仪器统计表					
仪器名称	滑线变阻器	安培表	伏特表	稳压器	起电机	总计
第一中学	40	30	30	10	4	114
第二中学	35	32	28	5	3	103
第三中学	45	40	42	8	4	139
第四中学	50	45	44	15	8	162
淮海中学	60	75	80	20	4	239
华夏中学	30	36	38	12	3	119
博闻中学	48	43	46	14	2	153
仪器平均值	44	43	44	12	4	

【样文 7-2B】

淮海市各中学试验室仪器统计表					
仪器名称	滑线变阻器	安培表	伏特表	稳压器	起电机
淮海中学	60	75	80	20	4
第四中学	50	45	44	15	8
博闻中学	48	43	46	14	2
华夏中学	30	36	38	12	3
第一中学	40	30	30	10	4
第三中学	45	40	42	8	4
第二中学	35	32	28	5	3

【样文 7-2C】

仪器名称	滑线变阻器	安培表	伏特表	稳压器	起电机
淮海市各中学试验室仪器统计表					
第三中学	45	40	42	8	4
第四中学	50	45	44	15	8
淮海中学	60	75	80	20	4
博闻中学	48	43	46	14	2

【样文 7-2D】

各中学仪器平均统计表	
仪器名称	平均数量
稳压器	12
起电机	4
滑线变阻器	44
伏特表	44
安培表	43

【样文 7-2E】

淮海市各中学试验室仪器统计表		
学校	仪器名称	数量
博闻中学 汇总		153
第二中学 汇总		103
第三中学 汇总		139
第四中学 汇总		162
第一中学 汇总		114
华夏中学 汇总		119
淮海中学 汇总		239
总计		1029

【样文 7-2F】

学校	(全部)	▼
仪器名称 ▼	求和项:数量	
安培表	301	
伏特表	308	
滑线变阻器	308	
起电机	28	
稳压器	84	
总计	1029	

7.3　第 3 题

【操作要求】

打开文档 A7.xlsx，按下列要求操作。

1. **公式（函数）应用**：使用 Sheet1 工作表中的数据，计算"最大值"、"最小值"和"平均值"，结果分别放在相应的单元格中，如【样文 7-3A】所示。

2. **数据排序**：使用 Sheet2 工作表中的数据，以"大蒜"为主要关键字，降序排序，结果如【样文 7-3B】所示。

3. **数据筛选**：使用 Sheet3 工作表中的数据，筛选出"大葱"的价格大于等于 0.8 或小于等于 0.7 的记录，结果如【样文 7-3C】所示。

4. **数据合并计算**：使用 Sheet4 工作表各日蔬菜价格表格中的数据，在"中原菜市场蔬菜价格最高值"中进行"最大值"合并计算，结果如【样文 7-3D】所示。

5. **数据分类汇总**：使用 Sheet5 工作表中的数据，以"日期"为分类字段，将各种蔬菜批发价分别进行"平均值"分类汇总，结果如【样文 7-3E】所示。

6. **建立数据透视表**：使用"数据源"工作表中的数据，以"批发市场"为分页，以"日期"为行字段，以"批发价"为最大值项，从 Sheet6 工作表的 A1 单元格起建立数据透视表，结果如【样文 7-3F】所示。

【样文 7-3A】

蔬菜价格日报表					
批发市场	大葱	大蒜	黄瓜	青椒	洋葱
郑州中原	0.8	1.12	0.6	1.3	0.4
周口川汇	0.72	1.02	0.71	1.45	0.48
商丘道北	0.65	1.3	0.72	1.43	0.44
开封中州	0.62	1.25	0.78	1.22	0.55
许昌友谊	0.72	1.34	0.65	1.2	0.52
漯河双兴	0.78	1.38	0.68	1.29	0.46
平顶山湛南	0.85	1.39	0.64	1.3	0.46
南阳龙昌	0.76	1.4	0.76	1.35	0.44
驻马店星光	0.82	1.06	0.76	1.28	0.58
洛阳旗苑	0.68	1.23	0.62	1.36	0.53
最大值	0.85	1.4	0.78	1.45	0.58
最小值	0.62	1.02	0.6	1.2	0.4
平均值	0.74	1.249	0.692	1.318	0.486

【样文 7-3B】

蔬菜价格日报表					
批发市场	大葱	大蒜	黄瓜	青椒	洋葱
南阳龙昌	0.76	1.4	0.76	1.35	0.44
平顶山湛南	0.85	1.39	0.64	1.3	0.46
漯河双兴	0.78	1.38	0.68	1.29	0.46
许昌友谊	0.72	1.34	0.65	1.2	0.52
商丘道北	0.65	1.3	0.72	1.43	0.44
开封中州	0.62	1.25	0.78	1.22	0.55
洛阳旗苑	0.68	1.23	0.62	1.36	0.53
郑州中原	0.8	1.12	0.6	1.3	0.4
驻马店星光	0.82	1.06	0.76	1.28	0.58
周口川汇	0.72	1.02	0.71	1.45	0.48

【样文 7-3C】

蔬菜价格日报表					
批发市场 ▼	大葱 ▼	大蒜 ▼	黄瓜 ▼	青椒 ▼	洋葱 ▼
郑州中原	0.8	1.12	0.6	1.3	0.4
商丘道北	0.65	1.3	0.72	1.43	0.44
开封中州	0.62	1.25	0.78	1.22	0.55
平顶山湛南	0.85	1.39	0.64	1.3	0.46
驻马店星光	0.82	1.06	0.76	1.28	0.58
洛阳旗苑	0.68	1.23	0.62	1.36	0.53

【样文 7-3D】

中原菜市场蔬菜价格最高值	
蔬菜名称	批发价
大葱	0.9
大蒜	1.18
黄瓜	0.7
青椒	1.35
洋葱	0.48

【样文 7-3E】

各地菜市场蔬菜价格统计表						
日期	批发市场	大葱	大蒜	黄瓜	青椒	洋葱
5月1日　平均值		0.74	1.249	0.692	1.318	0.486
5月2日　平均值		0.775	1.296	0.717	1.342	0.519
5月3日　平均值		0.749	1.281	0.699	1.33	0.493
5月4日　平均值		0.709	1.232	0.673	1.296	0.453
总计平均值		0.74325	1.2645	0.69525	1.3215	0.48775

【样文 7-3F】

批发市场	(全部)	▼	
日期 ▼	数据		
5月1日	最大值项:大葱	0.85	
	最大值项:大蒜	1.4	
	最大值项:黄瓜	0.78	
	最大值项:青椒	1.45	
	最大值项:洋葱	0.58	
最大值项:大葱汇总		0.85	
最大值项:大蒜汇总		1.4	
最大值项:黄瓜汇总		0.78	
最大值项:青椒汇总		1.45	
最大值项:洋葱汇总		0.58	

7.4 第 4 题

【操作要求】

打开文档 A7.xlsx，按下列要求操作。

1. 公式（函数）应用：使用 Sheet1 工作表中的数据，计算"总计"和"平均值"，结果分别放在相应的单元格中，如【样文 7-4A】所示。

2. 数据排序：使用 Sheet2 工作表中的数据，以"搅拌机"为主要关键字，降序排序，结果如【样文 7-4B】所示。

3. 数据筛选：使用 Sheet3 工作表中的数据，筛选出"搅拌机"大于等于 8000 或小于等于 6000 的记录，结果如【样文 7-4C】所示。

4. 数据合并计算：使用 Sheet4 工作表"西南区建筑材料销售统计"和"西北区建筑材料销售统计"中的数据，在"建筑材料销售总计"中进行"求和"合并计算，结果如【样文 7-4D】所示。

5. 数据分类汇总：使用 Sheet5 工作表中的数据，以"产品名称"为分类字段，将"销售额"进行"平均值"分类汇总，结果如【样文 7-4E】所示。

6. 建立数据透视表：使用"数据源"工作表中的数据，以"销售地区"为行字段，以"产品名称"为列字段，以"销售额"为求和项，从 Sheet6 工作表的 A1 单元格起建立数据透视表，结果如【样文 7-4F】所示。

【样文 7-4A】

利达公司建筑材料销售统计（万元）					
销售地区	塑料	钢材	木材	水泥	搅拌机	总计
西北区	2340	6875	2586	4680	8648	25129
东北区	4863	7243	3868	8642	7321	31937
华北区	3842	6780	3268	7826	7514	29230
西南区	6854	8864	2258	8123	5847	31946
华中区	5828	7880	4835	6523	6234	31300
华南区	5286	6356	3642	5432	9841	30557
平均值	4835.5	7333	3409.5	6871	7567.5	

【样文 7-4B】

利达公司建筑材料销售统计（万元）					
销售地区	塑料	钢材	木材	水泥	搅拌机
华南区	5286	6356	3642	5432	9841
西北区	2340	6875	2586	4680	8648
华北区	3842	6780	3268	7826	7514
东北区	4863	7243	3868	8642	7321
华中区	5828	7880	4835	6523	6234
西南区	6854	8864	2258	8123	5847

【样文 7-4C】

利达公司建筑材料销售统计（万元）					
销售地▼	塑料　▼	钢材　▼	木材　▼	水泥　▼	搅拌机▼
西北区	2340	6875	2586	4680	8648
西南区	6854	8864	2258	8123	5847
华南区	5286	6356	3642	5432	9841

【样文 7-4D】

建筑材料销售总计（万元）	
产品名称	销售额
塑料	9194
水泥	12803
木材	4844
搅拌机	14495
钢材	15739

【样文 7-4E】

利达公司建筑材料销售统计（万元）		
产品名称	销售地区	销售额
塑料　平均值		4835.5
水泥　平均值		6871
木材　平均值		3409.5
搅拌机　平均值		7567.5
钢材　平均值		7333
总计平均值		6003.3

【样文 7-4F】

求和项:销售额	产品名称 ▼					
销售地区 ▼	钢材	搅拌机	木材	水泥	塑料	总计
东北区	7243	7321	3868	8642	4863	31937
华北区	6780	7514	3268	7826	3842	29230
华南区	6356	9841	3642	5432	5286	30557
华中区	7880	6234	4835	6523	5828	31300
西北区	6875	8648	2586	4680	2340	25129
西南区	8864	5847	2258	8123	6854	31946
总计	43998	45405	20457	41226	29013	180099

7.5　第 5 题

【操作要求】

打开文档 A7.xlsx，按下列要求操作。

1. **公式（函数）应用**：使用 Sheet1 工作表中的数据，计算"总计"结果分别放在相应的单元格中，如【样文 7-5A】所示。

2. **数据排序**：使用 Sheet2 工作表中的数据，以"国家拨款"为主要关键字，"学校拨款"为次要关键字，降序排序，结果如【样文 7-5B】所示。

3. **数据筛选**：使用 Sheet3 工作表中的数据，筛选出"学校拨款"大于或等于 300000 并且"国家拨款"大于或等于 600000 的记录，结果如【样文 7-5C】所示。

4. **数据合并计算**：使用 Sheet4 工作表"黄河科技大学各实验室国家拨款情况"、"黄河科技大学各实验室自筹资金情况"和"黄河科技大学各实验室学校拨款情况"中的数据，在"黄河科技大学各实验室投资总额"中进行"求和"合并计算，结果如【样文 7-5D】所示。

5. **数据分类汇总**：使用 Sheet5 工作表中的数据，以"单位"为分类字段，将"学校拨款"，"国家拨款"和"自筹资金"分别进行"求和"分类汇总，结果如【样文 7-5E】所示。

6. **建立数据透视表**：使用"数据源"工作表中的数据，以"级别"为分页，以"实验室名称"为行字段，以"单位"为列字段，以"国家拨款"为求和项，从 Sheet6 工作表的 A1 单元格起建立数据透视表，结果如【样文 7-5F】所示。

【样文 7-5A】

黄河科技大学各实验室资金筹集情况（元）						
实验室名称	级别	单位	学校拨款	国家拨款	自筹资金	总计
计算机软件中心	国家重点	计算机系	400000	900000	560000	1860000
光学实验室	国家重点	数理学院	520000	650000	600000	1770000
生物实验室	郑州市重点	生物系	300000	120000	450000	870000
内燃机实验室	河南省重点	机电学院	400000	250000	400000	1050000
焊接技术实验室	郑州市重点	机电学院	150000	800000	200000	1150000
新材料中心	国家重点	材料学院	360000	800000	240000	1400000
环化试验室	河南省重点	建筑学院	560000	24000	36000	620000
水处理实验室	河南省重点	建筑学院	68000	46000	56000	170000
物理实验室	河南省重点	物理系	48000	46000	68000	162000

【样文 7-5B】

黄河科技大学各实验室资金筹集情况（元）

实验室名称	级别	单位	学校拨款	国家拨款	自筹资金
计算机软件中心	国家重点	计算机系	400000	900000	560000
新材料中心	国家重点	材料学院	360000	800000	240000
焊接技术实验室	郑州市重点	机电学院	150000	800000	200000
光学实验室	国家重点	数理学院	520000	650000	600000
内燃机实验室	河南省重点	机电学院	400000	250000	400000
生物实验室	郑州市重点	生物系	300000	120000	450000
水处理实验室	河南省重点	建筑学院	68000	46000	56000
物理实验室	河南省重点	物理系	48000	46000	68000
环化试验室	河南省重点	建筑学院	560000	24000	36000

【样文 7-5C】

黄河科技大学各实验室资金筹集情况（元）

实验室名称 ▼	级别 ▼	单位 ▼	学校拨款 ▽	国家拨款 ▽	自筹资金 ▼
计算机软件中心	国家重点	计算机系	400000	900000	560000
光学实验室	国家重点	数理学院	520000	650000	600000
新材料中心	国家重点	材料学院	360000	800000	240000

【样文 7-5D】

黄河科技大学各实验室投资总额（元）

实验室名称	级别	单位	投资金额
计算机软件中心	国家重点	计算机系	1860000
光学实验室	国家重点	数理学院	1770000
生物实验室	郑州市重点	生物系	870000
内燃机实验室	河南省重点	机电学院	1050000
焊接技术实验室	郑州市重点	机电学院	1150000
新材料中心	国家重点	材料学院	1400000
环化试验室	河南省重点	建筑学院	620000
水处理实验室	河南省重点	建筑学院	170000
物理实验室	河南省重点	物理系	116000

【样文 7-5E】

黄河科技大学各实验室资金筹集情况（元）					
实验室名称	级别	单位	学校拨款	国家拨款	自筹资金
		材料学院 汇总	360000	800000	240000
		机电学院 汇总	550000	1050000	600000
		计算机系 汇总	400000	900000	560000
		建筑学院 汇总	628000	70000	92000
		生物系 汇总	300000	120000	450000
		数理学院 汇总	520000	650000	600000
		物理系 汇总	48000	46000	68000
		总计	2806000	3636000	2610000

【样文 7-5F】

级别	河南省重点 🔽			
求和项:国家拨款	单位 🔽			
实验室名称 🔽	机电学院	建筑学院	物理系	总计
环化试验室		24000		24000
内燃机实验室	250000			250000
水处理实验室		46000		46000
物理实验室			46000	46000
总计	250000	70000	46000	366000

Ⅲ. 试题解答

7.1   第1题

在 Excel 中，单击 Office 按钮，选择"打开"选项，在"打开"对话框中，选取考生文件夹中的 A7.xlsx，单击"打开"按钮。

1. 公式（函数）应用

（1）在 Sheet1 工作表中，选中单元格 E3，输入"="。

（2）单击单元格 C3，在单元格 E3 输入"*"，再单击单元格 D3，按 Enter 键。效果如图 7-36 所示。

销售数量（本）	单价	销售总额
4300	2.5	=C3*D3

图 7-36

（3）选中单元格 E3，并将光标放置单元格右下角处，待光标变成"十"字，按住鼠标并向下拖拽，松开鼠标，同列其他销售总额自动生成，如图 7-37 所示。

文化书店图书销售情况表

书籍名称	类别	销售数量（本）	单价	销售总额
中学物理辅导	课外读物	4300	2.5	10750
中学化学辅导	课外读物	4000	2.5	
中学数学辅导	课外读物	4680	2.5	
中学语文辅导	课外读物	4860	2.5	
健康周刊	生活百科	2860	5.6	
医学知识	生活百科	4830	6.8	
饮食与健康	生活百科	3860	6.4	
十万个为什么	少儿读物	6850	12.6	
丁丁历险记	少儿读物	5840	13.5	
儿童乐园	少儿读物	6640	11.2	

文化书店图书销售情况表

书籍名称	类别	销售数量（本）	单价	销售总额
中学物理辅导	课外读物	4300	2.5	10750
中学化学辅导	课外读物	4000	2.5	10000
中学数学辅导	课外读物	4680	2.5	11700
中学语文辅导	课外读物	4860	2.5	12150
健康周刊	生活百科	2860	5.6	16016
医学知识	生活百科	4830	6.8	32844
饮食与健康	生活百科	3860	6.4	24704
十万个为什么	少儿读物	6850	12.6	86310
丁丁历险记	少儿读物	5840	13.5	78840
儿童乐园	少儿读物	6640	11.2	74368

图 7-37

2. 数据排序

（1）在 Sheet2 工作表中，选中单元格区域 C3:C12，在"数据"选项卡的"排序和筛选"组中，单击"降序"按钮。

（2）弹出"排序提醒"对话框，选中"扩展选定区域"单选按钮，然后单击"排序"按钮，如图 7-38 所示。

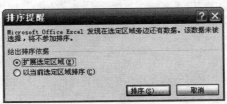

图 7-38

3. 数据筛选

（1）在 Sheet3 工作表中，选中单元格区域 A2:D12，在"数据"选项卡的"排序和筛选"组中，单击"筛选"按钮，工作表中出现筛选按钮，如图 7-39 所示。

图 7-39

（2）单击"销售数量（本）"单元格中的筛选按钮，选择"数字筛选"中的"自定义筛选"选项，打开"自定义自动筛选方式"对话框，在"显示行"中选择输入"大于5000 或小于 4000"，单击"确定"按钮，如图 7-40 所示。

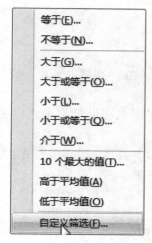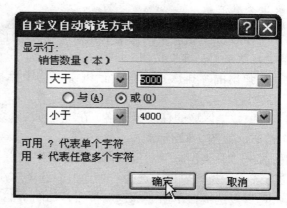

图 7-40

4. 数据合并计算

（1）在 Sheet4 工作表中，选中单元格 A16，在"数据"选项卡的"数据工具"组中，单击"合并计算"按钮。

（2）打开"合并计算"对话框，在"函数"下拉列表框中，选择"求和"选项，如图 7-41 所示。

（3）在"引用位置"文本框中，单击"压缩对话框"按钮 引用"文化书店图书销售情况表"中的数据，单击"添加"按钮，将数据添加到"所有引用位置"中。

（4）重复上述步骤，将"西门书店图书销售情况表"和"中原书店图书销售情况表"中的数据添加到"所有引用位置"中。

（5）在"标签位置"选项区域中，选中"最左列"复选框。

（6）单击"确定"按钮。

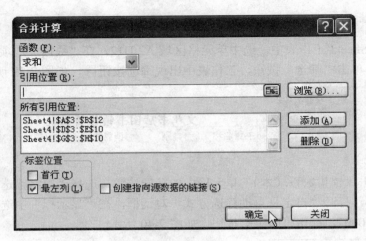

图 7-41

5. 数据分类汇总

（1）在 Sheet5 工作表中，选中单元格区域 B3:B12，在"数据"选项卡的"排序和筛选"组中，单击"升序"按钮。

（2）在弹出的"排序提醒"对话框中，选中"扩展选定区域"单选按钮，单击"排序"按钮。

（3）选中数据区域的任一单元格，在"数据"选项卡的"分级显示"组中单击"分类汇总"按钮，如图 7-42 所示。

（4）打开"分类汇总"对话框，在"分类字段"下拉列表框中选择"类别"选项，在"汇总方式"下拉列表框中选择"平均值"选项，在"选定汇总项"列表中选中"销售数量（本）"复选框，单击"确定"按钮，如图 7-43 所示。

图 7-42　　　　　　　　　　　　　图 7-43

6. 建立数据透视表

（1）在"数据源"工作表中，单击数据区域的任一单元格。在"插入"选项卡的"数据透视表"组中单击"数据透视表"按钮，如图 7-44 所示。

图 7-44

（2）打开"创建数据透视表"对话框，在"选择放置数据透视表的位置"选项区域选中"现有工作表"单选按钮，单击"位置"右侧的"压缩对话框"按钮，选择"Sheet6"工作表中的单元格 A1，然后单击"确定"按钮，如图 7-45 所示。

（3）在 Sheet6 工作表中，打开"数据透视表字段列表"窗口，将"书店名称"拖拽到"报表筛选"区域，"书籍名称"拖拽到"行标签"区域，"类别"拖拽到"列标签"区域，"销售数量（本）"拖拽到"数值"区域，如图 7-46 所示。

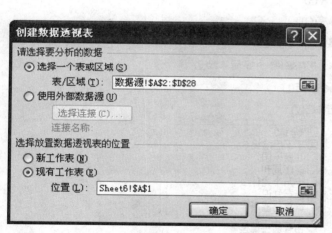

图 7-45

图 7-46

（4）在"数值"区域，单击"销售数量（本）"按钮右侧的下三角按钮，在下拉列表中选择"值字段设置"选项，打开"值字段设置"对话框，在"计算类型"中选择"平均值"选项，单击"确定"按钮，如图 7-47 所示。

（5）在数据透视表中，按照样文样式，单击"行标签"单元格中的筛选按钮，在"值筛选"列表中选中"中学化学辅导"、"中学数学辅导"、"中学物理辅导"、"中学语文辅导"复选框，单击"确定"按钮，如图 7-48 所示。

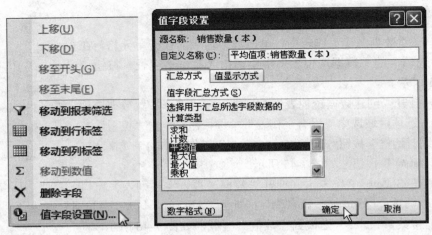

图 7-47

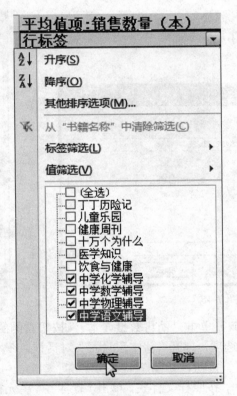

图 7-48

7.2 第 2 题

在 Excel 中，单击 Office 按钮，选择"打开"选项，在"打开"对话框中，选取考生文件夹中的 A7.xlsx，单击"打开"按钮。

1．公式（函数）应用

（1）在 Sheet1 工作表中，选中单元格区域 B10:F10，在"公式"选项卡的"函数库"组中，单击"自动求和"按钮，在下拉列表中选择"平均值"选项。

（2）选中单元格区域 G3:G10，在"公式"选项卡的"函数库"组中，单击"自动求和"按钮，在下拉列表中选择"求和"选项。

2．数据排序

（1）在 Sheet2 工作表中，选中单元格区域 E3:E9，在"数据"选项卡的"排序和筛选"组中，单击"降序"按钮。

（2）弹出"排序提醒"对话框，选中"扩展选定区域项"单选按钮，单击"排序"按钮。

3．数据筛选

（1）在 Sheet3 工作表中，选中单元格区域 A2:F9，在"数据"选项卡的"排序和筛选"组中，单击"筛选"按钮，工作表中出现筛选按钮。

（2）单击"滑线变阻器"单元格中的筛选按钮，选择"数字筛选"中的"自定义筛选"选项，打开"自定义自动筛选方式"对话框，在"显示行"中选择输入"大于 40 或等于 40"，单击"确定"按钮。

（3）重复上述步骤，筛选出"安培表"和"伏特表"中大于或等于 40 的数据。

4．数据合并计算

（1）在 Sheet4 工作表中，选中单元格 F3，在"数据"选项卡的"数据工具"组中，单击"合并计算"按钮。

（2）打开"合并计算"对话框，在"函数"下拉列表框中选择"平均值"选项。

（3）单击"引用位置"文本框右侧的"压缩对话框"按钮，引用"淮海市各中学试验室仪器统计表"中的数据，单击"添加"按钮，将数据添加到"所有引用位置"中。

（4）在"标签位置"选项区域中，选中"最左列"复选框。

（5）单击"确定"按钮。

5．数据分类汇总

（1）在 Sheet5 工作表中，选中单元格区域 A3:A37，在"数据"选项卡的"排序和筛选"组中，单击"升序"按钮。

（2）在弹出的"排序提醒"对话框中，选中"扩展选定区域"单选按钮，单击"排序"按钮。

（3）选中数据区域的任一单元格，在"数据"选项卡的"分级显示"组中，单击"分类汇总"按钮。

（4）打开"分类汇总"对话框，在"分类字段"下拉列表框中选择"学校"选项，在"汇总方式"下拉列表框中选择"求和"选项，在"选定汇总项"列表中选择"数量"

选项，单击"确定"按钮。

6. 建立数据透视表

（1）在"数据源"工作表中，单击数据区域的任一单元格。在"插入"选项卡的"数据透视表"组中，单击"数据透视表"按钮。

（2）打开"创建数据透视表"对话框，在"选择放置数据透视表的位置"选项区域选中"现有工作表"单选按钮，单击"位置"文本框右侧的"压缩对话框"按钮，选中 Sheet6 工作表中的单元格 A1，单击"确定"按钮。

（3）在 Sheet6 工作表中，在"数据透视表字段列表"窗口中，将"学校"拖拽到"报表筛选"区域，"仪器名称"拖拽到"行标签"区域，"数量"拖拽到"数值"区域。

（4）在"数值"区域，单击"数量"按钮右侧的下三角按钮，在下拉列表中选择"值字段设置"选项，打开"值字段设置"对话框，在"计算类型"中选择"求和"选项，单击"确定"按钮。

7.3　第 3 题

在 Excel 中，单击 Office 按钮，选择"打开"选项，在"打开"对话框中，选取考生文件夹中的 A7.xlsx，单击"打开"按钮。

1. 公式（函数）应用

（1）在 Sheet1 工作表中，选中单元格区域 B13:F13，在"公式"选项卡的"函数库"组中，单击"自动求和"按钮，在下拉列表中选择"最大值"选项。

（2）单击单元格 B14，在"公式"选项卡的"函数库"组中，单击"自动求和"按钮，在下拉列表中选择"最小值"选项，将单元格区域手动调整为 B3:B12。

（3）单击单元格 B15，在"公式"选项卡的"函数库"组中，单击"自动求和"按钮，在下拉列表中选择"平均值"选项，将单元格区域手动调整为 B3:B12。

（4）选中单元格区域 B14:B15，并将光标放置单元格右下角处，待光标变成"十"字，按住鼠标左键并向右拖拽，松开鼠标，同行其他数据将自动生成。

2. 数据排序

（1）在 Sheet2 工作表中，选中单元格区域 C3:C12，在"数据"选项卡的"排序和筛选"组中，单击"降序"按钮。

（2）在"排序提醒"对话框中，选择"扩展选定区域项"单选按钮，单击"排序"按钮。

3. 数据筛选

（1）在 Sheet3 工作表中，选中单元格区域 A2:F12，在"数据"选项卡的"排序和筛选"组中，单击"筛选"按钮，工作表中出现筛选按钮。

（2）单击"大葱"单元格中的筛选按钮，选择"数字筛选"中的"自定义筛选"选项，打开"自定义自动筛选方式"对话框，在"显示行"中选择输入"大于等于 0.8 或小于等于 0.7"，单击"确定"按钮。

4. 数据合并计算

（1）在 Sheet4 工作表中，选中单元格 A20，在"数据"选项卡的"数据工具"组中，单击"合并计算"按钮。

（2）打开"合并计算"对话框，在"函数"下拉列表框中选择"最大值"选项。

（3）单击"引用位置"文本框右侧的"压缩对话框"按钮，引用"5 月 1 日中原菜市场蔬菜价格表"中的数据，单击"添加"按钮，将数据添加到"所有引用位置"中。

（4）重复上述步骤，将"5 月 2 日中原菜市场蔬菜价格表"、"5 月 3 日中原菜市场蔬菜价格表"和"5 月 4 日中原菜市场蔬菜价格表"中的数据添加到"所有引用位置"中。

（5）在"标签位置"区域中，选中"最左列"复选框。

（6）单击"确定"按钮。

5. 数据分类汇总

（1）在 Sheet5 工作表中，选中单元格区域 A3:A42，在"数据"选项卡的"排序和筛选"组中，单击"升序"按钮。

（2）在"排序提醒"对话框中，选中"扩展选定区域"单选按钮，单击"排序"按钮。

（3）选中数据区域的任一单元格，在"数据"选项卡的"分级显示"组中，单击"分类汇总"按钮。

（4）打开"分类汇总"对话框，在"分类字段"下拉列表框中选择"日期"选项，在"汇总方式"下拉列表框中选择"平均值"选项，在"选定汇总项"列表中选择各类蔬菜选项，单击"确定"按钮。

6. 建立数据透视表

（1）在"数据源"工作表中，单击数据区域的任一单元格。在"插入"选项卡的"数据透视表"组中单击"数据透视表"按钮。

（2）打开"创建数据透视表"对话框，在"选择放置数据透视表的位置"选项区域选中"现有工作表"单选按钮，单击"位置"文本框右侧的"压缩对话框"按钮，选中 Sheet6 工作表中的单元格 A1，单击"确定"按钮。

（3）在 Sheet6 工作表中，在"数据透视表字段列表"窗口中，将"批发市场"拖拽到"报表筛选"区域，"日期"拖拽到"行标签"区域，各类蔬菜选项拖拽到"数值"区域，将"列标签"区域出现的"Σ数值"拖拽到"行标签"区域。

（4）在"数值"区域，单击各类蔬菜选项右侧的下三角按钮，在下拉列表中选择"值字段设置"选项，打开"值字段设置"对话框，在"计算类型"中选择"最大值"选项，单击"确定"按钮。

（5）在数据透视表中，按照样文样式，单击"行标签"单元格中的筛选按钮，在下拉列表中选择"5 月 1 日"选项。

7.4　第 4 题

在 Excel 中，单击 Office 按钮，选择"打开"选项，在"打开"对话框中，选取考生文件夹中的 A7.xlsx，单击"打开"按钮。

1. 公式（函数）应用

（1）在 Sheet1 工作表中，选中单元格区域 G3:G8，在"公式"选项卡的"函数库"组中，单击"自动求和"按钮，在下拉列表中选择"求和"选项。

（2）选中单元格区域 B9:F9，在"公式"选项卡的"函数库"组中，单击"自动求和"按钮，在下拉列表中选择"平均值"选项。

2. 数据排序

（1）在 Sheet2 工作表中，选中单元格区域 F3:F8，在"数据"选项卡的"排序和筛选"组中，单击"降序"按钮。

（2）打开"排序提醒"对话框，选中"扩展选定区域"单选按钮，单击"排序"按钮。

3. 数据筛选

（1）在 Sheet3 工作表中，选中单元格区域 A2:F8，在"数据"选项卡的"排序和筛选"组中，单击"筛选"按钮，工作表中出现筛选按钮。

（2）单击"搅拌机"单元格中的筛选按钮，选择"数字筛选"中的"自定义筛选"选项，打开"自定义自动筛选方式"对话框，在"显示行"中选择输入"大于等于 8000 或小于等于 6000"，单击"确定"按钮。

4. 数据合并计算

（1）在 Sheet4 工作表中，选中单元格 A12，在"数据"选项卡的"数据工具"组中，单击"合并计算"按钮。

（2）打开"合并计算"对话框，在"函数"下拉列表框中选择"求和"选项。

（3）单击"引用位置"文本框右侧的"压缩对话框"按钮，引用"西南区建筑材料销售统计（万元）"中的数据，单击"添加"按钮，将数据添加到"所有引用位置"中。

（4）重复上述步骤，将"西北区建筑材料销售统计（万元）"中的数据添加到"所有引用位置"中。

（5）在"标签位置"选项区域中，选中"最左列"复选框。

（6）单击"确定"按钮。

5. 数据分类汇总

（1）在 Sheet5 工作表中，选中单元格区域 A3:A32，在"数据"选项卡的"排序和筛选"组中，单击"降序"按钮。

（2）打开"排序提醒"对话框，选中"扩展选定区域项"单选按钮，单击"排序"按钮。

（3）选中数据区域的任一单元格，在"数据"选项卡的"分级显示"组中，单击"分类汇总"按钮。

（4）打开"分类汇总"对话框，在"分类字段"下拉列表框中选择"产品名称"选项，在"汇总方式"下拉列表框中选择"平均值"选项，在"选定汇总项"列表中选择"销售额"选项，单击"确定"按钮。

6. 建立数据透视表

（1）在"数据源"工作表中，单击数据区域的任一单元格。在"插入"选项卡的"数据透视表"组中单击"数据透视表"按钮。

（2）打开"创建数据透视表"对话框，在"选择放置数据透视表的位置"选项区域中选中"现有工作表"单选按钮，单击"位置"文本框右侧的"压缩对话框"按钮 ，选中 Sheet6 工作表中的单元格 A1，单击"确定"按钮。

（3）在 Sheet6 工作表中，在"数据透视表字段列表"窗口中，将"销售地区"拖拽到"行标签"区域，"产品名称"拖拽到"列标签"区域，"销售额"拖拽到"数值"区域。

（4）在"数值"区域，单击"销售额"右侧的下三角按钮，在下拉列表中选择"值字段设置"选项，打开"值字段设置"对话框，在"计算类型"中选择"求和"选项，单击"确定"按钮。

7.5　第 5 题

在 Excel 中，单击 Office 按钮 ，选择"打开"选项，在"打开"对话框中，选取考生文件夹中的 A7.xlsx，单击"打开"按钮。

1. 公式（函数）应用

在 Sheet1 工作表中，选中单元格区域 G3:G11，在"公式"选项卡的"函数库"组中，单击"自动求和"按钮，在下拉列表中选择"求和"选项。

2. 数据排序

（1）在 Sheet3 工作表中，选中单元格区域 A2:F11，在"数据"选项卡的"排序和筛选"组中，单击"排序"按钮。

（2）打开"排序"对话框，在"主要关键字"中选择"国家拨款"选项，"次序"中选择"降序"选项；单击"添加条件"按钮，弹出"次要关键字"下拉列表框，选择"学校拨款"选项，在"次序"中选择"降序"选项，单击"确定"按钮。

3. 数据筛选

（1）在 Sheet3 工作表中，选中单元格区域 A2:F11，在"数据"选项卡的"排序和筛选"组中，单击"筛选"按钮，工作表中出现筛选按钮。

（2）单击"学校拨款"单元格中的筛选按钮，选择"数字筛选"中的"自定义筛选"选项，打开"自定义自动筛选方式"对话框，在"显示行"中选择输入"大于等于 300000"，单击"确定"按钮。

（3）重复上述步骤，筛选出"国家拨款"中"大于或等于 600000"的数据。

4. 数据合并计算

（1）在 Sheet4 工作表中，选中单元格 D28，单击"数据"菜单的"数据工具"选项卡中的"合并计算"按钮。

（2）打开"合并计算"对话框，在"函数"下拉列表框中选择"求和"按钮。

（3）单击"引用位置"文本框右侧的"压缩对话框"按钮，引用"黄河科技大学各实验室学校拨款情况"中的数据，单击"添加"按钮，将数据添加到"所有引用位置"中。

（4）重复上述步骤，将"黄河科技大学各实验室国家拨款情况"和"黄河科技大学各实验室自筹资金情况"中的数据添加到"所有引用位置"中。

（5）在"标签位置"选项区域中，选中"最左列"复选框。

（6）单击"确定"按钮。

5. 数据分类汇总

（1）在 Sheet5 工作表中，选中单元格区域 C3:C11，在"数据"选项卡的"排序和筛选"组中，单击"升序"按钮。

（2）打开"排序提醒"对话框，选中"扩展选定区域"单选按钮，单击"排序"按钮。

（3）选中数据区域的任一单元格，在"数据"选项卡的"分级显示"组中，单击"分类汇总"按钮。

（4）打开"分类汇总"对话框，在"分类字段"下拉列表框中选择"单位"选项，在"汇总方式"下拉列表框中选择"求和"选项，在"选定汇总项"列表中选择"学校拨款"、"国家拨款"和"自筹资金"选项，单击"确定"按钮。

6. 建立数据透视表

（1）在"数据源"工作表中，单击数据区域的任一单元格。在"插入"选项卡的"数据透视表"组中单击"数据透视表"按钮。

（2）打开"创建数据透视表"对话框，在"选择放置数据透视表的位置"选项区域选中"现有工作表"单选按钮，单击"位置"文本框右侧的"压缩对话框"按钮，选中 Sheet6 工作表中的单元格 A1，单击"确定"按钮。

（3）在 Sheet6 工作表中，在"数据透视表字段列表"窗口中，将"级别"拖拽到"报表筛选"区域，"实验室名称"拖拽到"行标签"区域，"单位"拖拽到"列标签"

区域，"国家拨款"拖拽到"数值"区域。

（4）在"数值"区域，单击"国家拨款"右侧的下三角按钮，在下拉列表中选择"值字段设置"选项，打开"值字段设置"对话框，在"计算类型"中选择"求和"选项，单击"确定"按钮。

（5）在数据透视表中，按照样文样式，单击"（全部）"单元格中的筛选按钮，在下拉列表中选择"河南省重点"选项。

第 8 章 Word 和 Excel 的进阶应用

Ⅰ. 知识讲解

知识要点

- 选择性粘贴操作
- 文本和表格的相互转换
- 宏的应用
- 邮件合并操作

评分细则

本章有 4 个评分点，每题 10 分。

评分点	分值	得分条件	判分要求
选择性粘贴	2	粘贴文档方式正确	须使用"选择性粘贴"技能点，其他方式粘贴不得分
文字转换成表格（表格转换成文字）	2	行/列数、套用表格格式正确（表格转换完整、正确）	须使用"将表格转换成文本"技能点，其他方式形成的表格不得分（须使用"将文本转换成表格"技能点，其他方式形成的文本不得分）
记录（录制）宏	3	宏名、功能、快捷键正确，使用顺利	与要求不符不得分
邮件合并	3	主控文档建立正确，数据源使用完整、准确，合并后文档与操作要求一致	须使用"邮件合并"技能点，其他方式形成的合并文档不得分

8.1　选择性粘贴操作

　　选择性粘贴是 Microsoft Office 软件中的一种粘贴选项，通过使用选择性粘贴，能够将剪贴板中的内容粘贴为不同于内容源的格式，即：在粘贴内容时，不是全部粘贴内容的所有格式，而是有选择地进行粘贴，可以帮助用户在 Word 2007 中自定义粘贴格式。例如，可以将剪贴板中的内容以图片、无格式文本、文档对象等方式粘贴到目标位置。

　　图 8-1 所示的"选择性粘贴"对话框中各组件的功能。

- 源：标明了复制内容来源的程序及其在磁盘上的位置，或者显示为"未知"。
- 粘贴：将复制内容嵌入到当前文档中，并断开与源程序的联系。

- 粘贴链接：将复制内容嵌入到当前文档中，同时建立与源程序的链接，源程序关于这部分内容的任何修改都会反映到当前文档中。
- 形式：在这个列表框中选择复制对象用什么样的形式插入到当前文档中。
- 显示为图标：将复制内容以源程序的图标形式插入到当前文档中。
- 结果：对形式内容进行说明。

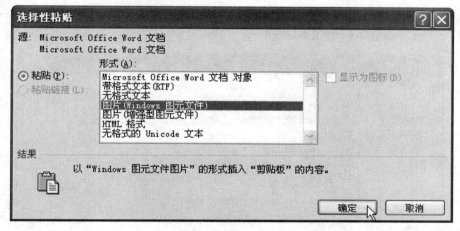

图 8-1

1. Word 文档内容的选择性粘贴

在 Word 2007 中使用"选择性粘贴"功能粘贴剪切板中内容的步骤如下所述。

（1）打开 Word 2007 文档窗口，首先选择部分文本或对象，并执行"复制"或"剪切"命令。然后在"开始"选项卡的"剪贴板"组中单击"粘贴"按钮下面的下三角按钮，在打开的下拉菜单中执行"选择性粘贴"命令或直接按 Alt+Ctrl+V 组合键，如图 8-2 所示。

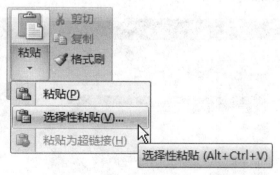

图 8-2

（2）在打开的"选择性粘贴"对话框中选中"粘贴"单选按钮，然后在"形式"列表中选择一种粘贴格式，例如选择"图片（Windows 图元文件）"选项，并单击"确定"按钮，如图 8-1 所示。

（3）剪贴板中的内容将以选定的形式被粘贴到目标位置。

2. Excel 表格的选择性粘贴

（1）在 Excel 表格中选择需要复制的单元格区域，并执行"复制"或"剪切"命令。在打开的 Word 文档中的"开始"选项卡的"剪贴板"组中单击"粘贴"按钮下面的下三角按钮，在打开的下拉菜单中执行"选择性粘贴"命令或直接按 Ctrl+Alt+V 组合键。

（2）在打开的"选择性粘贴"对话框中选中"粘贴"单选按钮，然后在"形式"列表中选择一种粘贴格式，例如选择"Microsoft Office Excel 工作表 对象"选项，并单击"确定"按钮，如图 8-3 所示。

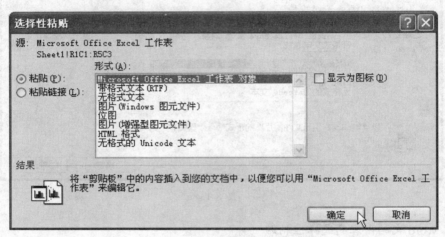

图 8-3

（3）所复制的表格中的内容将以选定的形式被粘贴到目标位置。

3. 网页内容的选择性粘贴

网页中的内容只能以 3 种形式被选择性粘贴至 Word 文档中，包括无格式文本、HTML格式、无格式的 Unicode 文本，如图 8-4 所示。

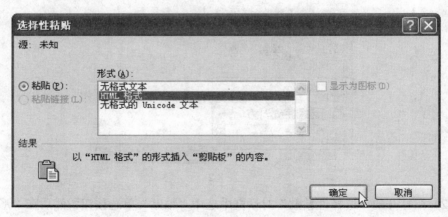

图 8-4

8.2　文本和表格的相互转换

Word 提供了文本与表格相互转换的功能，可以根据自己的需求随时转换文本为表格，也可以将表格转换为文本。

1. 将文本转换为表格

对于一些排列十分整齐且有规律的纯文本数据，不必在新建表格中逐一移动数据，只需使用 Word 的"文本转换成表格"功能即可。

（1）选择需要转换为表格的文本，在"插入"选项卡的"表格"组中单击"表格"按钮，在弹出的下拉菜单中选择"文本转换成表格"选项，如图 8-5 所示。

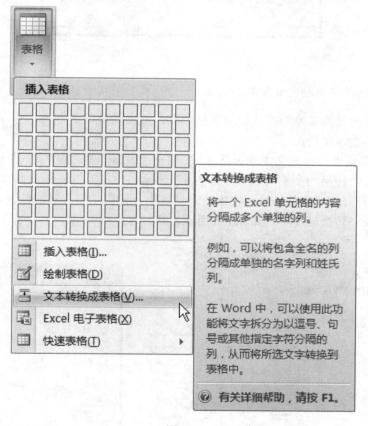

图 8-5

（2）在打开的"将文字转换成表格"对话框中，可以指定表格的列数及列宽，还可以设置文字分隔的位置，设置完成后，单击"确定"按钮即可，如图 8-6 所示。

所谓文字分隔符，就是用于判断文字之间是否位于不同单元格的判别标记。Word会根据所选的内容优先选择文字分隔符，也可以根据需要对其进行自定义。

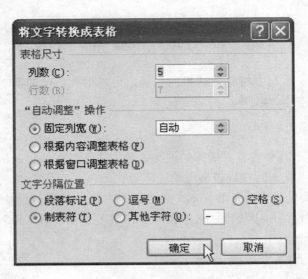

图 8-6

2. 将表格转换为指定分隔符的文本

假若需要通过纯文本的方式记录表格内容，可以通过以下方式，将 Word 表格快速转换为整齐的文本资料。

（1）选取需要转换为文本的表格区域，打开"表格工具"的"布局"选项卡，在"数据"组中单击"转换为文本"按钮，如图 8-7 所示。

（2）在打开的"表格转换成文本"对话框中，设置文字分隔的位置，单击"确定"按钮即可将表格转换成文本，如图 8-8 所示。

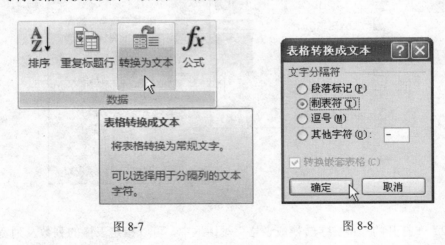

图 8-7

图 8-8

8.3 宏的应用

使用宏可以快速执行日常编辑和格式设置任务，也可以合并需要按顺序执行的多个命令，还可以自动执行一系列复杂的任务。

8.3.1 宏在 Word 中的应用

宏是一系列 Word 命令的集合，通过运行宏的一个命令就可以完成一系列的 Word 命令，达到简化编辑操作的目的。Word 中的宏能够在进行一系列费时而单调的重复性操作时，自动完成所需任务。可以把自己创建的宏指定到工具栏、菜单或者组合键上，通过单击一个按钮、选取一个命令或者按下一组组合键的方式来运行宏。

1. 录制宏

对于重复性的工作，可以录制为一个宏，当需要再进行同样的操作时，执行该宏即可快速完成相同的工作。录制宏的具体操作方法如下。

（1）录制之前，要先做好准备工作，尤其要弄清楚需要宏执行哪些命令，这些命令的次序是什么。

（2）在"视图"选项卡的"宏"组中，单击"宏"按钮，在打开的列表中选择"录制宏"选项，如图 8-9 所示。

（3）在打开的"录制宏"对话框中，可在"宏名"文本框中输入新录制宏的名称；在"将宏保存在"下拉列表中选择保存宏的位置，如果选择 Normal，则表示这个宏在所有文档中都可以使用，如果选择将该项宏保存在某个模板或者文档中，则只有指定的文档才可以使用该宏；在"说明"文本框中可以输入该宏的说明信息，默认的说明信息是宏的录制日期和用户名，如图 8-10 所示。

图 8-9

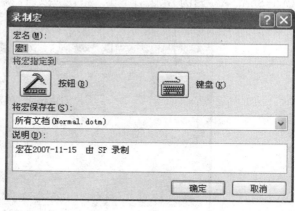

图 8-10

（4）在"将宏指定到"选项区域中，单击"按钮"图标按钮，打开"Word 选项"对话框，在"自定义"选项卡界面中可以将宏添加到"快速访问工具栏"中，如图 8-11 所示。

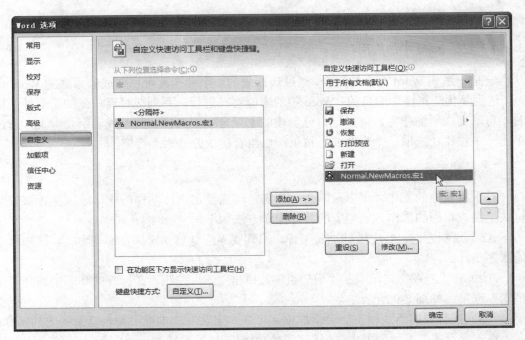

图 8-11

（5）在"录制宏"对话框中的"将宏指定到"选项区域中，单击"键盘"图标按钮，打开"自定义键盘"对话框，在"请按新快捷键"文本框中输入组合键（此处以"Ctrl+Shift+A"为例），然后单击"指定"按钮，即可指定运行该宏的快捷键，如图 8-12 所示。

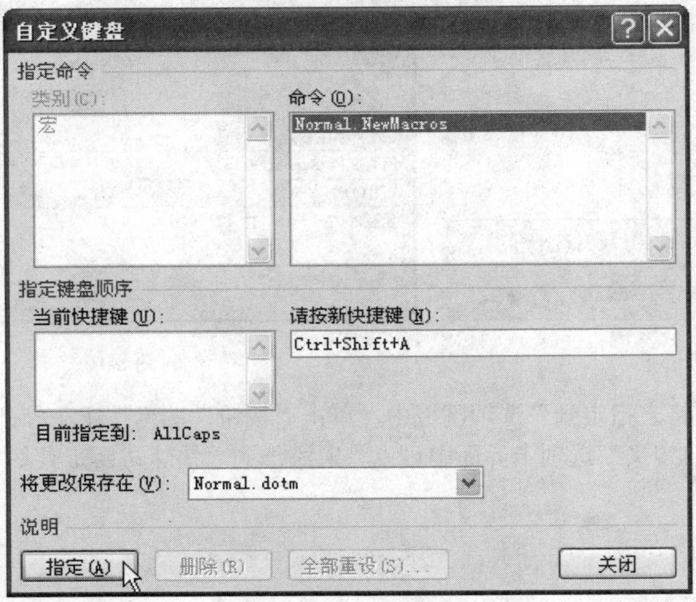

图 8-12

（6）单击"关闭"按钮，这时鼠标指针会变成 形状，此时就可以录制宏了，按照前面的准备，依次执行宏要进行的操作。

（7）录制完毕后，在"视图"选项卡的"宏"组中，单击"宏"按钮下方的下三角按钮，在弹出的列表中选择"停止录制"选项即可，如图 8-13 所示。这样，以后只需要按组合键即可运行该宏，完成一系列的操作。

图 8-13

注意：首先，宏的命名不能与 Word 中已有的标准宏重名，否则 Word 就会用新录制的宏记录的操作替换原有的宏记录的操作。其次，宏录制工具不记录执行的操作，只记录操作的结果。所以，不能记录鼠标在文档中的移动，如果要录制移动光标或选择、复制等操作，只能用键盘执行。

2．运行宏

如果创建的宏被指定到快速访问工具栏上，可通过单击相应的命令来执行。如果创建的宏被指定组合键，可通过按该组合键来执行。如果要运行在特殊模板上创建的宏，则应首先打开该模板或基于该模板创建的文档，然后运行宏即可。

在"视图"选项卡的"宏"组中，直接单击"宏"按钮，在打开的"宏"对话框中，如图 8-14 所示，选择要运行的宏命令，单击"运行"按钮，即可执行该宏命令；如果单击"单步执行"按钮，就可以每次只执行一步操作，可以清楚地看到每一步操作及其效果。

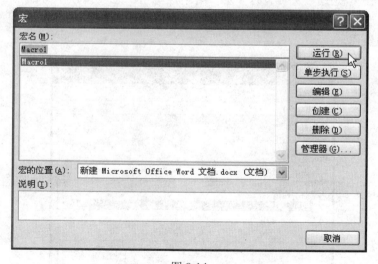

图 8-14

3．删除宏

要删除在文档或模板中不需要的宏命令，只需在"视图"选项卡的"宏"组中单击"宏"按钮，在打开的"宏"对话框中，选择要删除的宏命令，单击"删除"按钮，这时弹出删除问询对话框，在该对话框中单击"是（Y）"按钮，即可删除该宏命令。

8.3.2 宏在 Excel 中的应用

宏是一系列 Excel 命令的集合，通过运行宏的一个命令就可以完成一系列的 Excel 命令，以实现任务执行的自动化。可以把自己创建的宏指定到工具栏、菜单或者组合键上，通过单击一个按钮、选取一个命令或者按下一组组合键的方式来运行宏。

一般创建宏的方式有两种：录制法（用键盘和鼠标）和直接输入法（利用宏编辑窗口）。通常比较方便的方法是使用键盘和鼠标来录制一系列需要的操作，录制宏的具体操作方法如下。

（1）录制之前，要先做好准备工作，尤其要弄清楚需要宏执行哪些命令，这些命令的次序是什么。

（2）在"视图"选项卡的"宏"组中，单击"宏"按钮下方的下三角按钮，在打开的列表中选择"录制宏"选项。

（3）在打开的"录制新宏"对话框中，在"宏名"文本框中输入新录制宏的名称。在"快捷键"文本框中指定运行宏的组合键，可用"Ctrl+小写字母"或"Ctrl+Shift+大写字母"，例如，只要输入"Shift+A"，就可将"Ctrl+Shift+A"设置为组合键。在"保存在"下拉列表中可以选择保存宏的位置，如果要使宏在 Excel 任何工作簿中都可使用，可以选择"个人宏工作簿"。在"说明"文本框中可以输入该宏的说明信息，默认的说明信息是宏的录制日期和用户名，如图 8-15 所示。

（4）单击"确定"按钮，开始录制宏。按照前面的准备，依次执行宏要进行的操作。录制完毕后，在"视图"选项卡的"宏"组中，单击"宏"按钮下方的下三角按钮，在打开的列表中选择"停止录制"命令即可。这样，以后只需要按下组合键即可运行该宏，完成一系列的操作。

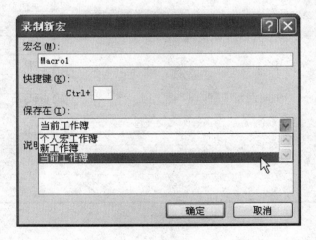

图 8-15

📎 提示：在 Excel 中运行宏和删除宏的操作方法与在 Word 中的操作方法基本一致，在此不做赘述。

8.4　邮件合并操作

邮件合并是 Word 的一项高级功能，是办公自动化人员应该掌握的基本技术之一。如果需要编辑多封邮件或者信函，这些邮件或者信函只是收件人信息有所不同，而内容完全一样时，使用邮件合并功能可以很方便地实现，从而提高办公效率。邮件合并是将作为邮件发送的文档与由收件人信息组成的数据源合并在一起，作为完整的邮件，其操作的主要过程包括创建主文档、制作和处理数据源、合并数据等。邮件合并操作在 Word 中有两种方法，一种是通过功能区的按钮完成，另一种是通过邮件合并向导完成。

1. 创建主文档

合并的邮件由两部分组成，一部分是合并过程中保持不变的主文档，另一部分是包含多种信息的数据源。因此进行邮件合并时，首先应该创建主文档。在"邮件"选项卡的"开始邮件合并"组中单击"开始邮件合并"按钮，在打开的下拉菜单中选择文档类型，如信函、电子邮件、信封、标签和目录等，如图 8-16 所示。这样就可创建一个主文档了。

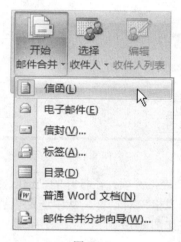

图 8-16

选择"信函"或"电子邮件"可以制作一组内容类似的邮件正文，选择"信封"或"标签"可以制作带地址的信封或标签。

2. 选择数据源

数据源是指要合并到文档中的信息文件，如果要在邮件合并中使用名称和地址列表等，主文档必须要连接到数据源，才能使用数据源中的信息。在"邮件"选项卡的"开始邮件合并"组中单击"选择收件人"按钮，在打开的下拉列表中选择数据源，如图 8-17 所示。

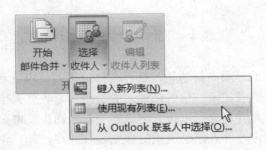

图 8-17

（1）若选择"键入新列表"选项，将打开"新建地址列表"对话框，在其中可以新建条目、删除条目、查找条目，以及对条目进行筛选和排序，如图 8-18 所示。

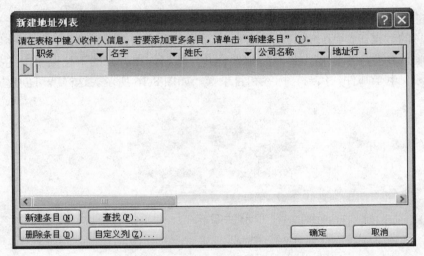

图 8-18

（2）若选择"使用现有列表"选项，在打开的"选取数据源"对话框中选择收件人通信录列表文件。打开"选择表格"对话框，从中选定以哪个工作表中的数据作为数据源，然后单击"确定"按钮，如图 8-19 所示。

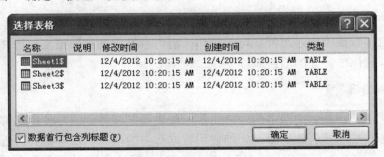

图 8-19

（3）若选择"从 Outlook 联系人中选择"选项，则打开 Outlook 中的通信簿，从中选择收件人地址。

3. 编辑主文档

（1）编辑收件人列表，在"邮件"选项卡的"开始邮件合并"组中单击"编辑收件人列表"按钮，如图 8-20 所示。

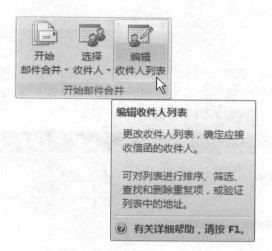

图 8-20

（2）在打开的"邮件合并收件人"对话框中，通过复选框可以选择添加或删除合并的收件人，也可以对列表中的收件人信息进行排序或筛选等操作，如图 8-21 所示。

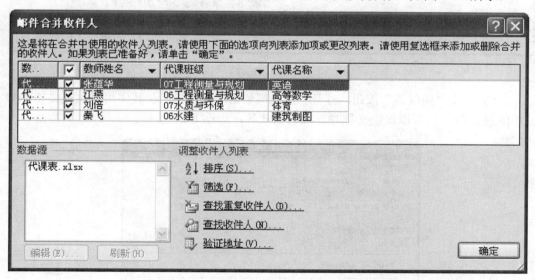

图 8-21

（3）创建完数据源后就可以编辑主文档了，在编辑主文档的过程中，需要插入各种域，只有在插入域后，Word 文档才成为真正的主文档。在"邮件"选项卡的"编写和插入域"组中，可以在文档编辑区中根据每个收信人的不同内容添加相应的域，如图 8-22 所示。

图 8-22

（4）单击"地址块"按钮，打开"插入地址块"对话框，可以在其中设置地址块的格式和内容，例如收件人名称、公司名称和通信地址等，如图 8-23 所示。地址块插入文档后，实际应用时会根据收件人的不同而显示不同的内容。

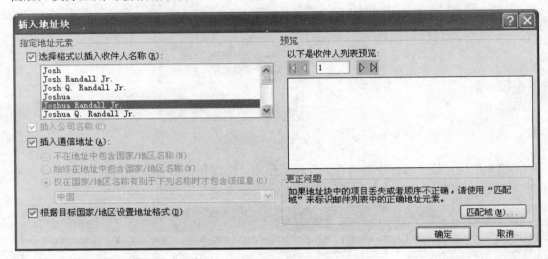

图 8-23

（5）单击"问候语"按钮，打开"插入问候语"对话框，在其中可以设置文档中要使用的问候语，也可以自定义称呼、姓名格式等，如图 8-24 所示。

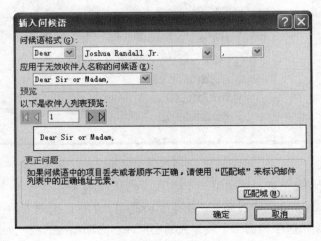

图 8-24

（6）在文档中将光标定位在需要插入某一域的位置处，单击"插入合并域"按钮，打开"插入合并域"对话框，在该对话框中选择要插入到信函中的项目，单击"插入"按钮即可完成信函与项目的合并，如图 8-25 所示。然后按照这个方法依次插入其他各个域，这些项目的具体内容将根据收件人的不同而改变。

还有一种插入合并域的方法，就是定位好光标位置后，单击"插入合并域"按钮下方的下三角按钮，在打开的下拉列表中也可以依次选择插入各个域，如图 8-26 所示。

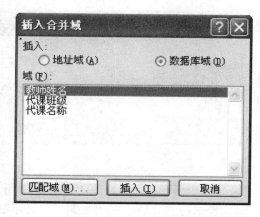

图 8-25

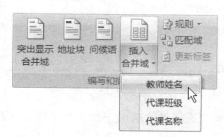

图 8-26

4. 邮件合并

（1）利用功能区按钮完成邮件合并操作。

完成信函与数据源的合并后，在"邮件"选项卡的"预览结果"组中单击"预览结果"按钮，文档编辑区中将显示信函正文，其中收件人信息使用的是收件人列表中第一个收件人的信息。若希望看到其他收件人的信函，可以单击按钮◄和►浏览"上一记录"和"下一记录"，单击按钮◄和►浏览"首记录"和"尾记录"，如图 8-27 所示。

通过预览功能核对邮件内容无误后，在"邮件"选项下的"完成"组中单击"完成并合并"按钮，在打开的下拉列表中，根据需要选择将邮件合并到单个文档、打印文档或是发送电子邮件等，如图 8-28 所示。

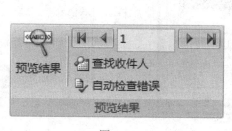

图 8-27

图 8-28

● 选择"编辑单个文档"选项，打开"合并到新文档"对话框，如图 8-29 所示。选中"全部"单选按钮，即可将所有收件人的邮件合并到一篇新文档中；选中

"当前记录"单选按钮，即可将当前收件人的邮件形成一篇新文档；选中"从　到　"单选按钮，即可将选择区域内的收件人的邮件形成一篇新文档。

● 选择"打印文档"选项，打开"合并到打印机"对话框，如图 8-30 所示。选中"全部"单选按钮，即可打印所有收件人的邮件；选中"当前记录"单选按钮，即可打印当前收件人的邮件；选中"从　到　"单选按钮，即可打印选择区域内的所有收件人的邮件。

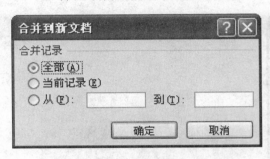

图 8-29

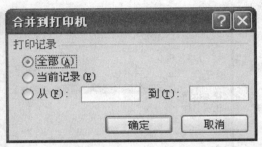

图 8-30

● 选择"发送电子邮件"选项，打开"合并到电子邮件"对话框，如图 8-31 所示。"收件人"列表中的选项是与数据源列表保持一致的；在"主题行"文本框中可以输入邮件的主题内容；在"邮件格式"下拉列表框中可以选择以"附件"、"纯文本"或 HTML 格式发送邮件；在"发送记录"选项区域，可以设置是发送全部记录、当前记录，还是发送指定区域内的记录。

如果将完成邮件合并的主文档恢复为常规文档，只需要在"邮件"选项卡的"开始邮件合并"组中单击"开始邮件合并"按钮，在打开的下拉列表中选择"普通 Word 文档"命令即可，如图 8-32 所示。

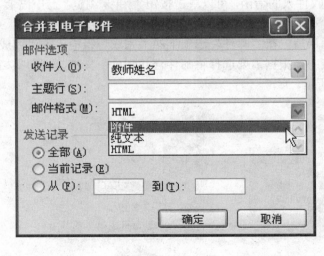

图 8-31

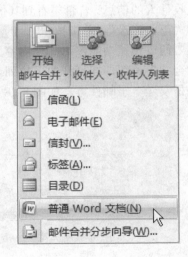

图 8-32

（2）利用邮件合并向导完成邮件合并操作。

在"邮件"选项卡的"开始邮件合并"组中单击"开始邮件合并"按钮，在打开的下拉菜单中选择"邮件合并分步向导"选项，即可打开"邮件合并"任务窗格，如图 8-33 所示。

　　在"邮件合并"任务窗格中，首先要选择需要的文档类型。选择"信函"或"电子邮件"可以制作一组内容类似的邮件正文，选择"信封"或"标签"可以制作带地址的信封或标签。

　　单击"下一步：正在启动文档"链接，在打开的任务窗格中选中"使用当前文档"单选按钮可以在当前活动窗口中创建并编辑信函；选中"从模板开始"单选按钮可以选择信函模板；选中"从现有文档开始"单选按钮则可以在弹出的对话框中选择已有的文档作为主文档，如图 8-34 所示。

　　在"选择开始文档"任务窗格中，单击"下一步：选取收件人"链接，即可显示"选择收件人"任务窗格，可以从中选择现有列表或 Outlook 联系人作为收件人列表，也可以键入新列表，如图 8-35 所示。

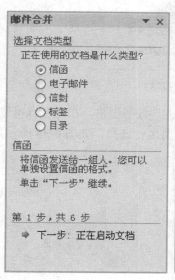
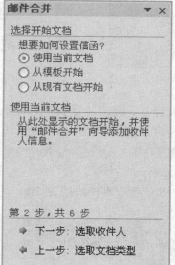
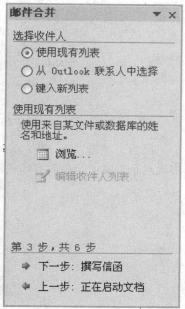

图 8-33　　　　　　　　　图 8-34　　　　　　　　　图 8-35

　　正确选择数据源后，单击"下一步：撰写信函"链接，即可显示"撰写信函"任务窗格，可以在文档编辑区中根据每个收信人的不同内容添加相应的域，如地址块、问候语、电子邮政以及其他项目等，如图 8-36 所示。

　　在指定位置插入相应的域后，单击"下一步：预览信函"链接，即可显示"预览信函"任务窗格。此时，在文档编辑区中将显示信函正文，其中收件人信息使用的是收件人列表中第一个收件人的信息，若希望看到其他收件人的信息，可以单击"收件人"选项两旁的按钮 《 和 》 进行浏览，如图 8-37 所示。

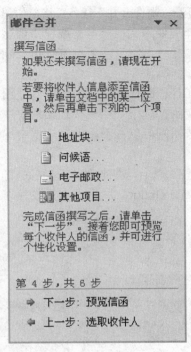

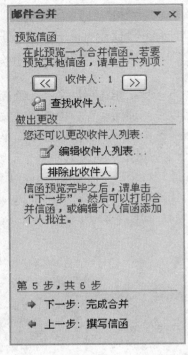

图 8-36   图 8-37

最后，单击"下一步：完成合并"链接，显示"完成合并"任务窗格，在此区域可以实现两个功能：合并到打印机和合并到新文档，可以根据需要进行选择，如图 8-38 所示。

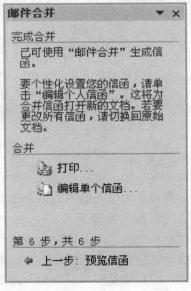

图 8-38

Ⅱ．试题汇编

8.1　第 1 题

【操作要求】

打开 A8.docx，按下列要求操作。

1．**选择性粘贴**：在 Excel 中打开文件 C:\2007KSW\DATA2\TF8-1A.xlsx，将工作表中的表格以"Microsoft Excel 工作表 对象"的形式复制到 A8.docx 文档【8-1A】文本下，结果如【样文 8-1A】所示。

2．**文本与表格间的相互转换**：将【8-1B】"化工部培训中学 2007 年上学期教师评估一览表"下的文本转换成表格，表格尺寸为 5 列 7 行；以"竖列型 1"为样式基准，为表格自动套用"浅色网格"的表格样式；文字分隔位置为制表符，结果如【样文 8-1B】所示。

3．**录制新宏**：

- 在 Excel 中新建一个文件，在该文件中创建一个名为 A8A 的宏，将宏保存在当前工作簿中，用 Ctrl+Shift+F 作为快捷键，功能为将选定单元格内填入 5+7*20 的结果。

- 操作完成后，将该文件以"Excel 启用宏的工作簿"类型保存至考生文件夹中，文件名为 A8-A。

4．**邮件合并**：

- 在 Word 中打开文件 C:\2007KSW\DATA2\TF8-1B.docx，另存为考生文件夹中，文件名为 A8-B.docx。

- 选择"信函"文档类型，使用当前文档，以文件 C:\2007KSW\DATA2\TF8-1C.xlsx 为数据源，进行邮件合并，结果如【样文 8-1C】所示。

- 将邮件合并结果保存至考生文件夹中，文件名为 A8-C.docx。

【样文 8-1A】

化工部培训中学初三年级学生成绩表

姓名	语文	数学	英语	政治	总分
王民	72	75	69	77	293
李丽丽	72	75	69	77	293
赵娟	76	67	90	97	330
刘美丽	76	67	90	97	330
吴刚	76	85	84	83	328
林国真	76	85	84	83	328
刘朝阳	76	88	73	82	319

【样文 8-1B】

化工部培训中学 2007 年上学期教师评估一览表

姓名	性别	年龄	担任科目	评教成绩
王志瑛	女	34	初三（1）班语文	90
刘美	女	32	初二（1）班语文	87
康林	男	35	初一（1）班数学	85
王友谊	男	32	初二（1）班数学	81
孙玟	女	29	初三（1）班语文	80
红颜	女	36	初一（2）班语文	98

【样文 8-1C】

新鑫小区物业管理费的收缴通知

楼号：1

室号：105　　　水费：30　　　电费：160　　　卫生费：10　　　车位费：100　　　宽带接口费：50　　　管理费：20　　　共计 370　　，请您务必在 2007 年 8 月 1 日前到物业管理办交清，否则将酌情处理！

新鑫小区物业管理办

新鑫小区物业管理费的收缴通知

楼号：1

室号：109　　　水费：20　　　电费：140　　　卫生费：10　　　车位费：100　　　宽带接口费：50　　　管理费：20　　　共计 340　　，请您务必在 2007 年 8 月 1 日前到物业管理办交清，否则将酌情处理！

新鑫小区物业管理办

新鑫小区物业管理费的收缴通知

楼号：3

室号：304　　　水费：60　　　电费：200　　　卫生费：10　　　车位费：100　　　宽带接口费：50　　　管理费：20　　　共计 440　　，请您务必在 2007 年 8 月 1 日前到物业管理办交清，否则将酌情处理！

新鑫小区物业管理办

新鑫小区物业管理费的收缴通知

楼号：3

室号：306　　　水费：80　　　电费：180　　　卫生费：10　　　车位费：

130　　宽带接口费：50　　　管理费：20　　　共计 470　　，请您

务必在 2007 年 8 月 1 日前到物业管理办交清，否则将酌情处理！

新鑫小区物业管理办

新鑫小区物业管理费的收缴通知

楼号：4

室号：422　　　水费：40　　　电费：190　　　卫生费：10　　　车位费：

130　　宽带接口费：50　　　管理费：20　　　共计 440　　，请您

务必在 2007 年 8 月 1 日前到物业管理办交清，否则将酌情处理！

新鑫小区物业管理办

新鑫小区物业管理费的收缴通知

楼号：4

室号：423　　　水费：100　　　电费：150　　　卫生费：10　　　车位费：

130　　宽带接口费：50　　　管理费：20　　　共计 460　　，请您

务必在 2007 年 8 月 1 日前到物业管理办交清，否则将酌情处理！

新鑫小区物业管理办

8.2 第 2 题

【操作要求】

打开 A8.docx，按下列要求操作。

1. **选择性粘贴：** 在 Excel 中打开文件 C:\2007KSW\DATA2\TF8-2A.xlsx，将工作表中的表格以"Microsoft Excel 工作表 对象"的形式复制到 A8.docx 文档【8-2A】文本下，结果如【样文 8-2A】所示。

2. **文本与表格间的相互转换：** 将【8-2B】"北极星手机公司员工一览表"下的表格转换成文本，文字分隔符为制表符，结果如【样文 8-2B】所示。

3. **录制新宏：**
- 在 Word 中新建一个文件，在该文件中创建一个名为 A8A 的宏，将宏保存在当前文档中，用 Ctrl+Shift+F 作为快捷键，功能为在当前光标处插入一个换行符。
- 操作完成后，将该文件以"启用宏的 Word 文档"类型保存至考生文件夹中，文件名为 A8-A。

4. **邮件合并：**
- 在 Word 中打开文件 C:\2007KSW\DATA2\TF8-2B.docx，另存为考生文件夹中，文件名为 A8-B.docx。
- 选择"信函"文档类型，使用当前文档，以文件 C:\2007KSW\DATA2\TF8-2C.xlsx 为数据源，进行邮件合并，结果如【样文 8-2C】所示。
- 将邮件合并结果保存至考生文件夹中，文件名为 A8-C.docx。

【样文 8-2A】

2007 年南平市市场调查表

类别	一月	二月	三月	四月	五月
批发零售业	17567	21130.5	18164.9	21949.2	21218.7
餐 饮 业	3122.1	4401.8	2689.3	3344.9	3416.1
制 造 业	1495.8	1190.9	1424.1	1183.2	1455.2
农业	2734.1	3331.1	3639.2	3322.1	3573.6
其 他	4999.6	4611.4	4801.8	4595.3	4584.1

【样文 8-2B】

北极星手机公司员工一览表

员工姓名	性别	年龄	政治面貌	最高学历	现任职务
刘阳	男	28	党员	本科	办公室主任
苏雪梅	女	30	党员	高中	财务主任
吴丽	女	29	党员	中专	销售经理
郑妍妍	女	30	团员	大专	服务部经理
石伟	男	32	团员	中专	财务副主任
朱静	男	34	党员	高中	销售科长

【样文 8-2C】

考生选题单

考生编号	第 1 单元	第 2 单元	第 3 单元	第 4 单元	第 5 单元	第 6 单元
200701	15	2	3	12	10	17

考生选题单

考生编号	第 1 单元	第 2 单元	第 3 单元	第 4 单元	第 5 单元	第 6 单元
2007032	12	6	5	13	8	15

考生选题单

考生编号	第 1 单元	第 2 单元	第 3 单元	第 4 单元	第 5 单元	第 6 单元
2007056	1	8	14	18	6	12

考生选题单

考生编号	第 1 单元	第 2 单元	第 3 单元	第 4 单元	第 5 单元	第 6 单元
2007089	10	17	20	17	4	8

考生选题单

考生编号	第 1 单元	第 2 单元	第 3 单元	第 4 单元	第 5 单元	第 6 单元
2007036	18	16	18	5	9	7

8.3　第 3 题

【操作要求】

打开 A8.docx，按下列要求操作。

1. **选择性粘贴**：在 Excel 中打开文件 C:\2007KSW\DATA2\TF8-3A.xlsx，将工作表中的表格以"Microsoft Excel 工作表 对象"的形式复制到 A8.docx 文档【8-3A】文本下，结果如【样文 8-3A】所示。

2. **文本与表格间的相互转换**：将【8-3B】"部分商品利润分析表"下的文本转换成表格，表格尺寸为 6 列 10 行；为表格自动套用"中等深浅网格 3-强调文字颜色 2"的表格样式；文字分隔位置为制表符，结果如【样文 8-3B】所示。

3. **录制新宏**：

● 在 Excel 中新建一个文件，在该文件中创建一个名为 A8A 的宏，将宏保存在当前工作簿中，用 Ctrl+Shift+F 作为快捷键，功能为将选定单元格的字号设定为 20。

● 操作完成后，将该文件以"Excel 启用宏的工作簿"类型保存至考生文件夹中，文件名为 A8-A。

4. **邮件合并**：

● 在 Word 中打开文件 C:\2007KSW\DATA2\TF8-3B.docx，另存为考生文件夹中，文件名为 A8-B.docx。

● 选择"信函"文档类型，使用当前文档，以文件 C:\2007KSW\DATA2\TF8-3C.xlsx 为数据源，进行邮件合并，结果如【样文 8-3C】所示。

● 将邮件合并结果保存至考生文件夹中，文件名为 A8-C.docx。

【样文 8-3A】

大明公司员工政治面貌统计表

姓名	性别	年龄	科室	政治面貌
张治和	男	41	财务科	党员
李飞	男	35	业务科	党员
赵勇	男	36	统计科	党员
孙悄燕	女	21	办公室	团员
郭建光	男	38	总务科	党员
李玫	女	32	政工科	党员
宋江	男	26	保卫科	党员

【样文 8-3B】

部分商品利润分析表

货品代码	商品名称	商品类别	进价	售价	利润
1001	领带	服饰类	10	18	8
1002	西服	服饰类	55	80	25
1003	皮鞋	服饰类	50	80	30
1004	毛毯	家用品	20	30	10
1005	吊扇	家电类	170	195	25
1006	自行车	家用品	180	230	50
1007	座扇	家电类	30	45	15
1008	儿童学步车	家用品	50	80	30
1009	手电筒	家用品	5	7	2

【样文 8-3C】

创世纪电脑学校工资条
序号：01

姓名	部门	基本工资	奖金	福利
王霞	财务科	800	50	38

创世纪电脑学校工资条
序号：06

姓名	部门	基本工资	奖金	福利
江丽	后勤科	800	32	40

创世纪电脑学校工资条
序号：12

姓名	部门	基本工资	奖金	福利
刘宽	教务科	600	40	45

创世纪电脑学校工资条
序号：08

姓名	部门	基本工资	奖金	福利
董飞	保卫科	500	100	50

8.4　第 4 题

【操作要求】

打开 A8.docx，按下列要求操作。

1．**选择性粘贴**：在 Excel 中打开文件 C:\2007KSW\DATA2\TF8-4A.xlsx，将工作表中的表格以"Microsoft Excel 工作表 对象"的形式复制到 A8.docx 文档【8-4A】文本下，结果如【样文 8-4A】所示。

2．**文本与表格间的相互转换**：将【8-4B】"2007 年自来水公司员工登记表"下的表格转换成文本，文字分隔符为制表符，结果如【样文 8-4B】所示。

3．**录制新宏**：

● 在 Word 中新建一个文件，在该文件中创建一个名为 A8A 的宏，将宏保存在当前文档中，用 Ctrl+Shift+F 作为快捷键，功能为将光标所在的段落设置为首行缩进 2 字符。

● 操作完成后，将该文件以"启用宏的 Word 文档"类型保存至考生文件夹中，文件名为 A8-A。

4．**邮件合并**：

● 在 Word 中打开文件 C:\2007KSW\DATA2\TF8-4B.docx，另存为考生文件夹中，文件名为 A8-B.docx。

● 选择"信函"文档类型，使用当前文档，以文件 C:\2007KSW\DATA2\TF8-4C.xlsx 为数据源，进行邮件合并，结果如【样文 8-4C】所示。

● 将邮件合并结果保存至考生文件夹中，文件名为 A8-C.docx。

【样文 8-4A】

华联家电城商品销售统计表

（2007 年第 3 季度）

商品名称	7月	8月	9月	总销售量
电视机	108	122	587	817
冰箱	2000	188	687	2875
空调	584	214	547	1345
洗衣机	400	342	879	1621

【样文 8-4B】

2007 年自来水公司员工登记表

编号	姓名	性别	年龄	政治面貌
0001	杨帅	男	25	团员
0002	张青	女	36	党员
0003	马玉兰	女	26	团员
0004	孟君	女	33	党员
0005	刘玉洁	女	29	党员
0006	张晓光	男	28	党员
0007	郑新菊	女	27	团员

【样文 8-4C】

代课通知书

张蕴华教师：

本学期请您给 98 工程测量与规划　专业代上　英语　课程。

教务处 2007-7-29

代课通知书

江燕教师：

本学期请您给 99 工程测量与规划　专业代上　高等数学　课程。

教务处 2007-7-29

代课通知书

刘倍教师：

本学期请您给 98 水质与环保　专业代上　体育　课程。

教务处 2007-7-29

代课通知书

秦飞教师：

本学期请您给 97 水建　专业代上　建筑制图　课程。

教务处 2007-7-29

8.5 第 5 题

【操作要求】

打开 A8.docx，按下列要求操作。

1. **选择性粘贴**：在 Excel 中打开文件 C:\2007KSW\DATA2\TF8-5A.xlsx，将工作表中的表格以"Microsoft Excel 工作表 对象"的形式复制到 A8.docx 文档【8-5A】文本下，结果如【样文 8-5A】所示。

2. **文本与表格间的相互转换**：将【8-5B】"2007 年下半年国内生产总值"下的文本转换成表格，表格尺寸为 3 列 5 行；表格自动套用"中等深浅底纹 1-强调文字颜色 1"的表格样式；文字分隔位置为制表符，结果如【样文 8-5B】所示。

3. **录制新宏**：

● 在 Word 中新建一个文件，在该文件中创建一个名为 A8A 的宏，将宏保存在当前文档中，用 Ctrl+Shift+F 作为快捷键，功能为将选定的内容设置为黑体、小四。

● 操作完成后，将该文件以"启用宏的 Word 文档"类型保存至考生文件夹中，文件名为 A8-A。

4. **邮件合并**：

● 在 Word 中打开文件 C:\2007KSW\DATA2\TF8-5B.docx，另存为考生文件夹中，文件名为 A8-B.docx。

● 选择"信函"文档类型，使用当前文档，以文件 C:\2007KSW\DATA2\TF8-5C.xlsx 为数据源，进行邮件合并，结果如【样文 8-5C】所示。

● 将邮件合并结果保存至考生文件夹中，文件名为 A8-C.docx。

【样文 8-5A】

土产公司 2007 年销售量统计表

产品类别及型号		一季度	二季度	三季度	四季度
电器类	EC355-6	¥1,280.00	¥2,500.00	¥3,000.00	¥2,300.00
	SQ603-8	¥1,560.00	¥2,350.00	¥3,200.00	¥2,000.00
	FA213-2	¥1,750.00	¥2,200.00	¥2,400.00	¥1,800.00
通讯类	MT902	¥2,000.00	¥4,500.00	¥1,800.00	¥4,500.00
	NK331	¥2,300.00	¥5,000.00	¥1,900.00	¥4,000.00
	SM051	¥2,450.00	¥5,200.00	¥2,000.00	¥6,000.00
合计		¥11,340.00	¥21,750.00	¥14,300.00	¥20,600.00

【样文 8-5B】

2007 年下半年国内生产总值

	绝对额（亿元）	比去年同期增长（%）
国内生产总值	48535.8	10.2
第一产业	4533.2	5.6
第二产业	28582.4	10
第三产业	21820.2	10.2

【样文 8-5C】

图书报价单

书名：Word2007 实用教程　　　　　出版社：希望电子出版社

开本：16　　　页数：320　　　单价：33

图书报价单

书名：Excel 2007 实用教程　　　　　出版社：希望电子出版社

开本：16　　　页数：310　　　单价：30

图书报价单

书名：Office2007 三合一教程　　　　出版社：科海出版社

开本：16　　　页数：400　　　单价：40

图书报价单

书名：Office2007 六合一教程　　　　出版社：科海出版社

开本：16　　　页数：500　　　单价：50

Ⅲ. 试题解答

8.1 第 1 题

单击 Office 按钮，执行"打开"命令，在"查找范围"文本框中找到指定路径，选择 A8.docx 文件，单击"打开"按钮。

1. 选择性粘贴

（1）打开文件 C:\2007KSW\DATA2\TF8-1A.xlsx，选择 Sheet1 工作表中的表格区域 B2:G9，在"开始"选项卡的"剪贴板"组中单击"复制"按钮，或按 Ctrl+C 组合键进行复制，如图 8-39 所示。

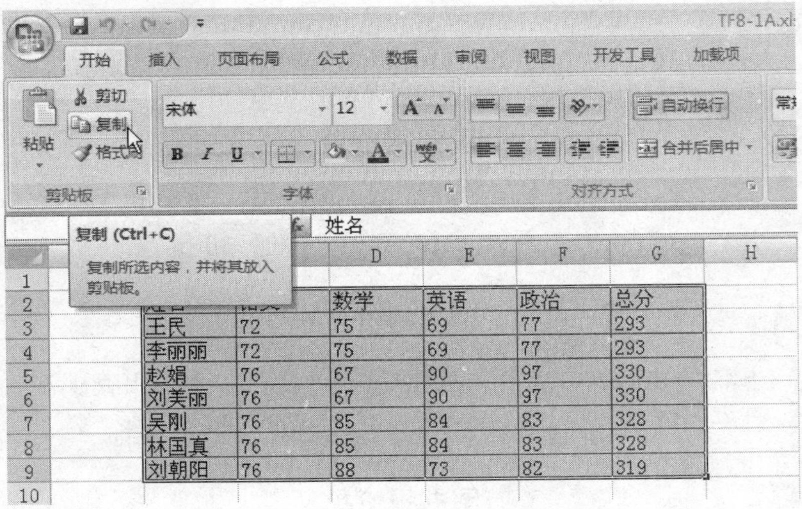

图 8-39

（2）打开 Word 文档 A8.docx 的操作界面，将光标定位在【8-1A】中文本"化工部培训中学初三年级学生成绩表"下，在"开始"选项卡的"剪贴板"组中单击"粘贴"按钮下面的下三角按钮，在打开的下拉菜单中执行"选择性粘贴"命令或按 Alt+Ctrl+V 组合键，如图 8-40 所示。

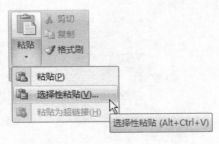

图 8-40

（3）在弹出的"选择性粘贴"对话框中选中"粘贴"单选按钮，然后在"形式"列表框中选择"Microsoft Office Excel 工作表 对象"选项，并单击"确定"按钮，如图 8-41 所示。

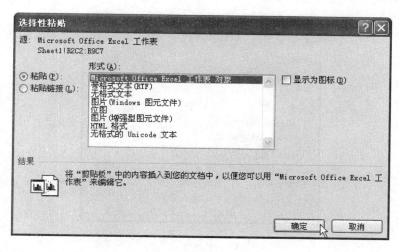

图 8-41

2. 文本与表格间的相互转换

（1）在 Word 文档 A8.docx 中，选择【8-1B】下要转换为表格的所有文本，在"插入"选项卡的"表格"组中单击"表格"按钮，在打开的下拉菜单中执行"文本转换成表格"命令，如图 8-42 所示。

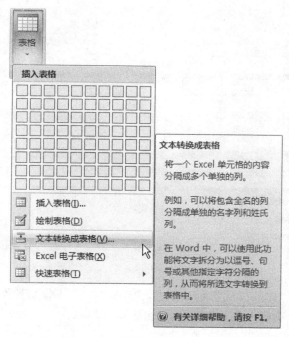

图 8-42

（2）打开"将文字转换成表格"对话框，在"列数"文本框中调整或输入"5"，在"行数"文本框中系统会根据所选定的内容自动设置数值，在"文字分隔位置"选项区域选中"制表符"单选按钮，单击"确定"按钮，如图 8-43 所示。

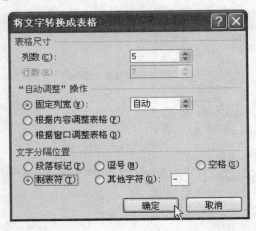

图 8-43

（3）选中整个表格，打开"表格工具"的"设计"选项卡，在"表样式"组中单击"其他"按钮，在弹出的库中选择"浅色网格"表格样式。设置完成后再次打开此列表，执行下方的"修改表格样式"命令，如图 8-44 所示。

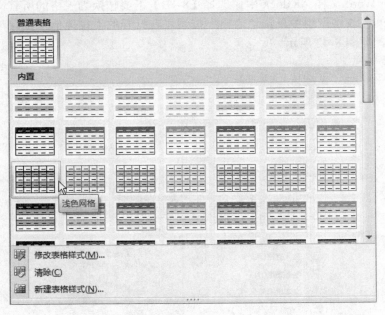

图 8-44

（4）在打开的"修改样式"对话框中，打开"样式基准"下拉列表，从中选择"竖列型 1"表格样式，单击"确定"按钮，如图 8-45 所示。

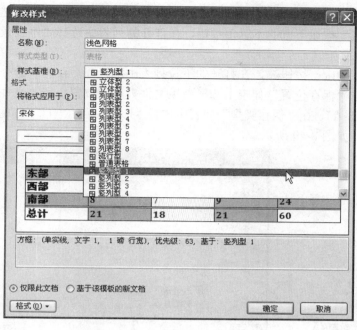

图 8-45

3. 录制新宏

（1）打开"开始"菜单，在"所有程序"子菜单中单击 Microsoft Office Excel 2007 命令，创建一个新的 Excel 文件。

（2）在"视图"选项卡的"宏"组中，单击"宏"按钮下方的下三角按钮，在打开的下拉列表中选择"录制宏"选项，如图 8-46 所示。

（3）打开"录制新宏"对话框，在"宏名"文本框中输入新录制宏的名称 A8A，将光标定位在"快捷键"区域的空白文本框中，同时输入 Shift+F 键，在"保存在"下拉列表中选择"当前工作簿"选项，单击"确定"按钮，开始录制操作，如图 8-47 所示。

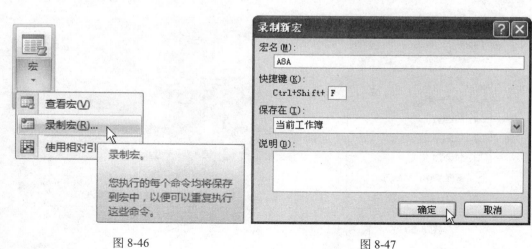

图 8-46　　　　　　　　　　　　　　　图 8-47

（4）在表格的任意单元格中输入公式"=5+7*20"后，在"视图"选项卡的"宏"组中，单击"宏"按钮下方的下三角按钮，在打开的列表中选择"停止录制"选项，如图 8-48 所示。

（5）单击 Office 按钮，在打开的下拉列表中执行"另存为"命令，打开"另存为"对话框，在"保存位置"列表中选择考生文件夹所在位置，在"文件名"文本框中输入文件名"A8-A"，在"保存类型"列表中选择"Excel 启用宏的工作簿"选项，单击"保存"按钮，如图 8-49 所示。

图 8-48

图 8-49

4. 邮件合并

（1）打开文件 C:\2007KSW\DATA2\TF8-1B.docx，单击 Office 按钮，在打开的下拉列表中执行"另存为"命令。打开"另存为"对话框，在"保存位置"列表中选择考生文件夹所在位置，在"文件名"文本框中输入文件名"A8-B"，单击"保存"按钮。

（2）在 A8-B.docx 文档中，单击"邮件"选项卡的"开始邮件合并"组中的"开始邮件合并"按钮，在打开的下拉菜单中选择"信函"选项，如图 8-50 所示。再单击该组中的"选择收件人"按钮，在打开的下拉列表中选择"使用现有列表"选项，如图 8-51 所示。

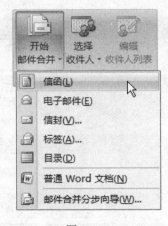

图 8-50

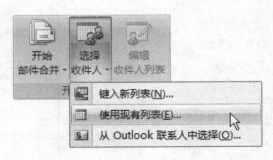

图 8-51

（3）打开"选取数据源"对话框，从中选择 C:\2007KSW\DATA2\TF8-1C.xlsx 文件，单击"打开"按钮，如图 8-52 所示。

图 8-52

（4）打开"选择表格"对话框，选中 Sheet1 工作表，单击"确定"按钮，如图 8-53 所示。

（5）将光标定位在"楼号："后面，在"邮件"选项卡的"编写和插入域"组中单击"插入合并域"按钮下方的下拉按钮，从打开的下拉列表中选择"楼号"选项，依次类推，分别将"室号"、"水费"、"电费"、"卫生费"、"车位费"、"宽带接口费"、"管理费"及"共计费用"各域插入到相应的位置处，如图 8-54 所示。

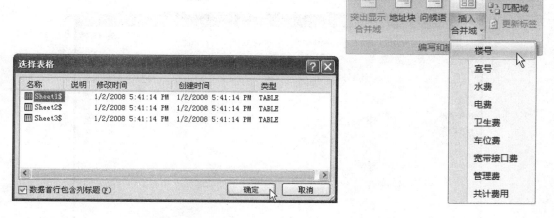

图 8-53　　　　　　　　　　　　　图 8-54

（6）完成"插入合并域"操作，并依次进行核对并确保无误，如图 8-55 所示。

新鑫小区物业管理费的收缴通知

楼号：《楼号》

室号：《室号》　　水费：《水费》　　　　电费：《电费》　　　　卫生费：《卫生费》　　车

位费：《车位费》　　宽带接口费：《宽带接口费》　　管理费：《管理费》　　　　共计《共计

费用》　　，请您务必在 2007 年 8 月 1 日前到物业管理办交清，否则将酌情处理！

新鑫小区物业管理办

图 8-55

（7）通过预览功能核对邮件内容无误后，在"邮件"选项下的"完成"组中单击"完成并合并"按钮，在打开的下拉列表中，选择"编辑单个文档"选项，如图 8-56 所示。

（8）打开"合并到新文档"对话框，选中"全部"单选按钮，单击"确定"按钮，如图 8-57 所示。即可完成邮件合并操作，并自动生成新文档"信函 1"。

（9）在新文档"信函 1"中，单击 Office 按钮，在打开的下拉列表中执行"另存为"命令，打开"另存为"对话框，在"保存位置"列表框中选择考生文件夹所在位置，在"文件名"文本框中输入文件名"A8-C"，单击"保存"按钮，如图 8-58 所示。

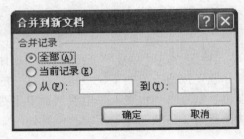

图 8-56　　　　　　　　　　　　　　　　图 8-57

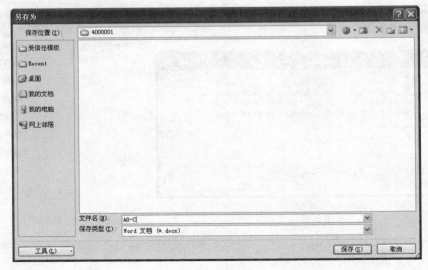

图 8-58

8.2　第 2 题

单击 Office 按钮，执行"打开"命令，在"查找范围"文本框中找到指定路径，选择 A8.docx 文件，单击"打开"按钮。

1. 选择性粘贴

（1）打开文件 C:\2007KSW\DATA2\TF8-2A.xlsx，选中 Sheet1 工作表中的表格区域 B2:G7，在"开始"选项卡的"剪贴板"组中单击"复制"按钮，或按 Ctrl+C 组合键进行复制。

（2）打开 Word 文档 A8.docx 的操作界面，将光标定位在【8-2A】中文本"2007 年南平市市场调查表"下，在"开始"选项卡的"剪贴板"组中单击"粘贴"按钮下面的下三角按钮，在打开的下拉菜单中执行"选择性粘贴"命令或按 Alt+Ctrl+V 组合键。

（3）在打开的"选择性粘贴"对话框中选中"粘贴"单选按钮，然后在"形式"列表中选择"Microsoft Office Excel 工作表 对象"选项，并单击"确定"按钮。

2. 文本与表格间的相互转换

（1）在 Word 文档 A8.docx 中，选中【8-2B】中"北极星手机公司员工一览表"下的整个表格，在"表格工具"的"布局"选项下，单击"数据"组中的"转换为文本"按钮，如图 8-59 所示。

（2）在打开的"表格转换成文本"对话框中，设置文字分隔符为"制表符"，单击"确定"按钮即可将表格转换成文本，如图 8-60 所示。

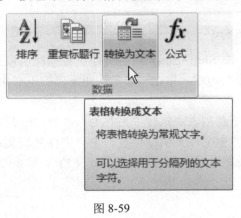

图 8-59

图 8-60

3. 录制新宏

（1）打开"开始"菜单，在"所有程序"子菜单中单击 Microsoft Office Word 2007 命令，创建一个新的 Word 文件。

（2）在"视图"选项卡的"宏"组中，单击"宏"按钮下方的下三角按钮，在打开的列表中选择"录制宏"命令。

（3）打开"录制宏"对话框，在"宏名"文本框中输入新录制宏的名称 A8A，在"将宏保存在"下拉列表中选择当前文档，单击"键盘"按钮。

（4）打开"自定义键盘"对话框，在"请按新快捷键"文本框中按 Ctrl+Shift+F 组合键，然后单击"指定"按钮，即可指定运行该宏的快捷键了，最后单击"关闭"按钮，如图 8-61 所示。

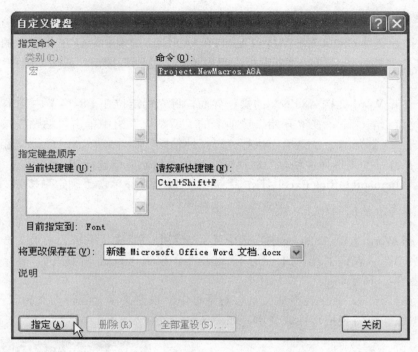

图 8-61

（5）开始录制宏，在光标当前位置处按 Shift+Enter 组合键即可将光标切换至下一行。录制完毕后，在"视图"选项卡的"宏"组中，单击"宏"按钮下方的下三角按钮，在打开的列表中选择"停止录制"命令。

（6）单击 Office 按钮，在打开的下拉列表中执行"另存为"命令，打开"另存为"对话框，在"保存位置"列表中选择考生文件夹所在位置，在"文件名"文本框中输入文件名"A8-A"，在"保存类型"列表中选择"启用宏的 Word 文档"，单击"保存"按钮。

4. 邮件合并

（1）打开文件 C:\2007KSW\DATA2\TF8-2B.docx，单击 Office 按钮，在打开的下拉列表中执行"另存为"命令，打开"另存为"对话框。在"保存位置"列表中选择考生文件夹所在位置，在"文件名"文本框中输入文件名"A8-B"，单击"保存"按钮。

（2）在 A8-B.docx 文档中，单击"邮件"选项卡的"开始邮件合并"组中的"开始邮件合并"按钮，在弹出的下拉菜单中选择"信函"文档类型。再单击该组中的"选择收件人"按钮，在弹出的下拉列表中选择"使用现有列表"选项。

（3）打开"选取数据源"对话框，从中选择 C:\2007KSW\DATA2\TF8-2C.xlsx 文件，单击"打开"按钮。

（4）打开"选择表格"对话框，选中 Sheet1 工作表，单击"确定"按钮。

（5）将光标定位在"考生编号"下方的单元格中，在"邮件"选项卡的"编写和插入域"组中单击"插入合并域"按钮下方的下拉按钮，从打开的下拉列表中选择"考生编号"选项，依次类推，分别将"第 1 单元"、"第 2 单元"、"第 3 单元"、"第 4 单元"、"第 5 单元"及"第 6 单元"各域插入到相应的位置处。

（6）完成"插入合并域"操作，通过预览功能核对邮件内容无误后，在"邮件"选项下的"完成"组中单击"完成并合并"按钮，在弹出的下拉列表中，选择"编辑单个文档"选项。

（7）打开"合并到新文档"对话框，选中"全部"单选按钮，单击"确定"按钮，即可完成邮件合并操作，并自动生成新文档"信函 1"。

（8）在新文档"信函 1"中，单击 Office 按钮，在打开的下拉列表中执行"另存为"命令，打开"另存为"对话框，在"保存位置"列表中选择考生文件夹所在位置，在"文件名"文本框中输入文件名"A8-C"，单击"保存"按钮。

8.3　第 3 题

单击 Office 按钮，执行"打开"命令，在"查找范围"文本框中找到指定路径，选择 A8.docx 文件，单击"打开"按钮。

1. 选择性粘贴

（1）打开文件 C:\2007KSW\DATA2\TF8-3A.xlsx，选中 Sheet1 工作表中的表格区域 B2:F9，在"开始"选项卡的"剪贴板"组中单击"复制"按钮，或按 Ctrl+C 组合键进行复制。

（2）打开 Word 文档 A8.docx 的操作界面，将光标定位在【8-3A】中文本"大明公司员工政治面貌统计表"下，在"开始"选项卡的"剪贴板"组中单击"粘贴"按钮下面的下三角按钮，在打开的下拉菜单中执行"选择性粘贴"命令或按 Alt+Ctrl+V 组合键。

（3）在打开的"选择性粘贴"对话框中选中"粘贴"单选按钮，然后在"形式"列表中选择"Microsoft Office Excel 工作表 对象"选项，并单击"确定"按钮。

2. 文本与表格间的相互转换

（1）在 Word 文档 A8.docx 中，选中【8-3B】下要转换为表格的所有文本，在"插入"选项卡的"表格"组中单击"表格"按钮，在打开的下拉菜单中执行"文本转换成表格"命令。

（2）打开"将文字转换成表格"对话框，在"列数"文本框中调整或输入"6"，在"行数"文本框中系统会根据所选定的内容自动设置数值，在"文字分隔位置"选项区域选中"制表符"，单击"确定"按钮。

（3）选中整个表格，打开"表格工具"的"设计"选项卡，在"表样式"组中单击

"其他"按钮，在弹出的库中选择"中等深浅网格 3-强调文字颜色 2"表格样式。

3. 录制新宏

（1）打开"开始"菜单，在"所有程序"子菜单中单击 Microsoft Office Excel 2007 命令，创建一个新的 Excel 文件。

（2）在"视图"选项卡的"宏"组中，单击"宏"按钮下方的下三角按钮，在打开的列表中选择"录制宏"命令。

（3）打开"录制新宏"对话框，在"宏名"文本框中输入新录制宏的名称"A8A"，将光标定位在"快捷键"下面的空白文本框中，同时输入 Shift+F 键，在"保存在"下拉列表中选择"当前工作簿"选项，单击"确定"按钮，开始录制操作。

（4）选中任意单元格，在"开始"选项卡的"字体"组中，打开"字号"下拉列表，从中选择"20"，如图 8-62 所示。在"视图"选项卡的"宏"组中，单击"宏"按钮下方的下三角按钮，在打开的列表中选择"停止录制"命令。

（5）单击 Office 按钮，在打开的下拉列表中执行"另存为"命令，打开"另存为"对话框，在"保存位置"列表中选择考生文件夹所在位置，在"文件名"文本框中输入文件名"A8-A"，在"保存类型"列表中选择"Excel 启用宏的工作簿"选项，单击"保存"按钮。

图 8-62

4. 邮件合并

（1）打开文件 C:\2007KSW\DATA2\TF8-3B.docx，单击 Office 按钮，在打开的下拉列表中执行"另存为"命令。打开"另存为"对话框，在"保存位置"列表中选择考生文件夹所在位置，在"文件名"文本框中输入文件名"A8-B"，单击"保存"按钮。

（2）在 A8-B.docx 文档中，单击"邮件"选项卡的"开始邮件合并"组中的"开始邮件合并"按钮，在弹出的下拉菜单中选择"信函"选项。再单击该组中的"选择收件人"按钮，在弹出的下拉列表中选择"使用现有列表"选项。

（3）打开"选取数据源"对话框，从中选择 C:\2007KSW\DATA2\TF8-3C.xlsx 文件，单击"打开"按钮。

（4）打开"选择表格"对话框，选中 Sheet1 工作表，单击"确定"按钮。

（5）将光标定位在"姓名"下方的单元格中，在"邮件"选项卡的"编写和插入域"组中单击"插入合并域"按钮下方的下拉按钮，从弹出的下拉列表中选择"姓名"域，依次类推，分别将"部门"、"基本工资"、"奖金"及"福利"各域插入到相应的位置处。

（6）完成"插入合并域"操作，通过预览功能核对邮件内容无误后，在"邮件"选项下的"完成"组中单击"完成并合并"按钮，在打开的下拉列表中，选择"编辑单个文档"选项。

（7）打开"合并到新文档"对话框，选中"全部"单选按钮，单击"确定"按钮，即可完成邮件合并操作，并自动生成新文档"信函 1"。

（8）在新文档"信函 1"中，单击 Office 按钮，在弹出的下拉列表中执行"另存为"命令，打开"另存为"对话框，在"保存位置"列表中选择考生文件夹所在位置，在"文件名"文本框中输入文件名"A8-C"，单击"保存"按钮。

8.4　第 4 题

单击 Office 按钮，执行"打开"命令，在"查找范围"文本框中找到指定路径，选择 A8.docx 文件，单击"打开"按钮。

1．选择性粘贴

（1）打开文件 C:\2007KSW\DATA2\TF8-4A.xlsx，选中 Sheet1 工作表中的表格区域 B2：F6，在"开始"选项卡的"剪贴板"组中单击"复制"按钮，或按 Ctrl+C 组合键进行复制。

（2）打开 Word 文档 A8.docx 的操作界面，将光标定位在【8-4A】中文本"华联家电城商品销售统计表（2007 年第 3 季度）"下，在"开始"选项卡的"剪贴板"组中单击"粘贴"按钮下面的下三角按钮，在打开的下拉菜单中执行"选择性粘贴"命令或按 Alt+Ctrl+V 组合键。

（3）在打开的"选择性粘贴"对话框中选中"粘贴"单选按钮，然后在"形式"列表中选择"Microsoft Office Excel 工作表 对象"选项，并单击"确定"按钮。

2．文本与表格间的相互转换

（1）在 Word 文档 A8.docx 中，选中【8-4B】中"2007 年自来水公司员工登记表"下的整个表格，在"表格工具"的"布局"选项卡中，单击"数据"组中的"转换为文本"按钮。

（2）在打开的"表格转换成文本"对话框中，设置文字分隔符为"制表符"，单击"确定"按钮即可将表格转换成文本。

3．录制新宏

（1）打开"开始"菜单，在"所有程序"子菜单中单击 Microsoft Office Word 2007 命令，创建一个新的 Word 文件。

（2）在"视图"选项卡的"宏"组中，单击"宏"按钮下方的下三角按钮，在弹出的列表中选择"录制宏"命令。

（3）打开"录制宏"对话框，在"宏名"文本框中输入新录制宏的名称"A8A"，在"将宏保存在"下拉列表中选择当前文档，单击"键盘"按钮。

（4）打开"自定义键盘"对话框，在"请按新快捷键"文本框中按 Ctrl+Shift+F 组合键，然后单击"指定"按钮，即可指定运行该宏的组合键了，最后单击"关闭"按钮。

（5）开始录制宏，在"开始"选项卡的单击"段落"组右下方的对话框启动器按钮，打开"段落"对话框。在"缩进和间距"选项卡的"特殊格式"下拉列表中选择"首行缩进"选项，在"磅值"列表框中选择或输入"2 字符"，单击"确定"按钮。

（6）在"视图"选项卡的"宏"组中，单击"宏"按钮下方的下三角按钮，在弹出的列表中选择"停止录制"命令。

（7）单击 Office 按钮，在弹出的下拉列表中执行"另存为"命令，打开"另存为"对话框，在"保存位置"列表中选择考生文件夹所在位置，在"文件名"文本框中输入文件名"A8-A"，在"保存类型"列表中选择"启用宏的 Word 文档"选项，单击"保存"按钮。

4. 邮件合并

（1）打开文件 C:\2007KSW\DATA2\TF8-4B.docx，单击 Office 按钮，在弹出的下拉列表中执行"另存为"命令。打开"另存为"对话框，在"保存位置"列表中选择考生文件夹所在位置，在"文件名"文本框中输入文件名"A8-B"，单击"保存"按钮。

（2）在 A8-B.docx 文档中，单击"邮件"选项卡的"开始邮件合并"组中的"开始邮件合并"按钮，在弹出的下拉菜单中选择"信函"选项。再单击该组中的"选择收件人"按钮，在弹出的下拉列表中选择"使用现有列表"选项。

（3）打开"选取数据源"对话框，从中选择 C:\2007KSW\DATA2\TF8-4C.xlsx 文件，单击"打开"按钮。

（4）打开"选择表格"对话框，选中 Sheet1 工作表，单击"确定"按钮。

（5）将光标定位在"教师:"前面，在"邮件"选项卡的"编写和插入域"组中单击"插入合并域"按钮下方的下三角按钮，从弹出的下拉列表中选择"教师姓名"域，依次类推，分别将"代课班级"域和"代课名称"域插入到相应的位置处。

（6）完成"插入合并域"操作，通过预览功能核对邮件内容无误后，在"邮件"选项下的"完成"组中单击"完成并合并"按钮，在弹出的下拉列表中，选择"编辑单个文档"选项。

（7）打开"合并到新文档"对话框，选中"全部"单选按钮，单击"确定"按钮，即可完成邮件合并操作，并自动生成新文档"信函 1"。

（8）在新文档"信函 1"中，单击 Office 按钮，在弹出的下拉列表中执行"另存为"命令，打开"另存为"对话框，在"保存位置"列表中选择考生文件夹所在位置，在"文件名"文本框中输入文件名"A8-C"，单击"保存"按钮。

8.5　第 5 题

单击 Office 按钮，执行"打开"命令，在"查找范围"文本框中找到指定路径，选择 A8.docx 文件，单击"打开"按钮。

1. 选择性粘贴

（1）打开文件 C:\2007KSW\DATA2\TF8-5A.xlsx，选中 Sheet1 工作表中的表格区域 B2:G9，在"开始"选项卡的"剪贴板"组中单击"复制"按钮，或按 Ctrl+C 组合键进行复制。

（2）打开 Word 文档 A8.docx 的操作界面，将光标定位在【8-5A】中文本"土产公司 2007 年销售量统计表"下，在"开始"选项卡的"剪贴板"组中单击"粘贴"按钮下面的下三角按钮，在打开的下拉菜单中执行"选择性粘贴"命令或按 Alt+Ctrl+V 组合键。

（3）在打开的"选择性粘贴"对话框中选中"粘贴"单选按钮，然后在"形式"列表中选择"Microsoft Office Excel 工作表 对象"选项，并单击"确定"按钮。

2. 文本与表格间的相互转换

（1）在 Word 文档 A8.docx 中，选中【8-5B】中"2007 年下半年国内生产总值"下的所有文本，在"插入"选项卡的"表格"组中单击"表格"按钮，在弹出的下拉菜单中选择"文本转换成表格"选项。

（2）打开"将文字转换成表格"对话框，在"列数"文本框中调整或输入"3"，在"行数"文本框中系统会根据所选定的内容自动设置数值，在"文字分隔位置"选项区域选中"制表符"单选按钮，单击"确定"按钮。

（3）选中整个表格，打开"表格工具"的"设计"选项卡，在"表样式"组中单击"其他"按钮，在弹出的库中选择"中等深浅底纹 1-强调文字颜色 1"表格样式。

3. 录制新宏

（1）打开"开始"菜单，在"所有程序"子菜单中单击 Microsoft Office Word 2007 命令，创建一个新的 Word 文件。

（2）在"视图"选项卡的"宏"组中，单击"宏"按钮下方的下三角按钮，在打开的列表中执行"录制宏"命令。

（3）打开"录制宏"对话框，在"宏名"文本框中输入新录制宏的名称"A8A"，在"将宏保存在"下拉列表中选择当前文档，单击"键盘"按钮。

（4）打开"自定义键盘"对话框，在"请按新快捷键"文本框中按 Ctrl+Shift+F 组合键，然后单击"指定"按钮，即可指定运行该宏的组合键了，最后单击"关闭"按钮。

（5）开始录制宏，选择一个字符，在"开始"选项卡的"字体"组中的"字体"下拉列表中选择"黑体"选项，在"字号"下拉列表中选择"小四"选项。

（6）在"视图"选项卡的"宏"组中，单击"宏"按钮下方的下三角按钮，在弹出的列表中执行"停止录制"命令。

（7）单击 Office 按钮，在弹出的下拉列表中执行"另存为"命令，打开"另存为"对话框，在"保存位置"列表中选择考生文件夹所在位置，在"文件名"文本框中输入文件名"A8-A"，在"保存类型"列表中选择"启用宏的 Word 文档"选项，单击"保存"按钮。

4. 邮件合并

（1）打开文件 C:\2007KSW\DATA2\TF8-5B.docx，单击 Office 按钮，在弹出的下拉列表中执行"另存为"命令。打开"另存为"对话框，在"保存位置"列表中选择考生文件夹所在位置，在"文件名"文本框中输入文件名"A8-B"，单击"保存"按钮。

（2）在 A8-B.docx 文档中，单击"邮件"选项卡的"开始邮件合并"组中的"开始邮件合并"按钮，在弹出的下拉菜单中选择"信函"选项。再单击该组中的"选择收件人"按钮，在弹出的下拉列表中选择"使用现有列表"选项。

（3）打开"选取数据源"对话框，从中选择 C:\2007KSW\DATA2\TF8-5C.xlsx 文件，单击"打开"按钮。

（4）打开"选择表格"对话框，选中 Sheet1 工作表，单击"确定"按钮。

（5）将光标定位在"书名："后面，在"邮件"选项卡的"编写和插入域"组中单击"插入合并域"按钮下方的下三角按钮，从弹出的下拉列表中选择"书名"域，依次类推，分别将"出版社"、"开本"、"页数"及"单价"各域插入到相应的位置处。

（6）完成"插入合并域"操作，通过预览功能核对邮件内容无误后，在"邮件"选项下的"完成"组中单击"完成并合并"按钮，在弹出的下拉列表中，选择"编辑单个文档"选项。

（7）打开"合并到新文档"对话框，选中"全部"单选按钮，单击"确定"按钮，即可完成邮件合并操作，并自动生成新文档"信函 1"。

（8）在新文档"信函 1"中，单击 Office 按钮，在弹出的下拉列表中执行"另存为"命令，打开"另存为"对话框，在"保存位置"列表中选择考生文件夹所在位置，在"文件名"文本框中输入文件名"A8-C"，单击"保存"按钮。